태교시리즈 3

지혜로운 임신태교

태교시리즈 3

지혜로운 임신태교

임동근 지음

머리말

태교연구에 전념한 지도 어언 10년이 넘었다. 그간 미혼을 위한 태편(胎篇)과 신혼부부를 위한 태훈편(胎訓篇)을 내고 이번에는 3단계의 본격적인 임신태교 탄훈편(誕訓篇)을 내게 되니 기다리던 임신부에게는 희소식이요, 태교를 실행하고자 하는 분들에게는 좋은 참고가 될 것을 믿어 의심치 않는다.

전통태교는 임신 중 언행·섭생에 대한 지침과 금기로 해석되어 왔으나, 현대는 빨라지고 다양화·국제화된 시대로 행동도 적극적·능동적으로 대처하는 시대가 되었다. 이때 요구되는 것이 방법론이라 볼 때 그것을 제시해주지 않고는 잘하기를 바랄 수 없다.

여기 그 노력이 결실을 맺어 현대적 방법 10가지를 체계화함으로써 전문연구인으로서의 사명을 다했다고 느낀다. 아직도 부족한 연구요, 밝힐 것이 한두 가지가 아니지만 요청에 부응하기 위해서도 이 정도로 출판을 결정한 것은 그간의 책들이 원론에 머물러 있음과 외국서적의 번역물들이 너무 단편적인 것들만 다루고 있다는 사실에 대한 아쉬움 때문이다. 흡족하지 못한 부분은 후배들에 의해 보완될 것이라 믿는다.

몇 가지만이라도 마음에 와 닿는 것을 골라 열심히 하려 할 때 얻는 큰 기쁨이 되어 두고두고 행복의 거름이 될 것이다.

이제 태교는 반석 위에 올려지고 선진국에 비해 앞섰으면 앞섰지 뒤지지는 않았다는 것을 입증하게 됨에 감읍하며, 우리 문화를 갈고 닦아 과학으로 재조명하니 훌륭한 모습으로 부각됐다는 점에서 또 한번 감격스럽다.

2000년대를 맞는 우리의 인간문제, 인간문화문제는 근본적인 해결의 열쇠가 태교에서 비롯함을 믿는다. 이제는 우리나라도 태교박사 1호가 탄생했고, 여러 대학에서 2, 3호가 나오고 있으니 학문적 차원에서 발전할 시기도 머지않았다.

바라건대 문교부에서는 학생의 교육과목으로, 또 문화부에서는 전통 여성문화의 창달이라는 관점에서 더 발전되게 해주실 것을 원하는 것은 현대화 과정에서 외국문명이 우리를 선진국으로 이끄는 데 공헌한 바는 인정하지만, 세계가 물질문명을 인간문화로 전환시키려는 단계에서 생명창조의 태교는 우리가 앞설 수도 있다는 점에서이다.

그간 유아교육에 상당한 진전이 있었으나 그보다 10배는 더 중요한 것이 인간의 원천적 바탕을 만드는 데 필요한 태교이다. 그것은 태아교육, 태중교육이라는 차원을 넘어서서 장차 이 시대를 거머쥘 20대의 예비부모를 위한 것이라는 점에서이다.

사회교육, 가정교육이 사회안정과 국가발전, 가정화목의 지름길이며 만시지탄(晩時之歎)은 될지언정 이른 것은 아니라는 점을 지적하며, 백년대계는 물질과 정신문화의 균형이라 볼 때 태교는 중요한 역할을 담당할 것이라 생각하며 검토가 요구된다. 보다 나은 삶, 새로운 세대를 위한 행복의 창조는 태교로부터 시작된다고 힘주어 말한다.

임동근

목차

제5장 임신기간 중 월별 체크포인트

제6장 소홀할 수 없는 기형아 문제

제7장 불임부부를 위하여

제1장

앞머리에

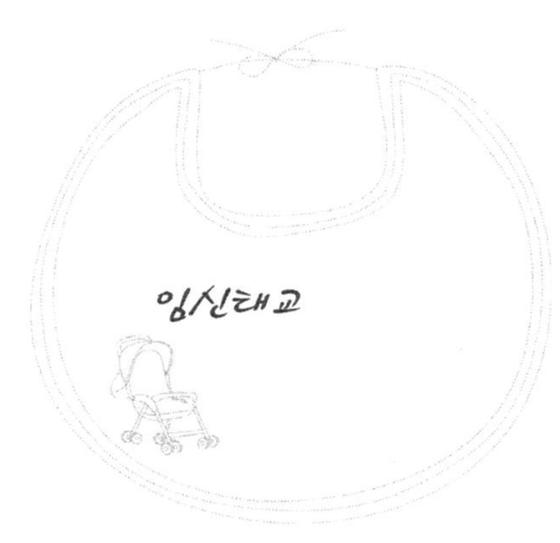

　여기서부터는 임신이 확인된 분을 위한 본격적 태교방법을 제시한 현대적 의미의 각론이라 할 수 있다.

　전통문화 속의 태교의 진수는 생명이 배 안에 자라고 있음을 확인한 후의 것이었다. 임신기간의 생활이 태아에게 미칠 영향을 생각하며 되도록 나쁜 것은 전달하지 않겠다는 금기와 수칙 위주의 노력이어서 많은 어려움이 있었다.

　그러나 현대는 쉽고 편하게 능동적으로 대처해야 한다.

　이제 그 증후가 보이기 시작하여 2주일을 전후해서 임신이 확인됐다면 이제부터 여러분은 자기 분신을 위해 태교를 실천해야 할 태세를 갖추어야겠다.

　태아는 유전과 환경의 두 가지 요인으로 생성됐지만 잉태 후부터는 대부분 어머니의 내외적 환경의 영향으로 형성·발전할 것이다.

　따라서 이 기간은 태아를 위해 모든 것을 제공하겠다는 의지가 필요하다.

돌이켜보면 우리는 예로부터 전해져온 금기 지침서 등은 있으나, 어떤 것은 와전되거나 아직 원론적인 단계에 머물고 있으므로 지난 10년 꾸준히 몰두한 결과 이번에는 각론으로 10가지 방법을 넣고 현대생활에 맞게 엮었다.

일반상식적인 태교는 대부분 여성들이 잘 알고 있을 것으로 생각하나 여러 곳에서 강의를 하며 느낀 바로는 너무 바쁜 나머지 소홀히 하고 또 알아도 수박 겉핥기나 오도된 지식으로 태교에 대해 올바르게 알고 있지 못해 밝고 건강한 가정과 사회를 위해 내용을 조명한다.

여기의 내용들은 종합적이고 구체적인 연구결과를 전문지식으로 집약한 것이니 도움이 될 것을 믿는다.

아직도 부족한 것은 뒤를 이을 연구가가 보완할 것으로 믿고 여기서는 지혜를 주는 참고서로서의 역할이 가능토록 하기 위해 방법론을 펼쳐보았다. 부정적인 금기로부터 가능한 방법을 익히므로 가벼운 참여를 할 수 있을 것으로 본다.

임신이란 천지창조 이래 지속하여온 여성의 역할이요, 위대한 생명창조의 신호다. 여성이라면 누구나 한 번쯤은 겪어야 할 신비의 세계이며 경험하고 싶은 생리적 창조의식이다.

결혼 후의 부부생활은 순리이며, 따라서 부부의 결합은 새로운 생명을 잉태할 조화와 섭리의 당연한 과정이라 할 수 있다. 그럼에도 불구하고 임신을 단순하게 생각하고 아무렇게나 해도 되는 양 잘못 생각하는 사람도 있다면, 이런 사람은 신의 버림을 받을 수도 있다고 생각한다.

따라서 필자는 이 글을 통하여 독자들에게 생명에 대한 외경심을 고취시키고, 올바른 가치관을 갖게 함으로써 행복한 삶을 누릴 수 있는 길잡이 구실을 하고자 한다.

인류는 수만 년 동안을 여성의 몸을 빌려 생명을 계승하고 역사를 창조해왔다. 과학이 첨단을 걷는 오늘날에 와서도 이것은 움직일 수 없는 사실이며 변한 것이 있다면 불임여성에게 특별한 방법으로 아기를 갖게 하는 몇 가지가 개발되었을 뿐이다. 이것은 신체구조상 결함이 있는 여성에게만 필요한 기술이며 그렇지 않은 사람에게는 아무 의미도 없는 의술이라 하겠다.

일찍이 우리 선조들은 여성문화의 진수로 태교라는 것을 만들었다. 오랫동안 의학을 바탕으로 경험철학, 생명공학, 생활과학을 집약한 결과, 태중의 생명은 임부의 언행, 섭생, 사고를 거름으로 형성 발전한다는 것에 확증을 얻어 많은 사람들이 태교의 중요성을 실감하고 태아에게 좋은 영향을 주기 위해 온갖 관심과 노력을 기울여왔다.

따라서 태교를 재조명해 볼 때 생명발생과 태생은 인간에게 있어 무엇보다도 중요한 단계로 인식되어 여기에 3단계의 탄훈을 내놓는다.

'탄훈'은 글자 그대로 임신한 여성이 태중의 아기를 어떻게 하면 건강하고 영특하게 할 수 있을까 하는 데 대한 행동지침이며, 실행방법을 제시한 것이라 할 것이다.

전통적인 태교를 두고 사람들은 '금기'가 너무 많다고 하면서 현대는 옛날과 많이 달라지지 않았느냐고 반문을 제기하기도 한다. 역시 현대는 많이 달라졌고 계속 달라지고 있다. 그러나 이렇게 변화한 현대에도 우리는 태교를 새롭게 받아들이고 발전시켜야 한다. 왜냐하면 그것이 진리이기 때문이며 인간의 시작이기 때문이다. 이 책의 목적도 여기에 있는 것이다. 이 책을 읽다 보면 그것을 알게 될 것이다.

인간은 영혼과 육체가 혼합된 생명체라는 사실을 깊이 인식하고 태아에게 좋은 영향을 주기 위해 어떤 면에 힘을 기울여야 하느냐는 데 지혜의 창출이 요구됨을 알 것이다.

태교는 인간형성에 있어 도약을 위한 필요조건일 수는 있으되 불요불급한 일은 아니다. 출산 후에 교육으로 이루어지는 줄 알았던 인간의 성품, 기질 등 근본바탕이 태중 어머니의 마음가짐, 몸가짐에서 비롯된다는 것을 인식한다면 임부는 자신을 갖고 실천에 임하기를 바란다.

태교는 누구를 위해서 하는 것이 아니며 값싼 일은 더욱 아니다. 잘해서 좋은 결과를 얻게 되면 억만금이 부럽지 않을 기쁨이며, 집안의 자랑이며 모두의 행복이라는 데 그 가치가 있다. 만에 하나 결과가 목표에 도달하지 못했다손 치더라도 그것은 전혀 실패한 것이 아니요, 안 한 것보다는 몇 배 낫다고 할 수 있다. 그래서 엄마가 되려는 사람은 누구나 소홀하지 않으며 잠시의 실수로 불행의 늪에서 허덕이지 않는다. 그렇지 못한 어머니들을 보면 알게 된다. 그것은 현실에서 많이 눈에 띄기 때문이다.

알되 바르게 알고, 확신을 갖고 임할 것을 권한다. 어떤 분은 당장에 성과가 나타나지 않았다고 하나, 이것이 거름이 되어 이후 육아하는 과정에서 잠재의식으로 나타날 것을 확신한다.

태어난 후에 투자하는 것에 비하면 몇백 배의 값어치가 있음을 믿어 의심치 않으니, 바라거든 두드려라!

훌륭한 어머니, 행복한 어머니가 되려거든 태교 실행에 소홀할 수 없다는 것을 다시 한번 일깨운다.

뭔가 이상하다. 뭘까? 임신?

이렇게 되면 우선 확인이 필요하다. 이제부터 여러분은 두근거리는 마음으로 생명 발생을 감지하는 작업을 시작해야 한다. 새로운 역사의 시작을 알리는 메시지에 귀를 기울여야 한다.

이것은 모든 여성이 겪는 평범한 궤도가 아니라 '내'가 겪는 어머니로서의 첫출발이다. 일반적으로는 아기가 태어난 후에야 비로소 어머니가 되는 것으로 인식했지만 이젠 시대가 달라졌다.

배 안에 생긴 생명체는 생명이 시작되는 순간부터 나이가 계산된다고 하지 않는가? 빨리 시약으로 체크해보고 병원에도 가보고, 이제부터 하나의 생명체를 가진 임부(엄마)로서의 할 일이 무엇인가에 대하여 생각하고 생활환경을 바꿀 때다.

언행은 물론이고 식생활, 생각하는 바도 신중하도록 하자. '아기는 엄마를 닮는다'고 했다. 어떤 영향을 줄까를 생각하면서 마음 편하게 대처하자.

그동안 모르게 복용한 약은 없는가? 주사나 다른 것에도 유의하며 술, 커피, 담배 등 아기에게 해로운 식품을 섭취한 적은 없나를 살피고 이제부터는 좋은 쪽으로 돌려야 할 것을 생각하자.

정확한 임신시기는 언제이었나? 이 주일 전 아니면 얼마 전의 일이었나를 확인하여 그때의 환경이나 조건은 나쁘지 않았나를 체크하자.

별일 없는 정상적인 생활이었다면 일단은 평온한 마음으로 지내자. 생명은 역시 평온한 것을 좋아한다고 했다. 그러니 정서적 환경을 만들어줄 준비부터 시작하기로 하고 우선 주변정리를 하자. 직장이 있으면 직장에서도 너무 업무에 시달리지 않도록 하는 것도 생각해보자.

시댁 부모님께나 친정부모, 형제에게 알리는 것도 잊지 말자. 이것은 소식을 전하는 것뿐만이 아니라 주위에서도 여러 가지 조언이나 조력이 있어야 하기 때문이다.

가끔 명상에 잠기면서 아들일까, 딸일까도 궁금하겠지만 그보다도 활동, 언행, 섭생 등과 주변환경을 정리하는 것이 시급하다. 입력시켰던 태교의 예비지식을 동원하여 적절한 방향을 설정한다.

제일 중요한 것은 인간의 '근본바탕'이다. 바탕이란 성품, 기질, 두뇌, 건강 그리고 용모나 재능도 포함되는데 이 모든 것이 태중에서 만들어지기 때문이다.

일반적으로는 영재아로 키우는 방법은 영양분을 많이 섭취해야 하는 것으로 생각하나 그건 지엽적인 일이요, 잘못된 말로 실제적이고도 근본적인 문제는 훌륭한 인간, 바람직한 인간을 만드는 방법으로 그것은 임신부의 마음가짐이요, 말과 행동이요, 바른 자세임을 잊지 말자. 이런 것이 성품형성의 기본요소다.

좋은 것을 보며, 좋은 말을 듣고, 좋은 느낌을 갖는 것 등은 그것만으로도 가치 있는 일이다.

누구는 편안하게 키우고 누구는 왜 그렇게 힘이 들까? 누구는 기뻐하고 지내며 누구는 밤낮 속 태우며 지내는가? 그것은 당초에 바탕이 형성되는 과정에 잘못이 있었던 것으로 판명됐다.

태교가 교육의 시작이라면 처음부터 방향설정을 올바르게 해야 한다. 이랬다저랬다 하면 태아도 그런 영향을 받을 것이요, 아무렇게나 하면 태아도 아무렇게나 된다는 것은 '태아는 엄마를 닮는다'라는 말로 충분히 입증된다.

옛글 태교에서 보면 임부는 귀한 구슬을 옆에 두고 감상하며, 훌륭한 분의 글을 읽으며, 좋은 그림을 자주 보며, 성현들의 훌륭한 점을 닮고자 노력했다는데 이것은 지금도 맞는 말이다. 그렇게 할 때 고매한 성품, 출중한 용모, 탁월한 재능의 인격체를 기대할 수 있다는 것은 사실이다.

그럼에도 불구하고 생활이 어떠니 사회가 어떠니 하고 핑계나 대는 여성이 있다면 생명을 잉태한 엄마로서 잘하는 일이라고는 할 수 없겠다.

그것은 아기의 장래와 직결되기 때문이다.

어떤 사람은 출생 후에 영재교육을 잘 시키면 되지 않겠느냐고도 하고 어떤 사람은 생활 형편상 어렵다고도 한다는데 그것은 게으름과 핑계에 지나지 않는다. 태교는 돈으로 하는 것이 결코 아니다. 태교는 늘 자신의 위치에서 가장 잘하려고 노력하는 자세로서 다른 어떤 여건이나 더 좋은 방법은 있을 수 없다.

그래서 예로부터 어머니는 위대한 존재로 꼽힌다. 비가 오나 눈이 오나 즐거우나 괴로우나 오직 태중의 아기를 위하는 그 마음은 남자들의 영역이 되지 못한다. 늘 따스하고 포근하며 자기 분신을 보다 훌륭히 만들고자 하는 마음은 금은보화로도 사지 못할 훌륭한 것이 었으며, 그렇게 해서 훌륭하게 된 사람은 늘 어머니를 잊지 못한다.

'인생은 길고, 임신기간은 짧다.' 10개월, 280일간 모자는 맥을 통해 이어지는 유기체로 태아는 일체의 엄마의 영향으로 형성되는 것이라면, 이 기간만은 전심전력을 기울여 추호의 아쉬움도 남기지 말아야 할 것이다. 출생 후 인간은 다치면 고칠 수도 있고, 공장의 상품은 잘못되면 버리고 다시 만들 수도 있으나 잘못된 태중의 아기는 한번 출생하면 다시 어찌할 도리가 없는 것이다.

보이지 않는 것 같아도 보고 있고, 생각하고 느끼지 못하는 것 같아도 태아는 다 알고 있다. 어쩌면 태아는 어떤 것을 주나 하고 늘 기다리고 있을지 모른다. 이때 어떤 것을 줄 것인지는 전적으로 엄마에게 달려 있다.

모쪼록 좋은 것을 주어 태아를 기쁘게 하지 않으시려는지? 자료를 다 마스터한 뒤 과연 어떻게 하실지 기대해본다.

태중생활 280일이 기쁘고 즐거운 나날이요, 엔도르핀이 충만한 생활이 된다면 내일은 희망의 나래를 펴는 날이 될 것이다.

애써 씨 뿌려 맺은 열매 잘 가꾸어 좋은 결실 거두시기를 바란다.

　태교가 임신 중의 실천요령이라는 것은 오랜 전통 속에서 충분히 설명되지만 그것이 과학화·체계화되지 못해 불신과 와전을 거듭했던 것은 부인하지 못한다.

　그러나 현대사회가 물질만능으로 치닫다가 인간 본질에 관심을 돌렸을 때는 이미 많은 문제에 당면하게 되었다. 또한 이들 문제는 태중의 영향이 해결의 열쇠라는 데 접근하고 깊은 관심을 쏟게 되므로 태교는 임신부의 필수로까지 각광을 받는다.

　돌이켜보면 태교는 잉태로부터 임신 중의 아기를 바람직한 인간으로 만들기 위한 노력이며 수칙이었다. 그러나 현대는 창조적 지혜와 방법이 동원되어야 한다는 생각이다.

　생명은 전혀 기록되지 않은 백지와 같은 것이어서 어떤 색깔, 어떤 글씨로 기록할 것인가는 엄마에게 달렸다.

　그것이 시대가 달라졌다고 근본적인 것이 바뀔 수 없으며, 단지 새 지식을 시대에 맞게 하는 일이 남았을 뿐이다. 가령 음식에 있어서도 조리하는 방식이나 섭취량, 기호성 등 양식이 바뀌었을 뿐 태아에게 좋은 것과 나쁜 것은 상존한다.

이전 것을 잘 가려 하고 올바르게 행동하는 것이 태교의 본 취지라면 점화된 생명에 가해질 수 있는 것은 어떤 것이든 해가 되지 않는 방향으로 해야 알찬 결실, 바라는 출산을 하게 된다는 뜻에서 중요성이 있다.

생명의 절대적 원인인 유전은 불변의 요소요, 인간의 노력으로 더 이상 어찌할 수 없는 것이지만, 태중의 영향인 태교는 70% 이상의 큰 부분으로 인간의 힘으로 변화 가능한 노력이라는 데 의미를 발견하며, 더욱이 근본바탕을 만드는 작업이니 참으로 해볼 만하지 않는가?

한번 잘못 형성되면 다시 만들 수도 없고 출생 후 환경의 변화가 있을지라도 근본은 바뀌지 않는다는 데서 많은 어머니들이 태아에 정성을 들인다고 볼 때 태교는 뒤에 서서히 한다고 할 수 없을 만큼 귀중하다. 또한 출산 후 아기를 키울 때 들이는 노력에 비하면 아주 쉬운 일이라는 데에 시기를 중요시한다.

이 성과는 돈이 많고 적고에 관계없이 노력하는 만큼의 성과를 거두는 것으로서의 의미를 지니고 있으니 모쪼록 잘해서 평생 함께할 기쁜 결과가 되기를 바란다.

제2장

몇 가지 사례들

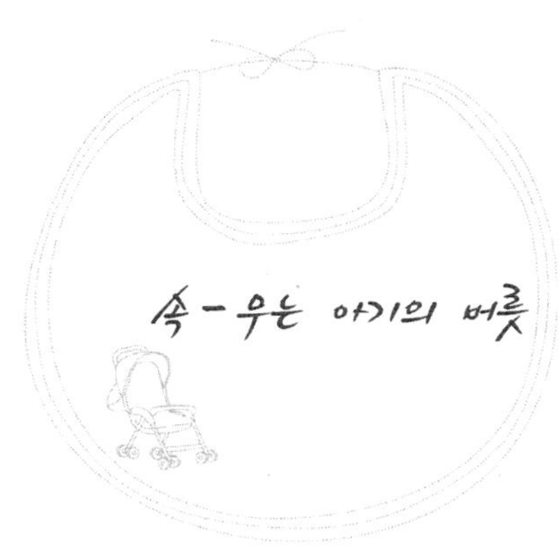

　제1권 『胎』 첫 장 이야기의 주인공이 이젠 어엿한 주부가 되고 한 아기의 엄마가 되었다.

　그 후의 변한 상황을 알고자 그녀의 어머니를 만났다. 한참 이야기 끝에 어처구니없는 말이 나왔다.

　이야기인즉(친정어머니 말씀), 지난번엔 남편을 물었다는 것이다.

　회사일로 지방출장을 다녀왔는데 여러 날 걸렸다. 처음엔 중대한 볼일이 있어 그랬나 보다 하고 말았는데 돌아온 후 이상한 여자한테서 전화가 걸려왔다. 직장에서 남편이 돌아오자 그 얘기를 전했더니 얼굴이 달라졌다. 무슨 일이 있었구나 하고 생각하면서도 가만히 있기로 했다. 얼마 후 어떤 전화가 걸려왔는데 그때부터 남편의 귀가 시간이 달라졌다. 뒤를 밟아 보았더니 어느 다방에서 모르는 여자와 만나고 있는 것이 아닌가? 화가 머리끝까지 치밀어 올랐으나 그녀는 또 참기로 했다.

　며칠 후 그녀는 남편의 와이셔츠를 빨다가 붉은 루주가 묻어 있는 것을 발견했는데 그 순간 참아왔던 분노가 폭발하고 말았다. 부인은 물에 젖은 와이셔츠를 들고 달려갔고 곧 싸움이 벌어졌다.

부인한테서 오랫동안 참아왔던 버릇이 튀어 나왔다. '앙' 하며 남편의 어깨를 물었던 것이다. '아야야' 남편은 소리를 질렀다. 그 소리에 놀라 옆집에서 사람들이 뛰어오고 야단이 났다.

시집을 갔으니 이젠 괜찮겠지 하며 오랫동안 안심하고 있던 친정 어머니는 이 이야기를 듣고 놀라고 말았다. '아, 그 버릇이 되살아났구나.'

한번은 시집간 딸이 아기를 데리고 귀여워 죽겠다면서 야단을 하다가 제 아기 뺨을 물을 뻔한 일이 있었다. 심하게 물지는 않았지만 그래도 아팠던지 소리를 지르던 손녀의 목소리를 기억한 할머니는, 태중에서 생긴 버릇이 25년이 지난 지금까지도 완전히 없어지지 않은 것에 대해 그저 지난 일이 야속하기만 했다.

결혼을 하고 나서는 많이 변한 줄로 알고 살아왔기에 겨우 안심했었는데 이게 또 무슨 일인가.

그 할머니는 다시는 이런 일이 없도록 하기 위해 결혼할 여성이나 임신한 여성들이 있는 곳에서는 이 말을 꼭 해주곤 한다.

경험자의 입장으로서 이런 일이 다시는 생기지 않게 하려는 할머니의 노력은 대단했다. 우리는 이런 일을 현상만 보고 수군덕거리기만 할 것이 아니라 원인과 결과를 함께 보며 예방하려는 지혜를 모아야 할 것이다. 이것이 바로 태교의 교훈이 아닐지?

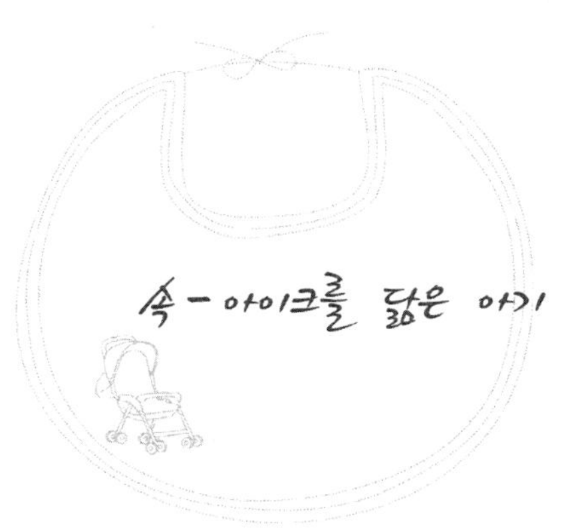

오랫동안 만날 수 없었던 우리는 10여 년이 지난 어느 날 우연히 어느 모임에서 만났다. 본 행사가 있은 후 헤어지기 전에 차 한 잔을 나누고 그 자리에서 필자는 조카 놈 안부를 물었다.

그때 들은 말에 의하면 조카 놈은 학교에서는 늘 수석을 했었고, 좀 특이한 행동으로 주목을 받았다고 한다.

돈이 넉넉한 그의 부모는 미국유학을 권하지만 그는 한사코 마다 하며 나름대로의 다른 뜻을 가지고 있는 것 같다고 한다.

현재 대학원에 재학 중인 그는 시간을 내어 학생을 가르치기도 한다는데 가르치는 것보다 오히려 통솔하는 데 취미가 있는 것 같다고 한다.

4남매 중에서 맏이인데 형제들 중에서도 가장 독특한 성격이어서 주위의 가족들로부터 촉망과 선망을 받고 있다.

이제 와서 후회하는 일이지만 권 군은 자기 자식들에게 왜 태교를 못했는지 모르겠다며 지난 일을 후회한다.

그래서 이제부터 그는 가는 곳마다 이 이야기를 해줄 것이라고 다짐한다. 그것은 자신이 경험했으면서도 자기 아들에겐 못한 것을 아쉬워하는 것이며, 태교전문가가 옆에 있지만 실제 경험으로 보아도 태교는 존경하는 사람을 닮는다는 말만은 꼭 맞는 것이라며 웃었다.

그리고 요즘은 영재교육, 천재아 출산법 등 과학적인 방법들이 많이 나오고 있지만, 무엇보다 마음의 태도와 정성이 중요하다는 우리나라 전통의 태교가 오히려 더 이치에 맞는다며 자신의 의견을 피력하기도 했다.

태교는 닮는 것, 영향을 주는 것이다.

무엇을 닮게 하고 어떤 영향으로 키울 것이냐(만들 것이냐) 하는 것이 여러 임신부들의 과제다.

오늘부터라도 늦지 않았으니 적극적인 자세로 임해 출산 후에 깜짝 놀랄 기쁨을 맛보지 않으시려는지?

부처님께 정성 어린 불공을 드렸더니 부처를 닮았다더라, 시동생의 마음이 고마워 친절히 대해줬더니 시동생을 닮더라, 눈이 큰 사람을 보며 그러기를 바랐더니 왕눈이가 됐다느니 등등 닮는 방법과 경우는 각양각색이지만 누구를 닮기를 바랄 것이냐 하는 것은 여러분의 마음에 달렸다.

유전 아닌 사진의 영향으로 닮는 경우를 얘기해 보았다.

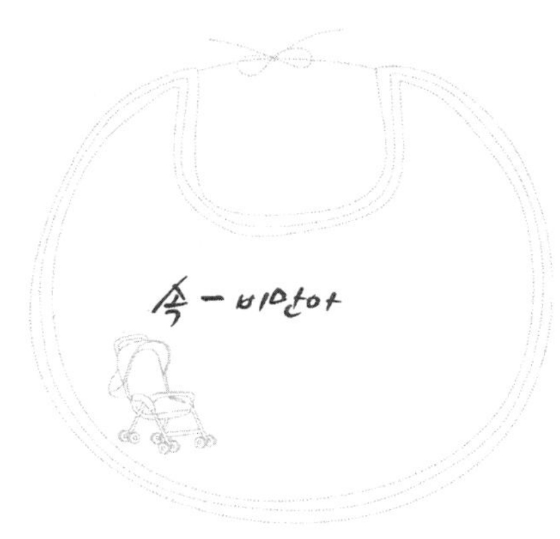

국민 체위 향상을 위해 영양 있는 음식을 섭취해야 한다. 또는 고칼로리 음식이 스태미나를 높여준다고 하면서 영양식을 권하는 식생활이 지금도 계속되고 있다. 그래서 많은 사람들이 잘 먹는 데는 주저하지 않는다.

그러나 태교를 실천할 임부의 입장에 있는 여러분들을 위해 '속-비만아'에서 말하고자 하는 것은 태아는 절대로 크게 만들지 말아야 한다는 데 있다. 태아는 작아야 한다. 작은 아기가 미숙아는 아니다. 미숙아는 잘못된 아기를 말함이다.

그럼에도 불구하고 임신부들은 좋은 식품이 많고 돈도 좀 있어서 많이 먹는 것을 대수롭지 않게 생각한다. 따라서 아기는 커진다. 커지면 정상분만이 어려워 수술하는 경우가 많고 그렇게 되면 모유는 못 먹이고 소에서 짜낸 우유를 먹이게 된다. 그건 현명한 어머니가 취할 태도가 아니다.

식사 패턴이 달라졌다고 동양 사람이 서양 사람 되는 것도 아니다.

오히려 지금은 미국에서도 모유먹이기 운동을 하고 있다.

또 서양 사람들이 동양 사람보다 더 훌륭하다는 근거도 없다. 동양 사람들도 이젠 미국에서 꽤 인정받고 있고 높은 자리에도 등용되는 경우를 많이 볼 수 있지 않은가? 세계의 시선이 동양으로 쏠리고 있다.

문제는 인식의 차이이며 서양문화라면 무조건 좋은 것으로 모아들였던 일부 계층이 그것을 소화하지 못해 일어난 현상이라는 것을 깨달을 때가 됐다.

또 금기는 옛날에만 있었지 현대에는 과학의 발달과 함께 없어진 것으로 생각하는 것도 잘못된 것이다. 어떤 의미에서는 현대에 금기가 더 많다는 것을 감안할 때 임신부는 더욱 섭생에 조심할 필요가 있다.

그런데도 시장이나 식품코너, 튀김집 등에서 보면 지나는 사람도 아랑곳하지 않고 마구 먹어대는 임신부들이 간혹 눈에 띄는데 배불뚝이가 왜 저럴까 하는 생각도 들게 한다.

누가 먹는 것을 나무랄까. 문제는 너무 많이 먹어 태아에게 잘못된 영향을 미칠까 염려해서 하는 이야기다. 그렇잖아도 몸이 무거워 힘겨운 사람들이 좀 덜 먹으면 어떨까 하는 것이며, 오늘날 의학에서도 과음, 과식, 과욕은 삼가라고 하고 있는 데서이다.

그런데도 두 몫을 먹어야 한다는 잘못된 정보를 받아들여 한없이 먹어대는 사람은 영재아 만들기는 다 틀렸다고 봐도 된다.

적게 먹고 잘 소화해 혈류(피의 흐름)가 잘 되는 사람만이 맑은 정신으로 태아에게 좋은 메시지를 전함으로써 영재아를 탄생시킬 수 있다는 학계의 발표를 전달하는 것이다. 정말 머리 좋고 영특한 아기를 원한다면 적은 양을 맛있게 시간 맞추어 먹어 3kg 전후의 정상아를 만드는 데 있다.

어느 날 필자가 YMCA 앞을 지나가고 있을 때였다. 찌는 듯한 더위에 바닷가에라도 가고 싶은 심정이었는데 마침 풀장에서 막 나온 듯한 두 명의 건장한(비만아) 학생 옆을 지나가게 되었다.

가방은 야구방망이에 끼워 어깨 위에 메고 걸어 나오는 모양이 살빼기 수영을 하고 나오는 듯했다. 그러려니 하고 스쳐 지나가는데 한 놈이 "난 오늘 3kg 뺐다" 하니까 다른 한 놈도 "난 2kg 뺏다" 하는 소리가 들려왔다. '음, 그놈들 힘들었겠군' 하는 생각이 들었는데 "야, 뭐 좀 먹을래?" 하는 소리가 또 들려와 관심이 쏠렸다. 그래 이놈들 어디로 가나 하고 가던 길을 멈추고 뒤돌아보았다.

아니나 다를까 근처 제과점으로 들어가더니 빵과 우유를 먹고 곱빼기로 된 아이스크림을 사들고 나오는 것이 아닌가. 그러면 그렇지, 저걸 어떻게 말리나?

선천성 비만은 못 말리는구나 생각되었다. 애써 체중을 빼고 또다시 영양을 보충하지 않으면 안 되는 비만아들. '못 말릴 일'이다.

이렇게 태중에서 만들어진, 자꾸 먹어야만 되는 체질은 누가 만들었을까? 공연히 임신 중에 영양부족이면 안 된다느니 두 몫을 먹어야 된다느니 하며 자꾸 먹어댄 탓이요, 잘못된 인식이 빚어낸 행위가 비만이라는 병 아닌 병을 가진 아기를 만든 것이다.

임신부들이여, 알맞게 먹자! 그래서 정상아를 만들자!

하루는 어떤 어머니가 12살 된 학생을 데리고 필자를 찾아왔다.

전화로 약속은 했지만 무슨 일이냐고 온 까닭을 물었다. 그 어머니가 괴롭다는 눈으로 그 학생을 보기에 얼른 김 양을 불러 그 학생을 다른 방으로 데리고 가도록 하고 나서 "말씀하시지요" 했다.

학생 나이는 현재 12살인데 차마 듣기 민망한 말을 가끔 내던진다는 것이었다.

그들 부부가 간혹 신중히 할 얘기가 있다든지 피곤해서 함께 쉬고 있다든지 할 때에는 어디서 나타났는지 아들놈이 달려와선 문을 휙 열고는 물끄러미 쳐다보다 갑자기 "헤헤, 엄마 아빠 좋아하네!" 한다는 것이다.

"그래서요." 필자도 감이 잘 잡히지 않았다. "혹시 신체적·정신적인 문제라면 병원에라도……" 했더니 "네, 병원에도 갔었죠. 그런데 아무 이상이 없다는 거예요." "그래요? 그러면 무슨 버릇 같은 거 아닙니까?" 했더니 그렇다는 것이다.

네댓 살 때부터라고 할까, 그러니까 말을 하기 시작하면서부터 그 버릇이 나타나기 시작했는데 그때는 "그놈 참 별소리를 다 하네"쯤으로 웃어넘겼다.

두 번, 세 번, 다섯 번이 되니까 그만 스트레스가 생기고 하는 수 없어 근처 병원으로 데리고 갔었다. 그러나 진찰 결과는 아무 이상이 없다는 것이었다.

다행이라 느낀 엄마는 그 후 타이르기도 하고 같이 노는 친구들을 살펴보기도 하면서 아무 이상이 없음을 확인했다고 한다.

그런데 유독 부부 둘이서 있을 때만 골라서 그런 말을 했다.

7살이 되어 학교에 다니는 동안에도 계속 하기에 어쩔 수 없어 정신병원에 데리고 가 진찰을 받았다.

그러나 거기서도 아무 이상이 없는 것으로 결과가 나왔다.

12살인 지금도 가끔 그런 소리를 해서 부부는 같이 있을 수가 없다는 것이다.

간혹 같이 있게 될 경우라도 문소리가 나면 후다닥 일어서거나 옮겨 앉거나 하는데 그것도 창피해서 더 이상 못할 일이라고 했다.

그러던 중 친구 하나가 필자의 저서인 『태교 시리즈 1─함께 읽는 신혼태교(胎訓)』를 읽고 상담을 한번 받아보면 어떻겠느냐고 해서 찾아왔다는 것이다.

그래서 필자는 차근차근 과거 임신 중에 있었던 일들을 물어보았다. 아니나 다를까 원인이 발견됐다.

내용인즉, 임신 5~6개월경의 어느 날 '따르릉' 하고 전화가 울렸고 받아 보니 학창시절 다정했던 친구였다. 서로 장난기 어린 욕도 하며 허물없이 지내던 사이인지라 "얘, 나다 나야…… 너 뭐하고 있

니? 배불뚝이라서 집에만 있는 거냐? 이년아, 정신 차려” 하며 익살스
럽게 떠들어대는 것이었다.

친구는 또 “세상 돌아가는 것 좀 알고 살아라……. 야, 네 남편을 봤
는데 어느 젊은 애하고 호텔에 들어가더라. 빨리 가봐. 충무로 ○○호
텔이야.”

“얘, 그럴 리가 있니? 뭐 잘못 보았겠지” 하자, “뭘 잘못 봐. 내 눈
으로 똑똑히 봤는데. 틀림없어. 빨리 가봐” 하고는 “나 바빠 끊는다”
하며 끊었다.

생각해보니 친구는 그 근처에서 양품점을 하고 있었기 때문에 틀
림없을 것 같았고, 더욱이 부부싸움 일으키려고 그런 전화를 할 친구
는 아니었다.

점점 화가 솟구치고 앞이 캄캄해졌다. ‘이러고 있을 때가 아니다.’
옷을 입으며 지갑을 찾아들고 서둘러 집을 나와 택시를 잡아타고 호
텔로 향했다.

호텔 프런트에 가서 남편의 이름을 대니 이유를 물어왔다. 회사에
급한 볼일이 있어 달려왔노라며 거짓말을 하니까 숙박계를 찾아 보
여 주었다.

어쩌면 좋을까, 남편의 이름이 나왔다.

대충 인사를 하고는 곧장 달려 올라갔다.

설마 하면서도 문을 열고 얼떨결에 들어서니 누워 있던 두 사람이
깜짝 놀라 돌아본다. 남편 얼굴이 거기 있는 것이 아닌가.

분노는 하늘로 치솟고 해야 할 말이 떠오르질 않았다. 얼떨결에
“연놈들 좋아하네” 하며 욕을 내뱉었다. 그리고 한바탕의 소동을 치
렀다.

소설이 아니니까 이야기는 여기서 그치지만 원인을 찾고 보니 그 학생은 '태내에서 닮았다'라는 말로 집약이 된다.

어쩌면 태중의 말이 그대로 염사·복사되어 엄마 아빠가 같이 있을 때면 나오는 마치 무슨 아기의 '배냇버릇'과 같았다.

그래서 이것을 심리적·정신분석적 원인과 여러 가지 사례들로 확인시키고 규명을 했더니 부인은 긍정하면서 본인도 그런 생각이 든다고 말을 이었다.

이런 경우가 흔히 있다.

우리말에 '배냇짓', '배냇병신'이란 말이 있다. 앞의 경우도 여기에 속하는 것이다. 이제부터라도 여러분은 조심해야 할 것이다.

학생은 정신병자도, 못된 놈도, 기형아도 아니다. 다만 엄마가 가르쳐준 것을 그대로 따라했을 뿐이다. 그런데 엄마는 스트레스가 쌓이고, 아들은 정신병자가 될 뻔했다.

우리는 태생을 잘 알아야 한다. 태아는 이렇게도 어머니의 언행을 잘 닮는다.

기왕에 닮으려면 좋은 것을 닮기를 바라며 열심히 태교를 하지만 오히려 나쁜 점을 잘 닮는다. 출생 후에도 마찬가지다. 그래서 태교에는 금기라는 것이 있다. 금기는 음식뿐만 아니고 언어, 행동, 마음가짐에 이르기까지 다양하다.

그러나 그렇다고 두려워할 것도 싫어할 것도 없다. 왜냐하면 출산 후 기르는 동안 이런 일이 없도록 하기 위해서니까. 여러분은 이 섭리를 잘 받아들여 좋은 점을 닮도록 해야 할 것이다. 임신기간은 그리 긴 시간도 아니고 또 견디기 어려운 시간도 아님을 염두에 두자.

이건 의학이나 과학에서 풀어줄 문제도 아니요, 오직 태교의 언행과 몸가짐을 삼가는 일밖에 없다.

요즘 아기들은 너무 자기만 알고 이기적이어서 기르기가 힘들다는 말들을 많이 한다. 왜 그럴까?

여러 심리학자, 아동교육학자들이 여기에 대한 교육적 방법들을 제시하고 있지만 태교하는 입장에서 보면 아기를 임신했을 때 혹은 전부터 어머니가 어떠했는가를 반성해볼 필요가 있다.

통계로는 비교적 양순한 엄마에게서 기르기 편한 아기가 태어난다는 결과인데 반론의 여지가 없다.

차후를 위해서라도 임부는 왜 삼가는 생활을 해야 한다는 것인지 태교의 가르침을 알았을 것이다.

이제는 어엿한 대학생이 되어 있는 어떤 사람에 대해 얘기를 하려고 한다.

한때 그의 가정은 예기치 못한 환란으로 어두운 세월을 보냈던 적이 있다. 물론 지금도 깨끗이 잊혔다고는 할 수 없지만 그가 대학생이 된 것만으로도 그들 가족은 위로를 받고 있으며, 과거를 잊으려 애쓰고 있는 것이다.

지금으로부터 20여 년 전, 이 집엔 기쁜 일이 생겼다. 아들을 낳았기 때문이었다. 그러나 기쁨은 곧 슬픔으로 변했다. 태어난 아기는 약간 비정상아였다.

그 후 아기는 자라 유치원에서부터 초등학교를 마치게 되었다. 그 동안도 선생님의 걱정과 엄마의 노력은 다른 아이들의 열 배는 됐으리라.

뇌에 이상이 있어 어느 때는 괜찮고 어느 때는 신경질적이거나 바보, 정신박약 증세가 나타나는 일이 빈번했다.

그 집은 어엿한 부자로 이젠 돈과 명예까지 겹쳐 부러울 것이 없는 집이지만 아들이 가끔 발작을 하면 온통 집안은 불안과 걱정의 먹장구름이 덮이곤 했다.

엄마는 아들 치료를 위해 발 벗고 나섰고 유명하다는 의원이 있으면 천 리도 멀다 않고 쫓아다녔다. 돈은 얼마가 들든 아들 문제라면 외국의 병원이라도 내 집같이 드나들었다.

그러나 무슨 소용이 있으랴. 선천성 이상은 웬만한 의술로도 고치기 힘든지 고치지를 못했다. 옆집에서 보기로는 그동안 길에다 뿌린 돈만 해도 집을 몇 채 사고도 남음이 있을 것이라고도 했다.

이 일 대문에 엄마는 세계○○협회 부회장이란 직책을 맡고 자주 해외모임에도 참석하고 있으며, 아들 때문에 받은 한을 글에 옮겨 책자를 발간하기도 했다.

그런데 이 일을 옆에서 지켜본 분의 이야기로는 오래전 시작할 때(결혼 초)의 일과 연결된다. 그때는 아직 미혼이었고 어떤 남성(현재의 남편)과 깊은 사랑에 빠져 있었다. 그런데 하루는 두 남녀가 말다툼을 했다.

남의 일이라 엿들을 수도 없고 하여 피하려 했으나 이따금 큰소리가 나오는데 임신문제였다. 그리고 결혼을 하느니 마느니 하다가는 아기를 떼라 하기도 하고 아기는 절대 못 뗀다 하는 소리도 나왔다. 그러다가 어떻게든 해결이 나겠지 하고 있었다.

남자가 다녀간 다음 슬쩍 물어보면 어떻게 해서라도 결혼은 하고 말겠다 하기도 하고 만약 이것이 실패하면 자기는 아기하고 같이 죽겠다느니 하는 말을 자주 해 그저 잘 되기를 바랄 뿐 남의 일에 감 놓아라 배 놓아라 간섭할 수도 없는 처지였다.

이런 일은 연애결혼이 잘못된 남녀 간에 혹 있는 일이라고 생각하고 말았으나 좀 심하지 않느냐, 저러다가 아기에게 어떤 일이라도 생기면 어쩌나 하는 걱정을 하기는 했다.

하루는 결혼 승낙을 받았다고 하더니 일주일 후에는 식을 거행하고 두 부부는 열심히 일하며 잘사는 모습이었다. 잘됐구나 하고 지났는데 출산했다는 소식이 있어 가보니 아기가 좀 이상한 것을 느꼈다. 겉으로는 별로 모르겠지만 안아보니 느낌이 달랐다.

자신은 4남매를 낳아 키웠기 때문에 약간 이상한 것을 알았다.

병원에서도 키우는 동안 잘 하면 괜찮을 것이라고 하기 때문에 이상하다는 소리를 입 밖에 낼 수도 없었다.

그 후 멀리 이사를 해 자주 만나지는 못했으나 가끔 전해지는 말로는 그 아들 문제로 고생을 많이 한다는 이야기를 들었다.

얼마 전에는 아들이 대학에 입학했다는 소식이 있었는데 지방의 모 대학이라 하기에 그래도 잘됐다고 위안을 삼았다.

그러나 지금 와서 생각하니 그 집은 돈벌이에는 성공을 해 잘살고, 또 동생 두 명도 다 공부를 잘해 벌써 유학준비도 끝났는데 큰아들은 더 이상 해볼 수 없는 상태라 하며 가끔 의술을 탓하지만 자신이 보기에도 결혼 전 임신 때 있었던 상황을 기억하면 태중에서 태아가 어찌 무사했겠느냐며 틀림없이 그때 받은 상처, 즉 마음고생 때문이라고 한다.

태중의 영향, 과연 그것은 어떤 것일까? 레오나르도 다빈치의 말을 빌리면 "같은 영혼의 두 몸체"라 하였고, 윌리엄 하비는 "양친 사이에 있는 것"이라 하기도 했다.

태아는 엄마가 숨 쉼에 따라 같이 숨 쉬고 기쁨과 슬픔을 같이 느끼는 일심이체의 상태이기 때문에 임부 자신의 일이 자기 혼자만의 일이 아니라 태아의 일도 된다는 데 역점을 두어야 할 것 같다는 것이다.

고로 정신적 스트레스나 심리적 갈등 그리고 약물복용 등에는 경계심을 갖고 바르게 생활할 것도 잊지 말아야 한다. 아무리 작은 문제라 해도 태아에겐 작은 문제로 그치지 않고 때로 엄청난 비극을 가져다줄 수 있다는 것을 인식하고 바르게 생활하기를 바란다.

문제아의 이면에는 이런 원인이 꽤 있다. 현대는 과학, 의학이 첨단을 걷는다 하지만 이런 것을 고치기는 무척 힘들다고 한다. 그러므로 시작을 잘하는 것만이 옳은 일이 될 것이다.

독실한 천주교인이며 가문도 문벌도 생활수준도 다 상류임에 틀림없는 서울의 어느 집안에 숨은 이야기가 있다.

출산 소식을 듣고 친정어머니가 달려왔다. 산모는 병원의 산모실에서 곤히 잠들어 있고, 아기는 신생아실 바구니 속에서 10여 명의 아기와 함께 있었다.

친정어머니는 간호사를 데리고 신생아실로 갔다.

"여기예요" 하며 간호사가 아기 있는 곳으로 가더니, "이 아기인데요" 했다. 친정어머니는 "아, 그래요. 고마워요" 하고 가까이 가서 아기의 동태를 살폈다. 그런데 이게 웬일일까. 옆으로 누운 아기를 바로 눕히려는데 목이 이상하고 팔이 꼬이는 것 같았다. 다시 또 친정어머니가 어디 하며 안으려는데 깜짝 놀라 눈이 휘둥그레졌다.

"아니, 이게 누구 아기요? 우리 아기 아닌 거 같은데" 하며 간호사에게 물었다.

간호사도 다시 와서 페달을 체크하고 이상 없음을 알렸다. 이때부터 사태는 발생했다.

아기를 다시 확인하라느니 틀림없다느니 하다가 결국 담당의사에게까지 가게 됐다. 의사가 달려오고 아기는 다시 체크됐다. 여러 가지 검사를 하고 또 혈약검사까지 하기에 이르렀다.

그러나 그 아기가 분명 자기의 손자라는 것이 확인되자 이분은 난감해하며 자리를 피해 한참 생각에 잠겼다. "세상에 이럴 수가!" 기형아란 말은 가끔 들어 보았지만 자기 딸이 기형아를 출산하리라고는 상상조차 한 적이 없었다.

"이 일을 어쩌면 좋단 말이냐, 이거 큰일인데" 하며 그냥 돌아갔다.

하룻밤을 꿀 먹은 벙어리요, 뜬눈으로 지새우고는 성당으로 가서 신부님께 고해성사를 하고는 어찌할 바를 지도해 달라며 절대로 있어서는 안 된다는 이야기와 어디 좀 맡아서 키워줄 곳을 수소문해 달라는 부탁을 했다.

두어 시간 후 연락이 와서 달려가 보니 몇 군데를 소개해주셨다. 그래서 직접 찾아가 의논해보았으나 마땅치가 않았다.

하는 수 없이 ○○원을 알려주어서 가 보았더니 거기에는 그런 아기들이 많았고 원장 선생님과 담당 수녀들도 받아들이겠다는 승낙을 했다. 이 말이 새어 나가지 않도록 약속을 단단히 하고 돌아와 병원으로 달려갔다.

병원의 승낙을 받고 감시의 눈을 피해 아기를 포대기에 싸 가지고 병원을 나섰다. 아기 엄마에게도 알리지 않았다.

좋은 차 속에는 포대기에 싼 아기 하나가 있었다. 차는 바로 ○○원으로 달렸다. 큰 돈뭉치와 함께 아기가 그곳에 맡겨졌다.

그러나 병원에 돌아와 산모에게 갔을 때부터 일은 벌어졌다. "엄마, 아기를 데리고 갔다면서요?" 소식을 들은 딸은 어떻게 된 일인지 무척 궁금해했다. 친정어머니는 변명을 했다. 그래도 산모는 납득이 안 갔다. 그래서 이야기는 의문과 추궁으로 계속 됐다. 집에 가보면 안다는 말로 진정시키고는 즉시 퇴원수속을 하고 집으로 왔다.

그러나 집에는 없었다. 아기가 없는 것을 알고 난리가 벌어졌다.

그래 하는 수가 없어 자초지종을 이야기했다. 산모는 이야기를 듣더니 그곳이 어디냐며 가겠다고 야단이었다. 주위 사람들도 말리고 서로 울고불고 하면서 겨우 잠이 들게 했다.

다음 날도 그다음 날도 일은 벌어졌다.

그러나 이분은 죽으면 죽었지 맡긴 장소는 이야기할 수 없었다. 그저 신의 보살핌으로 무사히 자랄 것을 기도 드리는 일 아니고는 할 말이 없었다.

외국으로 입양시켰다고 생각하면 되지 않느냐, 아기는 다시 낳으면 될 것 아니냐고 달래며 도대체 어찌해서 그렇게 됐느냐며 그간 병원진찰은 안 받았느냐고 반격이 가해지고 그간 있었던 일에 대해 원인 분석을 하기 시작했다.

그러나 아무리 해봐도 그럴 만한 원인이 어디 있나, 그렇다고 원인 없는 결과는 있을 수도 없는 것이다.

이야기는 여기서 끝맺겠지만 부족함이 없는 이 가정에 이런 일이 있었다는 것은 태교를 소홀히 했던 일 아니면 태교 부재로밖에 설명이 안 되는 것을……

제3장

태교의 열 가지 방법

　음악은 우리 생활에서 바른 정서를 함양하고 합리적 사고와 마음의 안정을 갖게 하는 효능을 지니고 있다.

　아름다운 멜로디와 리듬은 우리의 감성을 순화시키고 생체리듬을 조절하는 기능을 지니고 있기도 하다. 그래서 많은 사람들은 늘 음악과 함께하고, 희로애락을 음악으로 달래기도 하는데 신생아의 첫울음도 이것과 같은 것이라 한다.

　심장의 고동소리는 호흡과 맥박으로 연결될 뿐 아니라 생리적 본능으로 작용하고 슬픔과 기쁨, 고통과 긴장을 상징적으로 정서에 반응하여 우리의 감정을 표출시킨다.

　그러므로 임신부는 훌륭한 태내 음 조성을 위하여 임신 중에 좋은 음악을 많이 들음으로써 태아에게 안정을 주며, 만족감을 갖도록 해야 한다.

　좋은 음악에 자주 접했던 아기는 출산 후에 빨리 언어를 배우기도 하며, 집중력도 놓아질 수 있다고 하니 태교음악의 중요성을 다시 한

번 실감할 수 있다.

또 음악은 감각의 언어이며, 인간 상호 간에는 인격과 이상을 교류하기도 하고, 임부와 태아와의 사이에는 교감신경으로 작용하여 성격 형성에 중요한 영향을 끼친다.

그리하여 임신부는 미의식을 창조하는 좋은 음악에 자주 접하고 늘 평안함과 기쁨에 찬 생활환경으로, 단순한 심장 박동소리에도 자극되는 태아를 보다 좋은 감성의 상태로 이끌어주어 좋은 인성과 감성의 형성에 이바지하도록 하자. 이때의 영향은 인격적인 바탕을 이루는 데 크게 작용한다는 것이다.

음악은 동식물에게도 영향을 준다

음악은 또 동물의 성장에도 기여할 뿐만 아니라 식물의 개화에도 영향을 준다는 것이 밝혀졌다.

대공원의 홍학이나 인도의 코브라라는 뱀은 음악에 맞춰 춤을 추는가 하면, 젖소에게 좋은 음악을 들려줌으로써 많은 젖을 받아낸다는 사실은 익히 들은 바 있고, 심지어 결실기의 식물도 음악을 들려주면 주렁주렁 열매를 맺는다는 보고가 있다.

이렇듯 음악은 그 구성요소로서 인체에 생리적 변화를 일으키는데, 그 높고 낮음이 자율신경의 긴장을 일으키기도 하고 이완시키기도 한다. 그래서 음악은 임부와 태아에게 경이, 기쁨, 창의력 등을 함께 지니게 하고 느끼게 하는 조화의 매체라 할 수 있다.

실제로 음의 구조는 인간의 감정형태와 논리적으로 비슷하게 만들어졌다고 한다.

음의 질서 있는 배열에 따라 마음의 움직임이 나타나며, 어떤 면에서는 일상적인 대화보다 한층 보편적·추상적 예술인 점도 있다. 또 영혼의 벗이며, 육체적·심리적으로 과학과는 많은 공통점을 갖고 있으나, 이론의 영역이라기보다는 직관의 영역이라 하는 편이 옳을 것 같다.

일찍이 플라톤은 음악의 사회적 기여를 깊이 인식했고 신의 계시로까지 비유했으며, 쇼펜하우어는 음악을 세계적인 위대한 영상으로 표현했듯이 르네상스 이후의 음악적 관심은 문화와 정신 영역에까지 그 범위를 확대하였다.

바흐에서 바그너에 이르는 독일의 찬란한 음악 예술은 인간의 본질을 표현하였고, 그 후 계속된 다양한 발전은 아름다움과 질서의 상징이기도 했다.

이처럼 음악은 감정의 발산작용, 자기조절, 시간과 질서의 무드 조성 등의 장점을 지니고 있으며, 통제·경험·이해의 상호작용을 촉진함으로써 이웃과의 체험을 공감하는 감성적 기능을 길러주기도 한다.

태아는 소리에 민감하다

태아는 일찍부터 들려오는 엄마의 소리에 열중한다. 초기에는 엄마의 심장 박동소리에만 귀 기울이지만, 중기에는 벌써 외부로부터의 음악에도 느낌을 받는다.

그러므로 임부의 음악감상은 임부 자신만이 듣는 것이 아니며 태아에게도 들려주는 것임을 알아야 한다.

음악을 듣고 자란 아기는 건강할 뿐만 아니라 적극적이고 사교적이다. 또한 태중에서 뇌기능이 발달하면 출생 후의 지능발달에도 크게 효과적이라 한다. 그것은 음악이 아름다운 소리의 진동이라는 점에서뿐만이 아니라 태아의 지능을 선천적으로 발달시킨다는 의미를 갖고 있기 때문이다.

물론 성품이라는 인성·감성에는 두말할 나위도 없겠으나, 온몸으로 듣는 음악의 효과는 우리가 규칙적으로 맞는 침이나 마사지 효과를 가져와 태아를 영특하게 한다고 할 때 그 중요성을 새삼스레 절감한다.

그러나 그간의 태교음악이 너무나 서구의 고정(클래식) 일변도로 편향했던 것을 부정하지는 못한다. 그래서 요즈음은 동서고금의 명곡, 가곡, 동요 및 민요를 망라하는 작업에 심혈을 기울이고 있다.

그것이 정서적으로 안정을 주는 것이라면 흥타령이나 사물놀이, 농악 등의 우리의 전통가락도 태교음악이 될 수 있다는 점에서 태교음악으로서의 개발을 서두르고 있다.

음악이 우리 정서에 끼친 영향을 생각할 때, 태중의 아기를 위한 태교음악은 태교를 실천하는 데 있어서 무엇보다도 중요한 부분을 차지하고 있다고 하겠다.

실제의 태교음악

임부의 정서를 위해 태교음악은 마음을 안정시켜 주고, 태아의 발육에도 도움이 된다 하여 늘 좋은 음악을 듣도록 권하고 있다.

그런데 그간 우리는 좋은 음악이라 하면 서구의 고전(클래식)으로만 생각하여 서구 음악에만 치중하고 말았다. 그러나 태교음악이란 꼭 그런 것만이 아니라는 것을 새롭게 인식해야 한다.

우리 문화가 재발견된 입장에서 새로운 각도로 조명해보면 그에 맞는 우리 것을 구분해보는 것도 의미 있는 일이라 생각한다.

현재까지 서구의 고전(클래식)은 오랜 전통과 음악적 깊이 그리고 세계 각국의 공통적 가치 인정과 학문적 체계를 이루어 그 경지가 높은 것으로 인정되어 임부들 정서에 도움이 된다고 알려져 왔다. 그러나 일반적으로 서민들에게는 모르고 어려운 것보다는 익숙한 것, 아는 것, 공감대를 형성할 수 있는 것이 훨씬 태교라는 의미와 부합된다고 하겠다.

첫째, 어린 시절부터 자주 익혀왔기 때문에 언제 들어도 마음을 편하게 해주는 동요를 골라 태교음악에 넣는다(이것은 우울할 때, 기쁠 때 그리고 조용히 있고 싶을 때로 세분할 수 있다).

둘째, 민요를 들으면 기쁘고 신이 나서 희망이 솟는 사람이 있다면 그런 분에겐 그에 맞는 음악을 듣게 하는 것이 더 좋다. 다만 그것이 정서를 해치는 것이 아닌 경우에 한해서다. 이것은 자신보다 태아에게 미치는 영향을 고려하기 때문이다.

그러므로 여기서는 곡명보다 종류를 우선 거론하는 데 그친다.

셋째, 우리 가곡도 좋은 것이 많다.

넷째, 흥타령, 국악, 판소리, 사물놀이 및 농요 등에서 리드미컬하고 조용한 것을 고른 것이면 나쁠 것이 없다.

다섯째, 가요는 물론 건전가요에 한해서다. 일반적으로 가요는 천박하고 예술성이 없으며, 일시적으로 유행하는 것으로 인식되어 왔다. 그러나 그중에는 좋은 음악으로 오래도록 남고, 건전한 것으로 우리 생활 속에 깊숙이 뿌리를 내려 마음에 와 닿는 것도 있다. 더욱이 현대는 여러 갈래로 나뉘어져 발전해가니 서민층에겐 그들에게 맞는 좋은 것도 있을 것이라 본다.

여섯째, 태내 음이나 자연의 소리, 즉 새 소리, 풀벌레 소리 등이 녹음되어 시판되고 있으니 들으면 가끔 우리를 계곡으로 안내할 수도 있으리라. 마음이 무거울 때나 답답할 땐 오히려 이런 것이 더 좋을 수도 있겠다. 그래서 그것들을 다시 몇 가지씩만 골라본다.

1. 클래식: 클래식은 심리적 안정을 위하여 정서적인 것이어서 좋다. 더욱이 오늘날에는 더 발전하여 기쁠 때, 우울할 때, 흥분상태가 될 때 등 세부적으로 나뉘어져 있다(명곡-위와 같음).

2. 우리 가곡: 봉선화, 가고파, 봄처녀, 목련화, 진달래꽃, 새타령, 수선화, 보리밭, 성불사의 밤, 그리운 금강산, 그네, 비목, 아! 가을인가, 희망의 나라로, 바다로 가자, 사월의 노래, 조국찬가, 선구자, 그대 있음에 등

3. 동요: 동요는 자신을 옛날로 돌아가게 하는 유일한 벗이다. 또한 태아도 좋아할 것이다.

-우리 것: 반달, 송아지, 나비야, 할미꽃, 퐁당퐁당, 제비남매, 자전거, 고기를 잡으러, 모래성, 둥근달, 우리의 소원, 고향, 파란마음 하얀마음, 등대지기 등

4. 민요: 요사이 우리 민요가 돋보이게 개발되고 있다. 그중에서도 고를 것이 있을 것이다.

① 우리 민요: 도라지, 아리랑, 농부가, 모심기 노래, 이야기 굿판 등

② 외국 민요: 오 나의 태양, 마리아마리, 세레나데, 산타루치아, 금발의 제니, 라스파뇨라, 여자의 마음, 들장미, 소나무야, 아 목동아 등

5. 성가·종교음악: 찬송가나 불교음악, 선 음악 등 들으면 안정되는 것, 어릴 적부터 좋아해 잘 부르며 심취했거나 자신을 감동시켜 주는 것, 또는 어떤 경우에 인연이 되어 자신을 편안한 세계

로 이끌 수 있는 것이라면 좋다.

현대는 불교 음악으로 전래되고 있는 회심곡, 산염불, 영산회상을 전통음악으로 위상을 정립한다는 말이 있고, 천주교의 음악에도 동양적인 색채를 가미하고 있으며, 찬송가를 편곡하려는 움직임 등이 있는 것을 보면 많은 변화가 가능하리라고 생각한다.

말초적 신경을 자극하는 음악을 지양하여 인간의 심신에 안정을 주는 종교음악이 좋겠다.

우리가 서양음악을 알기 시작한 대개 17세기 이후 지금까지 약 360여 년간, 우리는 개화라는 이름으로 서양음악에 너무 몰두했다. 그러나 최근(1990년대) 10여 년간, 88올림픽과 2002 월드컵을 전후하여 고유의 전통음악에 눈을 돌리며, 제3의 전환기를 맞아 새로운 민족음악으로서 시대적 과제를 발견하고 다양한 패턴의 발전을 시도하고 있다. 이제 제 것을 찾는 바람직한 기운이 일어나서 활발히 움직이며 국악, 민요 등 다채로운 연수와 연구가 진행되고 있다.

진정한 우리의 미를 재발견하여 발전시킨다는 것은 뜻있는 일로 시대에 발맞추는 우리의 자세라 할 때, 태교음악도 그쪽으로 발전시켜 보고자 한다.

여기서 특별히 민요(民謠)에 관하여 좀 더 자세히 살펴보면, 민요는 지역(지방)이나 사람(남녀노소)을 구별 않고 부를 수 있는 것 혹은 불리던 것으로 서민의 심정을 읊은 노래다. 낫 놓고 'ㄱ' 자는 몰라도 민요를 못 부르는 사람은 없었다. 그래서 민요는,

1. 서사성이라기보다는 '서정성'이라 할 수 있다(아리랑, 쾌지나 칭칭나네 등).

2. 생활성으로 동작과 같이 불리기도 한다(김매기 노래, 돌을 나르
   는 목도의 노래, 밭매기, 옹헤야 등).
3. 종합적으로 민족시라 할 수 있으며, 마음을 잘 읊었다.
4. 음악적 농도가 짙다. 가사를 잊었을 때도 처음부터 다시 부르면
   곧 이어진다.
5. 만인이 공감하는 노래다.

이처럼 민요는 일반 음악과는 다른 3면성(시·국악·민속)이 있다. 실제로 시나 문학의 범주에서는 벗어나지만, 그래도 우리 생활 속에 깊이 박혀 있다.

어떤 사람은 민요를 근대사회의 산물이라 하지만, 「아리랑」이나 「베틀가」는 신라 때부터 있었다(생활을 반영한 노래다).

일제 통치하의 민요는 나라를 잃은 슬픔을 읊었으며, 일반적으로는 생활 생태(生態)를 풍자한 것이었다. 그 예로,

'자식 놈이 셋인데…… 했더니 헤이 눈깔이 나온다'라든가 '일-일본놈이, 이-이겼다고, 삼-삼천리 강산이, 사-사주가 나빠, 오-오도 가도 못 하고, 육-육혈포로, 칠-칠 것을, 팔-팔자가 사나워, 구-구사일생으로, 십-십자가에 못 박혀…….'

역사적 배경으로는 서민의 애환을 그린 것이었으나, 한국사람은 어느 때 어디를 가도 자기 성(性)은 바꾸지 않는다(여성이 시집가도 바꾸지 않는다). 그러나 일제 때 성을 갈게 했다. 그것이 한이 되어 일제 통치 36년간 한풀이가 일어났다.

대원군 때도 민씨의 세도가 극에 달하자, '이씨 사촌이 되지 말고 민씨 팔촌이 되라'는 민요가 성행했다.

조선왕조 때는 신부가 어린 신랑과 결혼하는 일이 많았다. 이때도 '신랑 노랑수 꽂고 상투 올려도' 하는 노래(신랑이 너무 모른다는 뜻)가 있다. 그러나 오늘날 선거 때면 흔히 들을 수 있는 것으로 '또 나왔다, 아무개. 말 잘한다, 아무개. 돈 잘 쓴다, 아무개' 등이 있는데 이런 것들은 만인이 공감하면 민요가 된다(생활 속의 공감대 형성이기 때문).

다시 옛날로 거슬러 올라가면 신앙성, 주술성을 엿볼 수 있다(예술성은 없었지만).

'거북아 거북아(여우야 여우야) 뭐하니/밥 먹는다/무슨 반찬/고기반찬/목 안 내면 때려준다' 등.

어느 때는 신에 대항하기도 했다. 무당이 칼을 꽂고 춤추는 것은 적극성을 나타낸다. 그러나 굿은 상을 차려놓고 하는 것이므로 소극성을 띤다.

민요는 소망이 담긴 노래라 할 수 있다. 제천의식까지 올라가면 더욱 다양했다. 문자 의식을 초월한 것이 민요이며, 민요는 언어만 있으면 불렸다. 고로 문학이나 역사보다 훨씬 앞선다(문자 이전의 마음을 읊은 노래).

우리 민요의 형식을 살펴보면 다음과 같다.

1. 4·4조(70%)의 「형님형님 사촌형님」 등은 우리 정서에 맞아 부르기가 좋다. 물론 3·3조의 「옹헤야」도 있다.
2. 반복조로는 권주(勸酒)가 중에 「잡으시오 잡으시오. 이 술잔을 잡으시오」가 있고, 소월의 시에 「잔디잔디 금잔디」 등이 있다.
3. 후렴이 꼭 있다. 왜냐하면 연창이기 때문이다.

남성의 세계에는 오만이 있었다(여성을 향해).

'계곡이 깊으면 얼마나 깊어. 여자의 마음 깊으면 얼마나 깊어.'

그러나 여성의 세계에는 큰 것이 있었다. 여성은 가사(家事)에 열중하느라 행동반경은 적었지만, 노래의 배경을 보면 우주(宇宙)를 읊었다.

'……따라 ……놓고 ……만든다.'

민요는 민속과 동질성이 있는 서민의 노래, 민족의 노래라 할 수 있다. 그러나 현대까지도 재미있게 이어지는 민요는 우리 생활 속에 스며들어 불린다. 그중에서도 「옹헤야」, 「강강술래」, 「베틀가」 등이 있는데 발굴하면 더 많을 것이다.

이러한 우리 가락은 즐겨 들을 수 있고 흥겹게 부를 수 있는 사람에게는 태교음악으로서 손색이 없다. 들어서 기쁘고 정서 함양에 좋고 흥까지 겹친다면 굳이 서구의 고전만을 태교음악으로 할 필요는 없지 않겠는가 하는 면에서, 앞으로는 우리 것을 더욱 발전시키는 방향 설정이 요구되어 몇 가지 예를 들었다.

태교 선(禪) - 임부 명상

선의 사상, 좌선 등은 경지가 높은 도인(道人) 혹은 불도를 깊이 체험하려는 스님들이 할 수 있는 정신집중의 세계, 즉 무아의 경지(세계)라 하여 일반인들에게는 잘 통용되지 않는 별천지의 일이라고 생각했었다.

그러나 지식이 고도화하여 수십 년 연구해도 해득하기 어렵다는 불경을 4, 5년에 독파한다는 시대에 들어오고 보니 선의 자세가 명상이라는 형태로 바뀌고, 일반인도 쉽게 그와 비슷한 자세를 모방할 수 있게 되었다.

그러나 모방이라고 꼭 나쁘다고 할 수는 없고 도인이 되지 않는다 하더라도 정신통일을 한다든가, 선의 자세를 취함으로써 좋은 영향을 받거나 줄 수 있다면, 그것은 극심한 경쟁시대에 으뜸가는 극기 훈련 내지는 자아실현의 방법이 될 수도 있다.

그런데 이런 방법을 생명을 잉태한 임신부들이 한다는 이야기가 있다. 그것은 물질만능·금전만능에 찌든 속세를 떠나 뜻이 높은 인간상을 염원한다는 의미도 있겠지만, 세상이 하도 작은 일(물질)로 시끄러우니 장래를 위하여 큰 인물을 배출해보고자 하는 뜻이거나, 그런 것이 아니더라도 무아지경에서 맑은 정신을 추구하고자 하는 뜻이라면 군이 나무랄 아무 의미가 없다. 오히려 유행적 퇴폐행위나 무한한 욕심만 내는 일단의 사람에게는 비할 바도 아닌 좋은 생각이라 할 수 있다.

지금까지 많은 경우를 보고 들으며 태교에 관심을 가진 필자는 어느 부인이 절에서 임신기를 보내고 아기를 출산했는데 아주 특별한 인품의 아기를 출산했다는 이야기를 듣기도 하였으며, 모 종교에서는 임신기간 중 일체의 잡념에서 벗어나도록 배려하고 있다는 이야기도 들었다.

이것들은 결과적으로 어떤 특출한 인물을 배출한 이야기가 될지는 모르지만 보편타당한 이야기가 될 수도 있다.

새 생명을 잉태하고 아기의 밝은 미래를 꿈꾸어 보는 분이라면 한 번쯤 새겨볼 만한 일이란 점에서 권하고 싶은 심정이다.

선은 무념무상(無念無相)의 세계에 돌입하는 좋은 방법이요, 무아(無我)의 세계로 가는 행위이며 깊은 산속 암자에서 도를 닦는 분, 수도를 하는 분들이 갖추는 자세이다.

현대는 일반인들도 얕은 경지의 선을 한다. 건강을 위하고 정신을 맑게 하기 위하여도 하며, 혹은 임신부가 태아를 위하여 선(禪)을 한다. 이 경우 기원(祈願)은 기도한 만큼, 염불한 만큼 아니면 공들인 만큼 이루어진다는 것이어서 각기 자기가 하고 싶은 만큼 선에 임하는 것이다.

기독교인은 교회에서 열심히 기도하고, 불교인은 부처님 계신 곳에서 불공 드리고, 천주교·천도교·통일교 등 신자들 나름대로 기원하는 자세가 곧 선이다. 자신의 신앙교리에 따라 자신이 할 수 있는 곳에서 하고자 하는 것을 평정의 마음에서 기원하는 것이다.

이것은 영과 육의 일체감이며, 과학에서도 정서적·심리적 자세를 높은 경지의 상태로 이끄는 것으로 훌륭한 태교의 요체가 된다고 하겠다. 여기에 도달하는 지름길은 물욕과 잡념 등으로부터 벗어나 편안한 마음상태를 유지하는 것이다.

서예(書藝)도 좋은 방법

서예에서도 각별한 의미를 찾을 수 있다. 서예는 심신의 안정이 우선되므로 붓글씨를 쓰는 것도 태아에게 좋은 영향을 준다는 것이 밝혀지고 있다.

마음을 가라앉히고 정신을 통일하여 무념의 세계에 돌입하는 방법으로, 마음이 불안하거나 집중이 안 될 때 안정을 취하여 편안한 경지로 몰입하는 자세로 얼마간 실시해보는 것도 유익할 것이다.

그러나 너무 오래하면 태아를 불편하게 할 수도 있으니 하고 싶은 만큼의 적당한 시간 배려가 요구된다.

구슬(옥)을 만지며 감상하는 일

전통태교에서는 임부는 늘 빛깔 고운 구슬(옥)을 옆에 두고 만지며 감상하라고 이르고 있다. 옥이나 보석은 여인이라면 누구나 좋아하는 것이지만 그 이유를 캐어 보니, 옥(玉)을 다루는 사람들은 옥(玉)이 주는 투명하고 부드러움에 무아지경에 몰입하고 여자의 살결보다도 더 부드럽게 느끼며 옥(玉)을 간다고 한다.

때문에 옥의 빛은 태양의 빛이 아니고 달빛으로 만들어져야 한다고 말하며 옥과 여인은 비슷한 성질이라 한다.

더욱이 옥이 갖고 있는 영롱하고 신비한 빛은 생명의 신비함이나 오묘함과 같은 성질이라고 할 때 고운 옥을 가까이하는 것은 정신상태를 높은 경지로 고양시킨다는 점에서 좋은 결과를 맺을 것으로 본다.

도자기를 굽는 사람의 자세(마음)

오직 훌륭한 작품, 신비의 색을 창출하려면 옷깃을 여미고 불꽃 색깔에 정신을 집중하고 조금도 흐트러짐이 없는 자세로 불을 지켜야 한다.

인간도 이런 마음가짐이나 자세로 임하면 특출한 인간이 될 수 있다고 한다. 그러니 이런 마음가짐을 태교의 자세로 이용하면 임신부나 태아에게 좋은 영향을 줄 수 있다.

불교의 사생육도(四生六道)란

사생은,

1. 태생(胎生)으로 인간의 태중 생활이 시작됨을 말한 것
2. 난생(卵生)으로 닭 등 알로부터 시작됨을 말한 것
3. 습생(濕生)으로 하수구의 벌레 등 습한 곳으로부터 시작됨을 말한 것
4. 화생(化生)으로 모기, 벌레, 누에 등 껍질을 벗는 것으로부터 시작됨을 말한 것이다.

육도라 함은 업보(業報) 혹은 윤회(輪廻)라고도 말하는 것으로,

1. 지옥(地獄)을 말하고

2. 아귀(餓鬼)를 말하고
3. 축생(蓄生)을 말하고
4. 천도(天道)를 말하고
5. 인도(人道)를 말하고
6. 수라도(修羅道)를 말한다.

이승에서 인간은 자기가 어떤 삶을 살아가느냐 하는 데 따라 그의
혼과 육은 죽어 저 세상에서 어떤 생으로 화할 것인가를 밝혀준 부
처님의 말씀 중 6가지 길(도)의 깨달음이다.
그래서 중생의 일반적 생활지표로는 "불탐야시 금은괴요 원해조간
유미록(不貪夜視 金銀塊 遠害朝看遊麋鹿)"이라.

이 뜻은 "탐욕하지 않으면 밤에 금덩이가 보이고 해하기를 멀리하
면 아침에 고라니와 사슴이 노는 것을 본다"라는 뜻이다. 이는 일상
생활로부터 욕심을 멀리하고 아름다운 삶을 살아가는 사람에게는 자
고 나면 아침부터 사슴이 뛰노는 극락(에덴동산)이 펼쳐진다고 하는
말이며, 인과응보(因果應報)란 욕심이 과한 사람은 욕심 때문에 망하
고, 좋은 일 하는 사람에게는 후에 복이 오게 되어 있다는 의미로 쓰
이는데 이것이 바로 태교의 실제와 같다는 생각이다.

"태아는 엄마가 행(行)한 대로 만들어지는 것이니 어찌 삼가지 않
으리오"란 옛글을 생각하며 출생 후의 나의 분신이 어떤 모습일까를
연상한다면 오늘 무엇을 할까는 쉽게 풀어지리라 본다.

　예전엔 임부가 피해야 할 음식, 금해야 할 음식으로서 해가 될 음식은 삼간다는 쪽의 지침내용이 전해졌으나, 현대는 잘 먹어 영양이 충분히 섭취되어야 좋다는 권장 쪽으로 기울어 임부의 일일식단까지 차림표가 짜이고 있으니 많이 변했다.

　그래서 여기에 양자를 같이 비교하는 기회를 제공하려 한다. 그것은 현대 것이 다 좋다고 할 수 있는 것은 아니기 때문이다. 먼저 예전의 금기 식품을 보자.

　1. 과일－설익은 것, 벌레 먹은 것, 떨어진 것

　2. 채소－날것이나 제철에 나오지 않은 것

　3. 육류－날고기, 말고기, 토끼고기

　4. 조류－참새, 오리고기, 닭고기

　5. 음식－찬 것, 냄새나는 것, 상한 것, 색깔이 변한 것

　6. 기타－엿기름, 마늘, 비름, 생강, 버섯 등

그 이유는 다음과 같이 옛날 의학의 경험을 들었다.

- 엿기름과 마늘은 태를 삭힌다.
- 버섯은 경풍을 하게 한다.
- 생강은 다지(육손)의 원인이 된다.
- 참새고기는 음란해진다.
- 산양은 병 많은 아기를 낳게 한다.
- 닭고기와 해삼과 찹쌀은 촌백충이 생긴다.
- 오리고기와 오리무침은 난산의 우려가 있다.

그러나 여기서 다시 분석해보면 설익은 것, 벌레 먹은 것, 떨어진 것, 날것 등이 몸에 좋지 않은 것은 물어보지 않아도 알 만한 일이요, 계절이 아닌 때에 나온 과일·채소도 신선한 기호식품일 수는 있으되 맛이나 영양 면에서도 제철에 나온 것과 같지 않음은 요즘도 느낀다. 그리고 고기류는 현재도 우리가 잘 먹지 않는 이유와 같을 것 같다. 단지 오리고기, 닭고기의 와전된 이야기는 고기 그 자체가 아니고 조리하여 먹는 방법이 다르다는 것과 결과의 내용이 다르다는 것을 말하고 싶다(그 내용은 23페이지에 따로 설명된다).

여기서 '현대적 금기 음식'을 들어보자.

1. 매운 음식ー고추, 후추, 겨자, 카레, 마늘, 파, 생강, 양파 등
2. 짠 음식ー소금, 간장, 젓갈류(멸치젓, 조개젓, 새우젓 등), 절임류 (자반고등어, 오이지, 짠지 등)
3. 당질 음식ー설탕, 고구마, 감자, 라면 등
4. 지방질ー돼지고기, 닭고기, 동물성 버터, 땅콩 등
5. 드링크제ー청량음료 등

6. 인스턴트식품－화학조미료, 방부제(착색제) 든 식품

7. 알레르기성－양배추, 살구, 자두, 보트콜리 등

8. 기호식품－커피, 담배, 술 등

그 이유는 다음과 같다.

• 매운 음식은 자극성이고 산을 배출한다.

• 짠 음식은 동맥경화의 우려

• 당질 음식은 당뇨

• 지방질 음식은 동맥경화, 비만, 뇌졸중

• 드링크제 음식은 조산 등의 우려

• 인스턴트 음식은 첨가물 문제와 영양 면에서

• 알레르기성 음식은 산모가 수유기간 동안 이것을 먹으면 신생아가
  알레르기성 체질이 될 수 있어 각기 하자가 되고 있다.

그 외에도 다음과 같이 금기 식품을 나타낼 수 있다.

• 산성화된 토질의 곡식 또는 채소

• 유해농약 살포, 과다비료로 된 곡식・채소・과일 등

• 중금속과 폐수로 오염된 곡식・채소・과일 등

그렇다면 권장 음식을 옛날 자료에서 살펴보면,

1. 자식이 단정코자 하면 잉어(鯉魚)를

2. 자식이 슬기롭고자 하면 쇠 콩팥과 보리를

3. 자식이 총명코자 하면 미랄(해삼)을 먹어라.

그 외에도 보리, 밥, 대추, 산나물, 김, 미역 등을 들었다.

그것을 현대적으로 분석 설명하면 다음과 같다.

- 보리 – 철분이 쌀보다 20%나 높다. 농약 공해가 없고 여성의 대하증에 좋다.
- 대추 – 다른 열매보다 철분이 3배나 높고 종합 비타민도 2배다. 그래서 임신부가 하루 5~6개씩 먹으면 좋다.
- 잉어 – 백숙을 하여 먹으면 보신이 된다. 허약자나 임산부용으로 썼다.
- 산나물 – 깊은 산속의 자연식품으로 신선하고 담백하다.
- 김, 미역 – 풍부한 철분과 청혈제로 산모에게 이용된다. 김 두 장은 계란 한 개와 같다고 전해진다.
- 밤 – 고단백이며 탄수화물이 풍부하다. 허약한 아기를 포동포동하게 살찌게 한다.

그런데 이러한 것이 몸에 좋은가는 영양학이나 한의서에 보면 알 수 있고 음식점의 특별메뉴에서 볼 수 있으며, 일부에서는 정력제·보양제라는 의미로 말해지는 것을 보아도 좋은 것이 사실이다.

그리고 이것들은 지금도 좋다는 데 이론이 없으니 예나 지금이나 다 좋은 음식이라는 데 변함이 없다.

그런데 현대의 권장 음식은 비타민과 미네랄, 탄수화물, 무기질과 단백질로 구분하여 약술한다.

1. 단백질 식품 – 육류, 생선, 계란
2. 칼슘 – 우유, 멸치, 해초, 무, 야채
3. 비타민 – 녹색 야채, 해초류, 과일, 실제로는 비타민 A, B_1, B_6,

B_{12}, C, D 등 세분되어 영양의 필수다.

4. 철분—대추, 시금치, 강낭콩, 생선뼈, 조개, 난황(계란노른자), 해초 등
5. 당질—밥, 빵, 고구마, 설탕 등 뇌 발달에 좋으나 양 조절을 해야 됨. 잘못하면 당뇨의 원인이 될 수도 있다.
6. 망간—쌀밥, 야채, 콩 등에 있다.
7. 지방—동물성보다는 식물성 기름이 좋다. 돼지고기, 닭고기, 참기름류 등에 있으며, 열을 내주는 중요 요소이다.

또 이것을 탄수화물, 미네랄로 구분해보면 탄수화물은 탄소, 수소, 산소의 화합물로 동식물에서 얻으며 미네랄은 광물성에서 얻는 것으로 우리 몸에 필수불가결의 물질이다.

이상과 같이 약술하고 자세한 것은 27페이지의 도표에서 볼 수 있도록 했다.

이렇게 과학적 사회라는 현대는 권장 음식이 세밀하다. 그러나 이런 식품의 성분별 나열로는 우리를 충족시켜 주지 못한다. 더욱이 그 중에서도 사람의 체질, 식성, 연령에 따라 기호가 다르게 적용될 수 있으며, 성별과 환경, 건강에 따라 식품이 다르게 받아들여질 수 있으니 지혜로운 선택이 필요하다.

따라서 조리하는 방법까지 자세히 터득하지 못하면 자칫 해를 미칠 수도 있다.

옛날 태교의 금기 음식 이유 분석

전에는 음식을 종류별, 형태별, 요리방법별로 구분했다. 그런데 여기 금기 이유를 들어 보면 다음과 같다.

1. 과일의 경우

앞에서도 설명되었지만 설익은 것, 벌레 먹은 것, 떨어진 것 등으로 설명하고 있는데 잘못됐다는 근거는 찾아볼 수 없다. 이것은 현대인도 얼마든지 공감할 수 있는 일로 설익은 과일은 배탈, 복통, 설사의 원인이 되는 것으로 영양가도 없고 맛도 이상한 것이 많다.

또 벌레 먹은 것을 징그럽게 느끼지 않을 사람은 없다. 설혹 어느 과일은 이런 것이 더 맛있다고는 하지만 기왕에 먹는 것 잘생기고 맛있는 것이 얼마든지 있는데 굳이 벌레가 먹었으며 무엇을 전염시켰는지도 모르는 것을 먹지 않으려 하는 것은 당연하다. 떨어진 것도 마찬가지다. 다 익어 떨어졌는지 폭풍에 의해 떨어졌는지 모르지만 과일이 풍부한 현대에 그런 것을 굳이 먹을 필요는 없을 것이라고 생각한다.

더욱이 홀몸이 아니고 새 생명을 잉태한 사람은 느낌을 태아가 그대로 영향받으므로 주의해야 할 일이다.

2. 채소의 경우

날 채소는 비타민C의 보고다. 싱싱한 야채는 고기와 같이 먹으면 단백질을 소화하는 데 필요한 섬유질이 있어서 좋다.

그러나 여기서 말하는 의미는 다르다. 날 채소는 회충, 촌충 등의 알의 서식지여서 잘 세척하지 못한 것을 임부가 섭취했을 때 태아에게 미치는 영향(병균)을 생각해보면 짐작이 간다. 또 계절이 아닌 때 나온 것은 요즈음같이 비닐하우스가 없던 시대는 해를 미치는 것이 당연하다.

현대의 비닐하우스 제품도 분석표를 보면 제철에 제대로 자란 식품과는 맛이나 영양 면에서 다르다는 것을 안다. 일반인에게는 이른 맛, 새 맛의 식품일지는 모르겠으나 임신부에게는 꼭 좋다는 근거가 제시되지 않는 한 굳이 찾을 필요는 없겠다.

3. 육류의 경우

나귀고기, 말고기, 토끼고기, 개고기 등이 나온다.

그런데 여기서 우리는 느낌이나 조리방법 등을 생각해보지 않을 수 없다. 그것은 시대상황의 변화며 지금도 우리가 즐겨 먹지 않는 것들이다. 그중 개고기는 사철탕, 영양탕이라 하여 특히 여름철에 많이 팔리지만 일부의 경우이고, 토끼고기가 팔린다는 말은 들었어도 일반화되진 않은 것 같다.

나귀고기, 말고기의 경우는 더욱 그렇다. 그렇다면 그 이유가 무엇일까? 맛이 없어서일까? 징그러워서일까? 냄새가 나서일까? 빛깔이 섬뜩하여서일까? 하여튼 현대인도 잘 안 먹는 것이라는 점에는 이의가 없다.

그런데 굳이 임신부가 먹어야 할 이유는 없을 것 같다. 여기서 개고기에 대하여 좀 생각해보자.

몰지각하거나 장삿속으로 하지 않는 한 애완동물을 키운 사람에게 물어 보라. 그렇게 정들이고 귀여워하며 어떤 사람은 자식 대신으로 키우던 동물을 먹기 위해 죽이는 사람은 인간이라 할 수 없다. 죽으면 무덤을 만들어주진 못할망정 어떻게 잡아먹을 수 있는가? 그러니까 개 짖는 소리의 아기를 낳는다고 말린 것이란 생각이 든다. 단지 남성들의 보신용이라면 그건 별문제로 생각되며 더운 여름 복중에 먹는 보신탕은 입맛 없을 때 좋다는 것은 상식화된 일이다.

각국마다 식생활의 특성이 있어 어느 나라는 원숭이를, 어느 나라는 박쥐를, 또 어느 나라는 뱀, 제비집, 말고기, 곰, 쥐 등을 먹으며 몬도가네에서는 벌레를 먹는 사람도 있었으나, 여하튼 선진국 사람들이 우리가 먹는 보신탕을 보고 처음엔 놀랐다는 이야기도 있었으니 우리도 식용과 애완용은 구별한다는 것을 보여 주어야겠다.

4. 어패류의 경우

우렁이, 가재 등을 살펴보면 맛보다도 '디스토마균'이 연상된다. 이 균은 무섭다. 그까짓 우렁이나 가재쯤을 먹고 디스토마에 걸린다는 건 천치바보다. 그것을 잘 구워 먹으면 디스토마균은 죽어도 문제도 안 되지만 그런 것들은 산계곡이나 들, 바닷가 같은 곳에서 잡게 되니 잘 굽지 않고 먹으면 이때 감염의 가능성은 높다. 디스토마에 걸린 사람을 보니 비실비실하며 음식을 먹지도 못하고 죽는 것만도 못하다는 이야기를 한다. 이런 것을 미연에 방지하려고 하는 것이다.

여기서 문제되는 것은 비늘 없는 물고기를 들 수 있는데 그것은 홍어, 문어, 낙지, 오징어 등이며 이것들은 다들 좋아하고 잘 먹는 생선류다. 그런데도 금기에 든 것을 보면 이유가 있다.

홍어는 뼈는 있지만 연골이어서 인간의 뼈와는 다르다. 그래서 이 것을 좋아하면 뼈가 물러진다고 한다. 그러나 칼슘을 다른 데서 충분히 섭취하고 맛으로 먹을 때도 그렇겠느냐 할 땐 문제의 초점이 흐려지기도 한다. 이런 때는 지혜롭게 만약 이런 것을 '너무 좋아하면' 하는 뜻으로 해석하는 편이 좋을 것 같다.

'오징어' 문제도 기호식인 면에서나 풍부한 단백질이 있다는 면에서는 좋겠지만 뼈가 없으니 칼슘이 부족할 것은 분명하다.

그리고 또 임부는 평상시의 3배 이상 많은 칼슘을 필요로 하는데 오징어가 맛있다고 그것만 좋아한다면 칼슘 결핍현상이 오지 않겠느냐고 해석되기도 한다.

그래서 우리 선조들은 그렇게 표현했을 것으로 풀이되고, 실상 과거에는 인쇄술이 발달하지 못한 상태요, 우리는 사소한 데까지 설명을 붙이는 생활 문화에는 소홀할 수도 있었다는 것을, 고전을 재조명하는 가운데 느낀다.

원칙적인 것, 기본적·원리적인 것에는 정립이 되었지만 이것을 잘 설명하고 쉽게 납득하게 하지 못한 점을 아쉽게 생각한다.

그러나 우리 문화가 비과학이나 미신이 아니라는 점에는 지금도 자부하게 되는 것은 씹으면 씹을수록 맛이 난다는 말처럼 깊이가 있고 의미가 있다.

이상으로 몇 가지 금기음식에 대해 살펴보았다. 그러나 이것이 좀 더 과학적으로 분석되기를 고대한다.

그리고 남은 문제는 음식에서 찬 것, 냄새나는 것, 색깔이 변한 것은 구구한 설명이 아니더라도 여러분이 해석할 수 있는 것으로 믿으며 기타에서 나오는 엿기름, 마늘, 비름, 생강, 버섯 등은 부분적으로 출산 후에도 나쁘다는 것이 요즘 계속 밝혀지고 있으니 쉽게 유추해 볼 수 있을 것이다.

여기서 짚고 넘어가야 할 부분은 '오리고기'와 '닭'의 경우다. 이것도 알아보면 고기 그 자체가 아니고 조리하는 방법이거나 후식과의 관계라 보는 것이 타당하다. 고전문헌을 찾아본 결과, 오리고기는 '오디와 무침하여 먹지 말라'고 되어 있다. 만약 그랬을 때는 '횡산이나 난산의 우려'가 있다고 되어 있다.

현대에는 이런 음식을 본 사람도 먹은 사람도 없다. 그런데 그렇게 쓰인 데는 '횡산이나 난산'의 문제다. 요즘에는 자연분만의 중요성을 다들 아는데 귀여운 아기가 출산할 때 난산이라면 이것은 새 생명뿐만 아니고 임신부나 옆에 지켜보고 있는 아빠나 가족들도 다 같이 느끼는 큰 고통이다.

순산을 해도 어렵다는데 이건 안 될 말이며 과거 한방의학에서는 이런 경우를 자주 목격했다는 의미로 해석된다. 더욱이 횡산이란 아기가 옆으로 나온다는 말인데 이건 무엇이 잘못돼도 많이 잘못된 현상이기에 경고한 것으로 해석되길 바란다. 현대음식이 아니니까 신경 쓸 일은 아니지만 알아두는 것도 좋을 것이다.

다음은 '닭고기에 밀알과 찹쌀을 넣어 끓여 먹으면' 하는 대목인데, 여기엔 '촌백충을 앓는다'가 문헌에 있을 뿐이다.

닭살 아기를 낳는다는 말은 없으니 와전된 것이라 판단되나 어쨌든 삼계탕, 영계백숙은 현대인의 보양식인데 하는 의문에서 문제는 밀알이 첨가되면 촌백충을 앓는다는 말로 밀알과 촌백충이란 어떤 것이냐 하는 것이다.

어떤 데서는 찬물이나 과일류와 같은 후식을 먹었을 때라고 하기도 하며 좌우간 밀알은 흑충(黑忠), 즉 해삼이다.

왜 해삼을 넣었는지 궁금하고 이렇게 하면 촌백충을 앓는다는데 영양학 의미는 이해하나 화학적 변화는 아직 밝혀지지 않았지만 조리하는 법이나 찬물과 관계있는 것 같다.

촌백충은 항문으로 납작하고 기다란 벌레가 줄로 이어져 정강이로 흘러내려오며 배 안에 '보'라는 실뭉치 같은 것이 있어 이것이 풀어지며 계속 내려오는데 정강이에 붙으면 '아이차' 할 정도로 징그럽다.

끊어지면 또 내려온다.

현대는 좋은 약이 있어 쉽게 '보'까지 쑥 빠뜨리지만 옛날에는 더럽고 무서운 벌레로 소문이 나 있었던 것으로 이것은 전염도 잘 되며 회충보다 무섭다.

그래서 임부는 몸에 좋은 음식이라도 이런 일을 방지하기 위해 금기에 넣은 것이 아닌가 하는 의견이다.

시대가 변하면서 와전되어 '닭고기는 닭살 아기를 낳는다'는 말이 있지만 그렇지 않다는 것과 음식은 여러 가지를 섭취하게 되므로 그것들이 배 안에서 상생·상극작용을 한다는 것도 안다면 충분히 이해될 줄 믿는다.

현대적 금기는 어떤가

현대는 더 과학적이요, 분석적이요, 영향학적으로 세밀하다.

그러나 발전하여 다양화되고 변형된 시대에는 새로운 문제에 봉착하게 된다. 어떤 의미에서는 현대가 오히려 금기가 더 많은 것이 아닌가 할 정도로 임부에게 금하는 것이 많다.

간단히 말하면 술, 담배, 커피밖에 더 있느냐 할지는 모르겠으나 그렇지 않다. 그것은 일반론이요, 실제로 임산부가 조심해야 할 일은 음식뿐만이 아니고 더 많은 다른 부분에 있다. 그것은 짜고 매운 자극성 음식과 고단백·고영양의 음식 그리고 당분이 너무 많아 당뇨를 일으키는 음식, 많은 지방질의 음식과 알레르기성 음식, 조미료 드링크제 등이 그것이다. 그러나 그뿐이 아니다. 토질 자체가 산성화된 곳에서 생산되는 곡식, 채소 등 오염에서 오는 문제, 너무 많은 농약과 마구 쓴 비료에서 발생되는 문제, 수은, 납, 카드뮴 등 중금속 오염과 수질문제, 악취 폐수로 연결된 자연식품도 문제의 하나이며, 그보다도 원래는 간편하고 영양 있고 정결하며 맛있는 음식을 만들겠다던 인스턴트식품이 어떤 것은 방부제 착색제로 우리를 위협하고 있고, 일부에는 수입식품이 우리를 '아플라톡신'으로 암을 유발케 하는 것도 새로운 형태의 금기라 하지 않을 수 없다.

이렇게 볼 때 옛날 금기는 재미있는 금기며 현대의 금기는 무섭기까지 한 금기다.

예전의 금기가 부분적으로 문제를 일으켰다면 현대 금기는 살 속, 뼛속, 뇌 속 깊이 스며드는 기형의 요소가 될 수 있는 문제를 내포했다고 볼 수 있다.

과대 영양이 비만아를 낳는다는 문제로 우리를 놀라게 했다면 성 문란이 빚은 여러 가지 문제는 무엇으로 고치며 중금속이 빚은 기형아는 어떻게 치유될 수 있단 말인가. 환경공해에서 온 각종 병과 약물 복용이 잘못되어 기형아를 만든 문제며, 작은 드링크제(청량음료 포함)가 잘못된 것이나 아무 이상이 없다던 임신 초기의 초음파 조사나 피임약 오용으로 빚은 기형문제도 무시하지 못한다.

그래서 여기서는 이런 문제들을 따로 만들어봄으로써 옛날 금기보다 더 많은 금기가 현대에 있음을 알림으로써 여러분의 불행 예방에 보탬이 되고자 한다.

이상의 것을 너무 기본적인 영양가 분류라고 생각하는 분을 위하여 실제적인 문제에 접근하여 좋다는 것과 나쁘다는 것의 허실을 꼬집어 약술하여 보자.

1. 우유―단백질이 풍부해 아기의 영양식으로 대용하는 것은 좋으

나 카세인 함량이 모유의 5배로 소화에 나쁘기 때문에 이유식이 시작되면서부터 먹이는 것이 좋다는 학자가 늘어난다. 또 알레르기 병의 근원이란 학설도 있다(미국). 이건 모유와 같이 먹이면 별 문제가 없는 것으로 나타난다.

2. 감자－전분, 탄수화물, 마그네슘이 많다. 가끔 주식 대용으로 먹는 사람들이 늘어나고 있다. 그러나 감자 눈에는 독성이 있어 식중독의 원인이 되기도 한다.

3. 고기(지방)－적당한 육류는 에너지를 얻지만(10% 정도) 많은 양은 오히려 해롭다. 지방은 혈류(피의 흐름)를 저해하여 나쁘다(동맥경화).

4. 고추－캡사이신(콱 쏘는 물질)이 있어 알데하이드 비만에는 좋다. 태아에게는 자극성으로 안 좋다. 그러나 김치에 이것이 안 들어가면 맛이 안 난다.

5. 설탕－머리를 많이 쓰는 사람의 두뇌 피로에는 좋다 하나 실제로 만병의 근원이라 한다. 포도당과 과당이 분해돼야 소화된다는 문제가 있으며, 당뇨, 비만의 원인이기도 하다.

6. 현미식－만병통치의 좋은 식사법이다. 암, 위궤양, 눈을 밝게 하며 이, 잇몸 등을 튼튼하게 하며 기력 감퇴에 좋다.

7. 채식－비타민C, 섬유질, 탄수화물, 철분 등이 있어 육식을 많이 하는 현대의 식생활에선 절대적이라 할 만치 몸에 좋다. 더욱이 발효시킨 김치 등은 일본, 미국에서 인기가 더해 가고 있는데 건강식, 장수식 등 몸을 가볍게 하는 다이어트식품으로 알려졌다.

8. 섬유질－당분과 지방의 흡수를 늦게 하기 때문에 좋다.

9. 인삼－히스타민이 있어 열을 나게 한다. 그러나 특수한 보신의

약효성분도 있다.

10. 과일−잔류 농약 문제로 골치이다. 미국에서도 어린이 3,000명 중 1명 정도의 생명을 뺏는다고 한다.

11. 해초−피를 맑게 해주고 요도, 철분이 있어 좋으나 나트륨 성분이 함유된 것은 피해야 된다.

12. 옥수수−수입 옥수수에서 '아플라톡신'(암의 원인)이 나왔다.

13. 다른 음식−담백하고 갓 조리한 것이 최고다.

14. 영양제−미국에서도 별 효능 없고 부작용이 많다고 기피하는 현실이다.

동물성 음식은 인간을 공격적으로 하나 채식은 순하게 한다.

육식주의자의 치아는 1/8이 나쁘고 채식주의자의 치아는 모두 건강하다. 암은 산성체질에 많이 걸린다. 이 경우 채식으로 극복해야 한다.

이렇듯 그간 칼로리가 높은 음식이 좋다고 많은 사람들이 관심을 가졌으나 미국도 결과적으로 잘못되는 문제를 풀기 위해 육류 덜 먹기 운동이 한창이라며 실제로 우리가 필요로 하는 전분과 섬유질 섭취에 힘을 기울이게 되고 보니 김치나 콩나물을 많이 찾는다고 한다. 여기엔 콜레스테롤 수치를 낮게 하는 수용성 펩턴이 있다는 것이다.

천재의 두뇌를 만드는 음식

섭취하는 음식물 중 천재의 뇌를 만드는 비밀은 세포의 산화를 방지하며 활동을 향상시키는 '글루타치온'과 '타우린'이라는 발표가 이웃 선진국의 실험으로 발표되고 있다.

인간의 뇌는 그 80%가 태내에서 형성되며 이것이 여섯 살 때까지 중요한 발달을 한다. 그래서 태중으로부터 여섯 살까지는 뇌세포 분열에 필요한 음식은 과연 어떤 것일까 하고 연구하던 중 임부가 섭취해야 할 영양소는 단백질과 비타민 B_6라 하여 우리를 놀라게 하고 있다.

약 160억 개의 뉴런이라는 신경세포로 이루어진 우리의 뇌는 임신 7개월쯤 되면 세포분열을 거의 끝낸다. 이때 임부가 섭취하는 음식으로 태아의 뇌는 활동 가능성이 결정된다. 그러면서 여섯 살이 될 때까지 뇌세포는 가장 활발하고 생의 중요한 성장기에 접한다.

그런데 이때의 뇌 발달을 위한 열쇠는 임부의 영양이다. 그래서 이것을 구체화하며, 그중에서도 핵심이 무엇인가 하고 파고들어가 보니 뇌를 위한 식사법은 단백질 속에 있는 '글루타치온'과 아미노산 속에 있는 '타우린' 성분을 섭취하는 것이 요령으로 나타났다.

'글루타치온'은 뇌세포의 활동을 향상시키는 것이며, '타우린'은 신경전달 작용을 하는 주역이다. 한편으로는 뇌의 흥분을 억제하고 건강한 뇌를 만드는 데 없어서는 안 될 중요한 역할을 한다.

이것을 음식으로 구분해보면 '글루타치온'이 많이 들어 있는 음식은 장어의 간, 쇠간, 닭 간 등과 등이 푸른 생선류, 생굴, 조개 등이고, '타우린'이 많이 들어 있는 음식은 소 쓸개즙과 문어, 오징어, 굴 등이다. 그러나 이것을 많이 섭취하기 위해 특별히 찾아다닐 필요는 없다. 일상적인 식생활에서 고루 섭취하는 동안 얼마든지 필요량은 흡수되는 것으로 판명되었다.

여기서 주의해야 할 한 가지는 타우린 등이 부족할 경우엔 태아의 중추신경 계통에 장애가 일어날 수도 있다는 것이다. 그래서 출산 후에 즉시 산모는 모유를 꼭 먹여야 한다. 모유 중에서도 초유가 굉장히 중요하다. 그것은 초유에 이들 성분이 많이 포함되어 있기 때문이다. 만약 어떤 이유로든 초유를 놓쳐 못 먹일 경우에 뇌의 성장발달에 이상이 온다면 이것은 엄마의 책임이다. 고로 임부는 출산 전부터 초유를 먹일 수 있도록 노력해야 할 것이다.

대체로 출산 시 수술을 하거나 하면 이렇게 되는데 이는 태교에 소홀한 임부에게서 발견된다. '아기는 작게 낳아 크게 키워라' 하는 할머님들의 말씀이 여기 해당된다.

그 외에도 뇌를 만드는 영양소 중 중요한 것이나 미량의 영양소로는 비타민 B_6가 있다. 이것은 뇌에 꼭 필요한 단백질을 활성화한다는 효소로 뇌 속의 아미노산을 락산(GABA)으로 만드는 데 필요한 요소다.

'아미노락산'은 신경의 흥분을 억제하며 신경전달이 잘 되도록 하는 물질로서 한 가지 요령이 있다면 일상적인 식사에 이런 것을 고루 놓아 섭취하는 일이다. 이것이 부족하면 신생아가 전신에 경련을 일으키는 일이 생긴다. 중요하기는 하지만 그렇다고 이것을 너무 많이 섭취할 경우에는 지능 장애를 일으킬 위험도 있다 하니 주의를 요한다.

임신 후반기의 영양관리

태아의 정상적인 발육 및 성장을 위해 충분한 영양관리가 필요하다는 것은 상식이다. 그것은 태아가 어머니를 통해 영양을 공급받기 때문이다.

만일 어머니의 영양상태가 부족하면 태아는 모체가 저장한 어머니의 영양소까지 뺏어간다니 태아가 필요로 하는 영양은 충분히 공급할 수 있도록 섭취해야 한다.

그렇다고 해서 잘 먹어야 한다든가, 두 몫을 먹어야 한다는 말은 식품이나 약품회사 선전용어이지 임부가 지켜야 할 말은 아니다. 그것은 임신이라는 자체가 모체의 변화를 가져와 임부는 초긴장 상태로 만들고 태아는 초능력을 갖고 있어 순리적으로 수요 공급의 원활한 작용이 이루어지게 되어 있는 것을 일부의 몰지각한 사람 때문에 잘못 유도된 내용이라 생각해야 한다.

그래서 조금의 부족이나 약간 과한 것은 충분히 조절기능으로 대처하도록 되어 있는 것이 모자의 관계다.

다만 오묘하고 신비한 인체의 형성이 어느 한구석의 영양의 부족으로 잘못될 것을 염려해 영양을 고루 섭취하도록 권하고 있는 것이다. 때문에 이 신비스러운 이치를 먼저 알고 다음에 영양을 생각해야지 지나치게 영양, 영양 하면 잘못되는 일이 많아 문제가 되고 있으니 여기서는 기본적 필요량을 알아두는 정도로 하고 분석표를 참고하도록 한다.

사실 임부의 건강한 식생활은 임부가 먹고 싶은 것을 발견하여 그것을 때맞춰 알맞게 섭취하면 제일 좋다는 것을 먼저 말하고 그 외에는 왜 필요한가에 대하여 살펴보기로 한다.

〈표 1〉 1일 영양 기준량

영양소	정상 성인여자	임신 전반기	임신 후반기	수유기
열량(Kcal)	2,000	2,150	2,300	2,700
단백질(g)	65	95	95	95
비타민A(R, E)	750	750	800	1,200
비타민B$_1$(mg)	1.0	1.1	1.4	1.6
비타민B$_2$(mg)	1.2	1.3	1.5	1.7
나이아신(mg)	13	14	15	19
비타민C(mg)	55	70	70	90
비타민D(ug)	10	10	10	10
칼슘(mg)	600	1,000	1,000	1,100
철분(mg)	18	30~60	30~60	30~60

※ 정상 성인여자는 연령 20~49세, 키 158cm, 체중 52kg을 기준함.

1. 가능한 한 편식을 피하라(영양의 균형을 위해).

2. 태아의 발육 및 주요기관(오장육부, 두뇌, 이목구비) 등의 형성 때는 단백질이 평소보다 30g 정도(하루) 더 필요하다.

3. 임신 중엔 모체의 조직이 늘어나고 태아도 혈색소가 요구된다. 그러므로 철분이나 엽산의 필요량이 증가한다.

4. 태아의 골격, 치아 등의 주요요소는 칼슘이다. 고로 칼슘의 섭취를 게을리하지 말아야 한다.

5. 태아의 성장을 위한 요소는 비타민류다. 고로 신선한 야채나 과일 등을 자주 먹어야 한다. 그러나 이런 것은 일상생활에서 충분히 섭취되고 공급된다.

<표 2> 임신 후반기의 1일(3회) 식품 구성표

기초식품군	식품명	중량	어림치
1. 단백질 식품	고기류 생선류 계란 콩류 두부	70g 80g 50g 20g 80g	불고기감—7점 (5×8×0.2cm) (대)1토막 1개 2큰술(Tbsp) 2쪽
2. 칼슘 식품	우유 및 뼈째 먹는 생선	400cc 10g	2컵 국멸치 10개
3. 비타민 및 무기질 식품	녹색야채 담색야채 해초류 과일	200g 300g 5g 200g	1컵 2컵 김 3장 사과 1개
4. 당질 식품	밥 식빵(크래커류) 감자류	900g 25g 100g	작은주발 1×3번 1쪽(1봉지) 중 1개
5. 지방 식품	기름(植)	15cc	3작은술(tsp)

입덧은 2~4개월에 흔히 나타나는데 입덧이 심할 때는 식사보다

신 것, 찬 것, 담백한 것 등이 제격이다.

아침 입덧에는 크래커, 토스트 등 간단한 것으로 공복을 메꾼다.

변비는 태아가 커져 장을 압박하고 황체 호르몬의 영향으로 장의 운동을 방해받아 생기니 평소 적당한 운동과 야채, 과일의 섭취와 물을 많이 먹어 예방한다.

합병증으로 임신중독이 있는데 혈압이 높아지고 단백뇨가 나오고 부종으로 체중이 증가한다. 이때는 염분이 든 음식을 줄이고 단백질 섭취를 늘리는 것이 좋다. 그 외는 정서적(정신적・심리적 안정) 생활 태도가 필요하다.

출산 후 수유기의 영양관리도 소홀할 수 없다.

보통 어머니의 하루 850cc의 유즙을 분비하는데 수유부는 그보다 700cal의 열량이 더 요구되며, 또 30g의 단백질이 추가 요구된다.

수유부 식사는 기름에 튀긴 음식, 강한 조미료 사용은 피하고 담백한 미역국, 뼈 끓인 국물이 좋다.

유즙 분비는 모체의 영양상태가 나쁠 때, 수면이 부족할 때, 흥분이나 불안 등 감정적 요인이 있을 때 나타난다. 고로 수유부는 육체적・정신적으로 건강한 상태 유지가 최고이다.

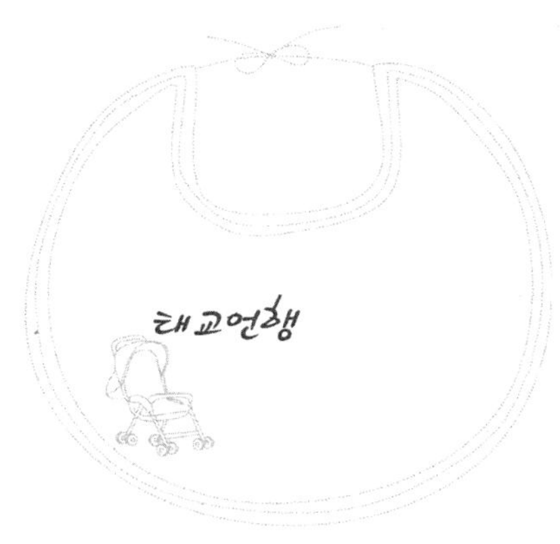

임신부의 언행은 아기의 성품을 만드는 데 중요한 역할을 한다. 그것은 태아가 엄마의 언행을 닮아 형성되기 때문이다.

그래서 여기 전통태교에 지적된 것을 간략히 소개해보면 다음과 같다.

언어생활에 주의할 점

1. 남을 희롱하거나 모함하지 마라.

2. 말할 때 귓속말을 하지 마라.

3. 허망한 소리를 하지 마라.

4. 남의 일에 참견, 간섭을 하지 마라.

5. 남을 꾸짖는 일을 자주 하지 마라.

좀 더 자세히 풀어 보면 다음과 같다.

1은 상대방이 모욕을 느끼거나 괴로움을 당하기 쉽다. 그렇게 해야 즐거움을 느끼는 사람이라면 도덕윤리를 떠나서도 자기도 언젠가는 당한다는 것을 알고 조심해야 된다는 뜻이다.

2는 남이 나를 보고 그렇게 할 때를 생각해보면 귓속말이 얼마나 기분 나쁜 일인 줄 알 것이다. 아기도 나중에 그렇게 될까봐 걱정된다는 뜻이다.

3은 사기, 협잡꾼 아니고서 그런 말할 필요가 있을까? 그런 사람은 얼마 안 가 남으로부터 경계를 받게 될 것이라는 뜻이다.

4는 남의 일에 참견하기 좋아하는 사람치고 제 일 제대로 하는 것 못 봤다. 입이 간질간질하더라도 참아야 된다는 뜻이다.

5는 남을 꾸짖는 것도 버릇된다. 꼭 해야 할 말이 있어도 참고 지내라는 뜻이다. 현대에는 해학적이고도 재미있는 말이 많이 있으니 그렇게 머리를 쓰면 어떨지.

이렇게 주석을 붙이고 보니 언행이 쉽지 않다. 그러나 그런 일을 하고 그냥 지나치는 사람이나 이해 부족한 사람들을 위해서 본보기로 옮긴 것이다.

또 현대생활에서 부부싸움의 경우를 보면, 너무 자기주장을 앞세우다 일어나는 것을 본다. 반대로 할 말을 제대로 못해 오해를 일으키는 경우도 있다.

말에는 요령이 있어 강하고 약한 부분이 있는가 하면 빠르고 느린 부분이 있어 상대방을 편하게 해주는 말과 불편하게 해주는 말이 구분된다면 많은 부부싸움을 줄일 수도 있다.

칼로 물 베기라는 부부싸움도 도가 지나치면 가정평화가 깨질 수 있으니 말을 가려서 할 줄 아는 사람이 되는 길을 모색하자.

말에도 순서가 있다. 시어머니께 여쭐 말이 있을 때도 가령, "이런 일은 이런 것 같으니 이러해도 되겠습니까?" 하는 말을 덮어놓고 "이렇게 해야 되겠어요" 한다면 자신의 입장에서는 같은 의미라 생각될지는 몰라도 듣는 분의 입장에선 제 생각대로 하는구나 하고 느껴 고부간의 갈등이 시작된다.

그러지 않고도 될 일이 얼마든지 있는데 이렇게 해서 우리는 많은 문제에 티격태격하는 일이 있으니 순서 있게 말을 해서 뜻에 어긋나는 결과를 만들지 않도록 해야 할 것이다.

이런 것은 옛날로 돌아가자는 뜻은 아니고 현대에도 해당되고 옛 어른께도 좋게 반영될 것을 의심치 않는다.

언어순화나 예절을 따지지 않더라도 자신의 가정평화, 행복한 삶을 위하여 필요한 것이니 잘 알아서 하자.

행동에 있어 주의할 점

안태 보존을 위하여 주의할 점은 다음과 같다.

1. 많이 먹는 것, 많이 자는 것, 두껍게 입지 말 것
2. 차거나 더운 데 앉는 것, 비스듬히 기대거나 걸터앉는 것을 하지 말 것
3. 위태로운 일, 힘든 일, 실수하기 쉬운 일, 무서운 일 등
4. 비탈진 길 걷는 것, 위태로운 데 딛는 것, 외발에 힘주지 말 것
5. 높은 곳 밤 출입, 깊은 물 있는 곳, 급히 뛰는 일을 하지 말 것
6. 엎드리거나 너무 꼿꼿한 것과 너무 굽히지 말 것

이런 것들은 임부가 당연히 알아서 할 일로 현대도 마찬가지이다. 너무 서둘거나 이상한 몸짓이 태아에게 좋을 수 없다.

태아는 혈맥이 임부와 이어져 임부가 숨 쉼에 따라 영향받는 것이
니 자칫 실수하면 어려운 경우를 당할지도 모르므로 지적한 것이다.

『태교신기』를 다시 풀어보면,

1에서 많이 자는 것-우리는 활동시간과 휴식 그리고 잠자는 시간
까지 잘 짜인 신체적 기능을 갖고 있다. 휴식이 필요하지만 너무 오
래 자면 머리가 띵해지고 몸이 무거워진다.

2에서 차가운 데 앉으면 치질, 배탈이 문제이며, 중추신경을 통한
건강도 문제다.

비스듬히 기대는 것은 태아가 기울어 자란다는 것이다. 걸터앉는
것은 잘못해 주저앉게 되면 낙태의 위험이 된다.

3에서 실수하기 쉬운 일은 그 실수가 어떤 것이냐에 달렸겠지만
여기서는 실수로 깜짝 놀라거나 마음의 상처를 입는 일이라면 안 된
다는 의미일 것이다.

4에서 논두렁길, 비탈길에서 미끄러지거나 넘어지면 나쁜 것은 알
것이고, 외발에 힘주지 말란 것도 태아에게 고른 힘을 주지 못하면
태가 쏠릴 우려가 있다는 의미다.

5에서 높은 곳이나 밤 출입-요즘은 전등이 환하게 켜진 시대라
하지만 높은 곳은 호흡문제이고, 밤 출입은 납치범 등 아무래도 사고
의 위험이 있다.

6에서 너무 꼿꼿한 것-인체는 필요에 따라 굽고 펴지는 것이지만
너무 꼿꼿하면 혈액순환이 잘되기보다 지장을 받는다는 것을 알고
있을 것이다.

3항이 중요한 만큼 부언하면 위태로운 일, 구태여 힘든 일, 실수하

기 쉬운 일 등으로 구분하고 있지만, 이 의미는 일의 형식이나 양상으로 판단하기보다는 그 결과로 나타나는 영향 등으로 해석하는 편이 옳다.

그 이유로는 모체에 미치는 영향이 아니고 태아를 생각하고 지적한 것이기 때문이다. 그것이 태아에게 미치는 영향은 작다고 할 수 없다. 우리는 완전한 인간이지만 태아는 형성되어 가는 도중의 생명체다. 그래서 자칫 잘못한 행동이라도 태아형성의 저해요인이 된다면 그건 작은 실수라 할 수 없다.

여기서 보다 관심을 기울여야 하는 부분은 현대생활의 직업여성들에 대한 것이다. 직업을 그만둘 수도 없고, 직장에서는 임부의 휴가가 출산 때만 허용되는 현실에서 과연 직장생활을 계속할 것인가가 문제 된다. 직장에서 하는 일이 어렵지 않다면 괜찮다. 그러나 그 일이 태아에게 나쁜 영향을 미치지 않는다는 확증을 잡아야겠다. 어떤 일은 기형아의 원인으로까지 밝혀진 것이 있으니까 그런 것에 주의해야겠고, 그보다 일반적으로 알고 있는 출퇴근 시의 문제, 회사의 사정에 따른 무거운 업무수행이 문제가 되기도 한다.

이런 문제들은 일단 삼가야 할 범주에 속하므로 태아에게 미치는 영향을 고려하여 주의를 기울여야 한다. 이것은 과학, 의학에서도 충분히 지적된 사항이요, 과로는 만병의 근원이란 점을 상기시킨다. 그리고 무서운 일을 당하면 아기가 놀라는 정도로 그쳐야지 심하면 정신에 관계있다는 것을 깊이 새겨야 한다.

혈류에 이상이 생겨 뇌에 잘못된 영향을 주면 큰 문제가 발생하니 미리미리 조심해야 할 것이다. 이것은 일시적 직장문제가 아니라 귀여운 생명에 대한 평생의 문제이기 때문이다.

우리는 오랜 경험과 의학의 결과론으로 이들을 재조명해보았다.
그러나 아직도 인간은 다섯 달이 아닌 열 달이 되어야 출산된다는 이
엄연한 사실의 이치를 놓고 온고지신을 되새긴다.

현대생활에서

현대의 언어는 많이 변했다. 행동도 양상도 많이 변했다. 그렇다고
언어가 갖는 목적이나 의미가 변했다고는 할 수 없다. 다만 표현방법
구사방식이 다를 뿐이다.

현대도 남이 싫어하는 말을 하거나 남을 해롭게 한다면 그것은 태
아에게 그대로 반응하여 태아를 그런 인간으로 만드는 것은 변하지
않는 천리이기 때문이다.

그래서 잘못 행동한 임신부는 아기를 출산하고 키울 때 애를 먹는
다. 따라서 임신부의 행동수칙은 일종의 법칙이라 해도 무방할 것 같
으니 잘 명심하고 가급적 좋은 말과 바른 행동으로 임하는 것이 좋을
것이다.

인간에게는 마음이 있다. 마음은 온몸의 핵이요, 중심이며 우리를 움직이는 전체라 해도 이상할 것이 없다. 그러나 마음이 과연 어디에 있을까 하며 찾아보니 머리인지, 뇌인지, 가슴인지, 심장인지 확실치 않다.

마음이 어떻게 생겼으며 어떻게 영향을 끼치는지는 몰라도 분명 마음은 있고 그 마음은 착한 것, 나쁜 것, 좋은 것, 해야 할 것을 구별해주며 혹 마음이 흉측하면 인간도 흉측해지는 것을 볼 수 있다.

마음의 위치는 모르지만 정신적·심리적으로 마음이 안정되면 자신이나 주변 사람에게도 좋고 마음이 불안하거나 초조 긴장되면 얼굴에도 나타나고 무슨 일이 일어날 것 같은 것이 온통 긴장이 감돈다. 그뿐 아니라 임신부의 마음이 나빠지면 아기는 그대로 닮기 때문에 아기도 나빠진다. 그러나 마음이 조용해지면 뇌에서는 엔도르핀이 흐르고, 얼굴엔 화색이 돌고, 몸은 가벼워 훨훨 날아갈 것같이 된다.

태중의 아기는 이것을 흡수하면 편안하고 좋아져서 쑥쑥 자란다. 각

기관도 이상 없이 형성되고 좋은 건강, 뛰어난 능력을 갖게 된다. 그래서 임부의 마음가짐은 무엇과도 바꿀 수 없는 귀중한 것임을 안다.

그 외에도 마음이 풍요로운 사람은 물질에 현혹되지 않고 모든 일이 저절로 풀리는 것을 본다. 왜 그럴까? 우리는 이 이치를 터득해야 된다.

전시용이나 외형적인 일에 끌려 다니는 일은 삼가고 내면적 충실에 헌신하는 것이 태교와 상통한다.

태풍 속에서도 든든한 것은 어머니 배 속과 마음속이라 하고 역리학의 토정비결 보는 마음은 컴퓨터에 의지하는 것보다 낫다고 하는데 과연 자신은 어떤 마음일까?

태교마음

인간의 마음을 남녀의 성별로 구분할 수는 없으나 일반적으로 여자의 마음은 포근하고 생명이 움트기에 알맞은 것이라 하며, 외향적이건 내성적이건 간에 태아를 돌보기에 적합한 마음이다.

그래서 조물주는 여성에게만 자궁을 주셨는지 몰라도 여자의 마음이 갈대와 같다든지 하는 표현과는 달리, 약한 마음, 두려움을 잘 타는 마음, 눈물을 잘 흘리는 마음으로 태아에게 전달할 바탕이 되는 마음을 간직한 것이 여성이라 할 때 아무리 시대가 변해 직업을 갖는다 해도 아기를 갖고 낳고 기르고 하는 일은 천부적 여성의 임무며 권리인 것을 부정할 수 없다.

그러나 이것을 그대로 전하지 않고 보다 좋은 것을 골라 전해주고자 하는 것이 태교라면 여러분이 해야 할 일은 정해질 것이다.

그런데 전통태교 중 『태교신기』에 나타난 임부의 마음가짐으로 성품 형성에 주의할 점을 보면 다음과 같다.

1. 임부가 분한 일을 당했다고 화를 내면 태아는 피가 멍든다(혈액
  공급이 저해된다는 뜻).
2. 임부가 흉한 일을 당해 근심하면 태아는 기가 병든다(성장을 저
  해 받는다는 뜻).
3. 임부가 천한 일, 무서운 일로 두려워하면 태아는 정신이 병든다
  (정신장애의 뜻).
4. 임부가 급한 일로 놀라면 고질병이 생긴다(선천성 기형의 뜻).

이것을 현대의 심리학적 측면의 예방의학이라고 보면 부분적 장애
의 뜻으로도 삼가야 할 7가지가 있으니 다음고 같다.
1. 남을 해롭게 하려는 마음
2. 동물을 죽이려는 마음
3. 간사한 마음
4. 남을 속이려는 마음
5. 탐욕하는 마음
6. 시기·질투하려는 마음
7. 일을 훼방하려는 마음 등이다.

그런데 이 모든 일은 보는 것, 듣는 것에서 생기니 보아야 할 것으
로는 다음과 같다.
1. 귀한 사람, 좋은 사람
2. 구슬이나 공작
3. 빛나고 아름다운 것
4. 성현의 그림이나 글 등

들어야 할 것으로는 다음과 같다.

1. 조용한 음악

2. 글 읽는 소리

3. 나를 기쁘게 하는 말 등

이렇듯 임부의 마음은 보고 듣는 데 따라 움직이니 애당초 듣는 것, 보는 것부터 조심하고 좋은 것만 듣고 보도록 하였다.

그런데 이것이 현대에는 안 맞는다고 할 사람이 있을까? 이것은 기본적인 것, 원천적인 문제를 다룬 점이라는 것을 이해해야 한다.

그렇다고 활동을 안 할 수도 없다. 귀머거리 3년, 장님 3년, 벙어리 3년이란 옛날 시집살이 격언에 비유할 필요는 없고 그저 좋은 것은 나쁜 것보다 낫지 않겠느냐 하고 생각한다면 나에게 이로울 것이라고 생각하고 실천하면 후엔 천금으로도 바꾸지 못할 귀중한 것이 될 것이다.

어떤 분은 이런 것도 모르고 생각이 나는 대로, 되는 대로, 지나고 나서 태어난 아기가 자라면서 말 안 듣고 일 저지르고 하여 굉장히 고생을 한다. 어떤 때는 무시무시한 일을 저지르기도 하고 학교에 가선 문제아란 별명으로 엄마를 고생시키는데 오죽하면 "이 웬수야" 하는 말이 공연히 나온 말이 아니었다는 것을 알리고 싶다.

그러나 마음씨를 좋게 가진 사람은 아기도 순해서 키우기도 쉽고 학교에 가서도 늘 우수한 성적과 선생님에게 칭찬받는다고 한다. 어느 쪽을 택할 것인가 생각해보자.

한편 인간의 심령을 연구하는 학자의 말을 빌리면 인간이 살아 있는 동안에는 몸에 영전현상(靈電現像)이라는 영혼의 전기현상 같은 것이 있다고 한다.

이것은 텔레파시라는 영감작용에도 관계되면 모공 하나하나에서 0.5~0.6 볼트의 파장을 일으키기도 하는데 인간의 능력과 직결된다는 것이다.

그래서 태아가 뛰어난 능력을 갖고 태어나게 하기 위해서는 임부가 늘 착한 마음, 바른 마음으로 임해야 한다는 것이다.

만약 그렇지 못해 정신적·신체적으로 나쁜 영향이 가해졌을 때 능력이 떨어지는 아기가 태어난다고 하고 있다.

현대는 마음씨를 심성·감성으로 나누어 연구를 계속하고 있다. 심성·감성은 또 선천적인 것과 후천적인 것으로 나누어지며 태아의 선천성은 임부의 상태를 영향받는 것이기 때문에 다음과 같은 목표를 세우고 능동적으로 실천에 임하기를 권한다.

1. 자신의 장단점에 구애되지 말고 좋은 점에 치중한다.
2. 아빠의 장점도 투영시킨다.
3. 계산적인 사람은 계산을 자주하라(두뇌를 발달시킨다).
4. 합리적 사고를 잘하면 그런 쪽으로 머리를 써라.
5. 생각을 여유 있게 하고 자제력을 키운다.
6. 판단력이 있는 사람, 기지가 있는 사람이 된다.
7. 해학적 감각과 화합의 기질을 키운다.
8. 남의 어려움을 이해하고 장점을 칭찬하는 기품을 갖는다.
9. 몸가짐은 단정히, 의복은 편한 것으로, 개성은 이기적이지 않은 자기적인 것으로 발전시킨다.

이 중에서 두세 가지만 잘 실천해도 아기는 굉장히 좋은 영향을 받을 것이다.

　태아의 지능발달을 위한 노력은 예부터 있어 왔고 현재에도 계속되고 있다.

　'배 안에서 하나를 가르치니 태어나서는 백을 알더라'와 '한 번 들어 능히 열을 해득하는 능력은 태중의 지식 습득'이라 하여 훌륭한 인재를 얻고자 한다면 태교만이 해결의 지름길이라고, 양갓집 가문에서는 태교를 철저히 실천해왔다.

　그러나 현대는 더 발전했다. '태아의 지능개발', '태아의 두뇌발달' 등의 연구와 '천재는 어떻게 하여 만들어지나' 하는 유의 저서가 여기저기서 눈에 띈다.

　그래서 과학적 지능개발의 요체는 무엇인가, 그 실상을 알아본다.

　아직은 연구 부족이라 오랜 경험의 산물이 아니라는 지적이 있지만 기본적인 자료나 방법을 소개하며 조금이라도 도움이 되었으면 한다.

　원래 인간의 뇌는 거의 80%가 태아 때 형성된다고 1981년 대뇌피질에 관한 연구로 노벨상을 수상한 스페리 박사가 밝혔었다.

얼마 전까지만 해도 임신 초기의 뇌는 미숙하여 사용 불능이고 종반 이후라야 완전해진다고 했다.

그런데 실제로 2개월 반, 3개월에 벌써 기억작용의 흔적이 발견된다는 보고가 있다. 3개월 후는 최면적 잠재의식으로 기록된다는 연구가 나오기도 했다.

그래서 태아의 뇌 발달을 앞당길 수는 없을까 하는 연구가 계속되고 있다.

그러나 인간의 뇌는 형성과정으로부터 기능발휘까지가 대단히 복잡하다. 뇌의 기능이란 기억력뿐만 아니라 사고력, 판단력, 추진력, 제어력, 분석력, 창작력 등 수없이 많은 기능을 보유하고 있다.

또 형성과정을 보면 다음과 같다.

- 3주: 분화발육이 시작된다.
- 2개월: 급속도로 성장
- 3개월: 형태와 뇌세포 거의 완성
- 4개월: 대뇌피질 성숙
- 5개월: 대뇌피질 더욱 왕성
- 6~7개월: 뇌신경 세포 발육 왕성해져 사람들의 목소리 파악
- 8개월: 신경세포 완숙, 기억기능 시작
- 9개월: 완성된 상태의 뇌

그런데 이것을 다른 측면에서 보면 다음과 같다.

뇌에는 '뉴런'이라는 수송전달 세포가 있는데 이것이 첫 단계로 2~3개월 사이에 폭발적으로 형성되며(그 이후에도 계속되지만), 두 번째

단계로 6~7개월 사이에 뇌의 중추적 역할을 하는 축삭돌기와 수상돌기의 발생과 활동이 나타난다. 이것들은 신경 연결을 확실히 하며 신경교를 증식시킨다.

이렇게 하면서 뇌의 기능이 제대로 움직이게 된다. 그러나 언제부터 무엇을 제공하느냐 하는 문제는 분명치 않다.

다만 이들이 형성되어 가는 과정에서 반드시 필요한 것은 산소며 영양이다. 이것이 충분해야 영재아가 된다는 것이다.

음식물의 영양도 있지만 그보다도 산소를 강조하며 천재의 우수한 뇌를 결정하는 것은 뇌신경 배선의 조화이며 시냅스와 돌기의 엇물림이 태내에서 잘 짜여야 된다는 것이다. 그리고 잠재능력은 대뇌 연변계의 조직발달에 달려 있다고 한다.

일화를 한 가지 들어보겠다.

한 유명한 음악가에게 어떻게 해서 당신은 그렇게 유명하게 되었느냐고 물었더니 자신은 "태어나기 전부터 음악이 자신의 일부였던 것 같다"며 어떤 때는 악보를 넘기지 않아도 선율이 떠오를 때가 있다고 피력했다. 이 말을 그의 어머니에게 전했더니 그 어머니는 "내가 그를 임신했을 때 늘 음악을 들었다"고 답했다는 것이다.

여기서 우리는 무엇을 알 수 있는가? 그것은 뇌 발육 초기에 벌써 재능을 결정지어 주는 그 무엇이 있다는 것이며, 이것은 뇌 신경세포의 구조적 패턴 형성을 그쪽으로 하도록 도와주는 일이 아니었겠느냐는 사실이다.

태아의 신경세포는 여러 번 반복되는 자극에 의해 이루어지며 출생 후에는 고리로 연결되게 되어 있다. 그래서 그 재능인자가 연결되면 그 방면에 재능이 개발되지 않을 수 없게 된다고 말한다.

그렇게 때문에 임신부는 어느 쪽으로 할 것인지를 정해놓고 그 방향으로의 노력이 필요한 것이다.

그렇다면 그런 결정을 어떻게 내릴 것인지가 문제로 대두된다.

한편, 지능과 재능은 같지 않다. 지능은 지적 능력이요, 재능은 재주다. 지능은 많은 책을 보며 지식을 쌓는 노력을 하는 것이며, 재능은 특성적인 것으로 문학, 예술, 기술, 연구, 표현, 운동 등의 능력을 말하는 것이다. 이것은 자신의 취미와도 연관된다.

설혹 자신은 다른 과목을 공부했을지라도 선천적으로 타고난 재주가 있을 수 있고 자신은 부모의 권유나 목표가 있어 그 방면의 수업을 했다 해도 그쪽에서는 성적이 안 오르고, 흥미도 없는 사람이 있다.

이럴 때 태아에게 주입시키고자 하는 것이 명확해져야 한다. 그래야만 소기의 성과가 이루어진다고 하겠다.

태아는 '타브라 라사'라고 한다. '아무것도 쓰여 있지 않다'라는 뜻의 히브리어다.

거기에 무엇이든 써 넣어주어야 하는데 기왕이면 좋은 것을 넣어주어 특별한 재능이 마련된다면 이것이 자기가 바라는 일석이조의 효과가 아닐지?

중국에서도 천재아가 탄생했는데 알고 보니 임신 6개월 전부터 모든 일에 신경을 써가며 삼가는 자세를 취했고 임신을 감지한 후 6개월간은 태아를 위해 혼신의 정력을 쏟았다는 이야기가 나왔다.

그래서 알아보았더니 임신 전에는 피임약 등의 오용을 철저히 삼갔으며 좋은 날 훌륭한 정기를 받아 임신하고, 임신 후에는 전적으로 태아의 능력을 개발하기 위한 태교를 실천했다는 것이었다.

'태아는 모두 천재다'라는 말이 있듯이 무한한 개발 여지가 있다.

이것을 어떻게 발달시키느냐는 오직 임신부의 노력 여하에 달렸다.

'이렇게 하면 된다'는 것보다는 미완성을 완성으로 이끄는 창조적 자기완성이라는 점에 유의하고 목표를 정해야 할 것이다.

사실 두뇌란 지능·재능 말고도 많은 일을 하는 중추적 기능, 통제 기능의 본거지다. 너무 물질에만 집착하다 정신적인 것을 잊는다면 그것은 본말이 바뀌는 것이 된다.

인체를 물질적인 것으로 본다면 두뇌는 종합조정실이라는 높은 경지의 인간의 본원이다.

여기에 유명한 석학들의 말을 되새기면 일찍이 영국의 유명한 역사학자 아널드 토인비는 "과학은 물질문명 쪽에서는 많은 발전을 가져왔어도 인간의 정신에 있어서는 1마일도 진전을 보지 못했다"고 했다.

인간의 유전설을 제창하고, 평생 이 방면의 연구에 몰두했던 멘델도 죽음을 2~3년 앞두고는 태생의 영향을 중요시해서 인간의 성품, 정신, 지능은 출생 전에 얼마든지 계발할 수 있다는 의견을 피력했다는 것이다.

또 선(禪)을 연마하는 동양의 불교, 도교의 선지자(실행자)들은 인간의 생로병사도 과학을 능가할 수 있는데 연구 부족으로 답보 상태를 면치 못하고 있다 하며 인간의 태생(胎生)문제는 어머니에게 달렸다고 지적한다.

이렇게 볼 때 우수한 인간 배출은 불가능한 것이 아니며 애초부터 노력을 기울이려는 임신부 마음가짐에 따라 가능성이 판가름 난다는 것이며 이것은 태중생활의 아기로부터 시작되어야 한다는 데 공감하게 된다.

인간의 잠재능력은 무한하다

인간의 잠재능력 개발은 무한하다. 인간 두뇌활동의 많은 부분은 좌뇌에서 이루어지며 나머지는 좌우 양 뇌에서 이루어진다. 학교에서 하는 교육은 좌뇌발달 과정이다. 그래서 태내에서 발명·창조의 활동과 잠재의식 활동 등 우뇌를 개발할 경우 '두뇌의 혁명'이라 할 발전이 있을 것이라고 한다.

일찍이 프로이트는 우리의 정신세계를 의식과 무의식으로 구분하고 의식은 현재의식, 무의식은 잠재의식이라 했다. 그러므로 의식은 5감에 속하는 시각, 청각, 후각, 미각, 촉각 등이고 잠재의식인 무의식은 내재적인 의식, 즉 예감(직관), 영감 등과 그리고 꿈과 같은 영역에 속한다고 했다.

이것을 연구하는 많은 의사들은 뇌전도, 뇌 파장을 밝혀냈고 의식의 유형을 네 가지로 구분 설명하기에 이르렀다.

1. 의식－Beta파: 눈뜬 상태에서 일어나는 의식으로 외부의식이다.
2. 의식－Alpha파: 눈을 감은 상태의 정신세계 현상으로 내부의식이다. 일명 잠재의식이라고도 하며 개발의 여지가 많다.
3. 의식－Theta파: 무감각적 세계, 영적인 세계이다.
4. 의식－Delta파: 무의식의 상태로 수면상태의 의식이다.

이상에서 3, 4 의식은 초능력을 이용하려는 초심리, 텔레파시이며 두 번째의 무의식 상태에서 주는 영향에 우리는 관심을 갖는다. 이것에 대해 잠재의식을 개발하는 여러 가지 방법이 나왔다.

한창 유행하던 마인드컨트롤이나 오랜 역사를 가진 좌선, 또 교회의 기도하는 자세, 도를 닦는 사람들의 산상기도(선), 아들을 갖게 해

달라고 지성껏 비는 어머니의 마음도 여기에 속한다.

무한히 그 무엇에 염원하는 무아지경의 어머니 마음, 이것은 무의식의 잠재의식 개발이며 목표에 도달하려는 내재의식의 갈구이다. 현대과학을 연구하는 사람들은 이것을 β파로 연결해 의학적으로 설명이 안 된다고 치부하지만 정신분석학적 측면에서는 여러 가지 근거가 발견된다.

그래서 태교를 하려는 사람들은 웬만한 일엔 현혹되지 않는 자세로 임한다.

인간의 잠재능력은 무한한 개발의 여지가 있다. 태아는 3개월 이후 수면상태, 무의식 세계가 시작되니 무엇을 기록하게 해줄 수 있을까에 대한 과제가 남아 있다. 그러나 방법 문제는 아직도 큰 진전을 보지 못한 것이 현실이라 아쉽다.

흑판을 썼다 지울 수 있지만 태아의 뇌는 그럴 수가 없다.

모쪼록 좋은 착상으로 훌륭한 능력개발에 머리를 써야 할 것이다.

한편, 태아도 인간이라면 머리만 좋다고 무조건 좋은 것은 아니다. 사기꾼, 협잡꾼도 좋은 머리를 가졌다. 따라서 태교는 인간 전체(성품, 기질, 두뇌, 건강, 재능 등)를 놓고 하는 것이지 어느 부분만을 위해 하는 것이 아니기 때문에 이 장을 참고의 장이라 보아야 할 것이다.

유대인들은 『탈무드』를 읽는다고 한다. 『탈무드』는 종교, 문학, 역사로부터 정치, 경제, 과학, 생활에 이르는 처세술까지 다양하게 시대의 변천을 따라가며 계속 랍비에 의해 보완되는 종교서적으로 태교를 하려는 사람들에게 좋은 자료가 된다.

그러니 특별한 방법을 찾는 것보다 자기에게 알맞은 방법을 찾아야 할 것이다.

태아 두뇌개발 요령은 사람에 따라 여러 가지로 적용될 수 있는데 대개의 경우를 구분해보면 다음과 같이 다양하다.

1. 수평교육법
2. 독서법
3. 대화법
4. 글자판 맞추기와 셈 놀이
5. 그림그리기, 음악 들려주기
6. 운동, 조깅, 수영법
7. 수태시기법, 환경법

하지만 아직 통계학상의 입증이 부족하므로 이것은 참고로 했으면 하고 나름대로 자신에게 맞는 것을 찾기 바란다.

변해가는 임신부 건강을 되찾게 하고, 심호흡, 복식호흡 등으로 충분한 산소공급을 하는 것은 태아의 뇌 발달에 도움을 준다.

그러나 임신 초기나 말기에는 유산, 낙태의 위험이 있으므로 금하고 있다.

여기 몇 가지 방법을 소개한다.

1. 체조
① 몸을 부드럽게 하는 체조
② 충분한 산소공급을 위한 체조
③ 안태, 안산을 위한 체조

2. 수영
① 물을 두려워하지 않는 임신 중기의 임부
② 깊지 않은 곳, 멀지 않은 수영장에서의 수영

③ 힘들지 않게 가벼운 차원의 수영

3. 숲 속 걷기운동(거닐기)
① 걷기는 최고의 좋은 운동 방법이다(천천히 걷는다).
② 숲 속 거닐기, 삼림욕
③ 멀지 않은 곳, 위험하지 않은 곳, 급경사가 아닌 평평한 곳을 즐
　거운 마음으로 거닌다.

그러나 이런 것을 할 수 없을 때는 적당한 일을 할 수도 있다.
직장은 원천적으로 피로조절이 잘 안 되므로 가급적 피하기를 권
하나 그런 입장이 되지 못하는 맞벌이부부의 여성에게는 보다 많은
지혜와 과로하지 않는 자세를 찾아야 한다. 옛날에도 임부에게는 적
당한 일을 하도록 권했었다. 문제는 정도의 차이인데 미국인들이 여
행을 즐기는 이유는 임신했을 때 긴 거리 출퇴근을 자가용으로 했기
때문이라는 말도 있다.
그래서 일에 임하되 기쁜 마음으로 조용히 그리고 격한 여행이 아
닌, 피로가 중첩되지 않는 일이라면 가능하다고 본다. 자주 피로를 풀
고 쉬는 것은 태아에게 주는 고귀한 선물이 될 것이다.
요즈음 직장을 다니는 많은 임신부의 경우 태아가 거꾸로 앉아 있
다는 이야기가 있는데 이것은 다양한 운동 부족에서 기인한다. 그러
나 제 위치로 돌리려 해도 날씬한 몸매 때문에 양수가 부족하여 어렵
다 하니 임부는 태아를 위한 운동에 힘써야 할 것이다.
옛날에는 임신부에게 많은 일을 시켰다고 한다. 그것은 태아의 활
동을 위해서나 임신부의 건강을 위해서도 좋고 또 출산 시의 어려움

을 덜어 준다는 면에서 그랬다고 한다. 그렇게 볼 때 임신부의 운동
은 절대적인 것이라 하겠다.

인간은 환경의 지배를 받는 동물이다. 태아도 환경에 의해 성장 발육한다. 거의 70~80%가 환경의 영향이다.

이것은 내외적 환경과 심리적 또는 주변환경도 포함한다.

식물도 씨를 뿌린 다음 햇빛, 물, 비료가 필요하듯이 인간도 마찬가지다. 생명이 잉태되면 주어진 환경에 따라 순리대로 자란다.

그러나 주어진 환경대로 아무렇게나 자라는 것을 바라지는 않는다. 자신보다 건강하며 영특하게 자라나 사랑과 칭찬을 받기를 바라며, 키우는 동안에도 편하고 기쁘며 모든 일이 잘 풀리는 인간형을 그린다. 이것은 바람이며 임부의 당연한 의무이기도 하다.

그래서 환경에도 적지 않은 배려를 한다. 그럼에도 불구하고 일반적으로 돈 많은 사람이 좋은 집에서 사는 환경을 연상한다. 그것은 바람직하지 않다. 태아는 외부세계를 볼 능력이 없다. 다만 어머니의 마음가짐에 따라 느낄 뿐이다. 그래서 태아는 키우기가 쉽다. 그렇다고 거짓말하는 것도 아니다. 자기 자신이 구애받지 않으면 되는 것이며 장차 잘살 것을 희망으로 하면 되는 것이기 때문이다.

이것이 임부의 내적 환경의 핵이다.

일반적으로 임신하면 영양분을 많이 섭취해야 한다고 말한다. 그러나 걱정할 필요는 없다. 태아는 초능력을 갖고 있고 임신부는 적게 먹고도 많이 줄 수 있는 저력이 있다. 운동을 많이 해야 생기는 에너지도 아니며, 돈이 많아야 생기는 힘도 아니다. 조물주가 생명을 잉태한 사람에게 부여한 신비의 자연능력이다. 그런데 왜들 야단일까? 그건 근본적인 문제가 아닌 것 같다. 지엽적인 문제를 가지고 아귀다툼을 하는 것 같다. 그래서 임신부는 유행이나 선전에는 크게 동요되는 것을 금한다.

사람이란 견물생심이어서 좋은 물건을 보면 욕심이 나고 들으면 움직이게 된다. 그러나 태아는 그러기를 바라지 않는다. 그저 편안하고 따뜻하게만 해주면 만족한다. 이런 환경 속에서 태아는 형성되고 발달해야 된다. 욕심이 있다면 기왕에 생기는 두뇌에 좋은 것을 기록해주어 심성과 두뇌가 잘 발달하도록 해야 한다.

시시한 것보다 쓸모 있는 것으로 채우는 것이 인간이 할 수 있는 노력이다. 즉, 외적 환경을 좋은 쪽으로 내재하게 하는 일로 환경을 내 것으로 만드는 작업이다.

환경에는 주변(주위)환경도 있다. 그것은 인간이 원래 사회적 동물이기 때문이다.

고립된 섬에서 혼자 있던 로빈슨 크루소라면 모르되 가정과 사회의 일원인 우리는 주위에도 신경 써야 한다. 아니, 어쩌면 자신이 신경 쓰기보다 오히려 주위에서 신경을 쓰고 있을지 모른다. 그것은 불러오는 배로 표시가 되기 때문이다.

조물주는 신비하리만치 철두철미하다. 어쩌면 그렇게도 잊지 않고 그런 일에 배려를 놓치지 않았는지 다시 생각해봐도 경탄을 금할 수가 없다. 그런데도 사람이란 자주 잊는다.

자신에게 부여된 일이 무엇인지 잊고 지내기도 한다. 임부는 누구나 그래서는 안 된다. 만약 그렇게 한다면 잠시의 실수로 자신은 천 길만길 낭떠러지로 떨어지게 된다.

때문에 임신부는 주위의 협조에도 귀 기울이며 기쁜 마음으로 받아들이고 대처해야 할 것이다. 이건 혼자 당하는 자신의 일이 아닌 하나의 생명이 태생하고 있는 위대한 일이기 때문이며, 조금이라도 소홀하지 않게 열 달을 지내야 하는 일이기 때문이다. 여러분은 이런 주위환경에 잘 적응해야 한다.

느낌을 말해주며 남편의 관심을 끌어오는 것도 주위환경을 좋은 쪽으로 유도하는 임신부의 지혜다.

환경에도 여러 유형의 환경이 있다. 어느 것은 스스로 하고 어느 것은 협조에 의해 이루어지나 태아는 엄마를 닮는 것이다.

모든 것은 수렴하고 소화하며 좋은 쪽으로 만들어 태아에게 전하는 역할이 임신부의 임무이다.

모쪼록 보고 듣는 것, 생각하고 느끼는 것이 좋은 것이 되게 하고 먹는 것, 마시는 것이 태아에게는 건강한 몸과 지혜로운 두뇌 형성의 원천이 되며, 말하고 행동하는 일체가 태아의 성품, 기질 형성에 크게 영향할 것을 감안하여 신중히 처신해야 한다.

그 결과는 얼마 있으면 곧 알게 된다. 태아는 더 있으라 해도 280일이면 틀림없이 태어나게 되어 있다. 그때를 위하여 좋은 환경을 만들어주도록 노력하자.

임신 중의 성생활도 빼놓을 수 없을 만큼 중요하다.

일반적으로 임신 중 여성의 성욕은 저하하지만 남편은 아내가 임신했다고 해서 달라지지 않는 것이 남녀의 차이이다. 이런 것을 잘 이해하고 부부가 협력하는 것은 무조건 거부하는 것보다 임부 자신의 정서 안정을 위해 필요하다.

그래서 어떤 분은 선진국형이라는 스킨십으로 부부의 사랑을 확인(해결)하기도 하고 어떤 분은 주의를 요하는 임신 3개월까지와 8개월 후에만 금욕하는데 이것은 과일의 꼭지라는 부분을 생각하고 탯줄이나 태반이 약해지면 안 된다는 의미로 해설해야 된다. 좀 더 자세히 설명하면 다음과 같다.

임신 초기

1. 20대, 30대의 부부인 경우 주 1~2회는 무방하다(그러나 격하지 않게 해야 한다). 임부는 시간이 흐름에 따라 오르가슴이 점차

감퇴한다. 유산이 염려되기도 하고 피곤과 무력감을 느끼는 것이 임신부 신체의 변화이다. 황체 호르몬의 작용으로 자궁수축이 억제되도록 되어 있다. 그런데 격렬한 성교를 하면 자궁수축이 강해지기 때문에 유산의 위험이 있다.

2. 압박을 주지 않는 체위로 정상체위 중에 신전위란 체위가 있다. 이 체위는 남자의 다리가 밖으로 가고 여성의 다리는 모으는 체위이다. 다리 압박으로 남성은 흥분한 자극을 얻을 수 있고 여성은 적극적인 운동이 필요 없다(유산방지).

3. 스킨십도 가능하다. 일명 대체 성교라고도 하는 스킨십은 부인의 손을 빌려 마스터베이션(masturbation)하는 경우와 선진국형이라는 방법으로 하는 경우도 있다. 정액을 약간 먹는다 해도 의학적으로는 아무 영향이 없다니까 남편을 정신적으로 만족시켜 준다는 의미에서 나쁘지 않을 것이다.

임신 중기

임신 중기 3개월 정도에는 약간의 무리도 있을 수 있다. 4개월 정도가 되면 태반은 완성되고 자궁과의 연결도 튼튼해진다. 태아로부터 나오는 노폐물 처리를 해주는 태반의 역할도 잘되고 유산의 위험도 사라졌기 때문에 이상 없으나 배에 압박은 피하도록 해야 한다. 배위, 즉 뒤에서 하는 방법, 좌위라도 앉아서 하는 방법도 가능하다.

임신 후기

임신 8개월 후에는 자궁이 팽창해 아무래도 어렵다. 임부는 성감도 줄고 피곤을 잘 느낀다. 질의 자정작용(살균)도 저하되고 자궁경관에

염증이 생기기도 하니 조기파수의 원인이 될 수 있어 조심을 요한다. 그러나 필요한 경우(어쩔 수 없는 경우)라면 옆의 방법인 측위나 말을 타는 것 같은 기승위가 있는데 임부보다 남편이 운동하는 방법을 택한다.

서로가 상의해서 성생활에 의사일치를 보는 것은 남편의 욕구를 충족시켜 주겠다는 사랑의 표시임과 동시에 외도를 막는 지름길이라 할 수 있다. 또한 헌신의 뜻도 있는 것이므로 남편은 더욱 아내를 사랑하게 되고 가정에 충실해진다.

남편이 해야 할 태교도 있다.

제1권 『태』, 제2권 『태훈』에서 밝혔듯이 태교의 시작이라 할 수 있는 잉태의 태교는 좋은 씨를 뿌린다는 의미에서 남성의 전유물이다. 그러나 이 책은 이미 임신한 분에게 읽힐 목적이라는 의미에서 두 번째 단계인 '협조의 태교'와 세 번째는 영재를 얻기 위하여 같이하는 '공동태교'라는 것을 상세히 알리고자 한다.

협조의 태교

옛날에는 임신을 하면 임부 혼자서 어려운 지침을 실천하며 노력하든가 양갓집에서는 시부모 시댁 식구들이 도와주는 두 가지 유형이 있었다.

그러나 생활양상이 많이 바뀐 현대는 남녀평등, 핵가족 등으로 분가를 하거나 맞벌이 생활이어서 둘이서 같이하게 된다.

그래서 자기 아내의 어려움을 같이 나눈다는 의미의 '협조태교'가

등장했다.

생명이란 오묘해서 서로 도와 잘하면 건강하고 영특한 아기가 태어나지만, 그것이 부족할 때는 잘못될 수도 있다고 생각하면 남편의 협조가 무엇보다 소중하다.

<5가지 수칙>

그것을 몇 가지로 나누어 보면 다음과 같다.

1. 임부의 신체변화에 관심을 가진다(사랑의 표시).
2. 먹는 것, 입는 것에 신경 써준다(특히 약물복용).
3. 신경 쓰는 일, 무거운 짐 드는 것을 만류한다(스트레스).
4. 주위의 협조를 받도록 노력한다(모르는 것).
5. 성욕을 다른 곳에 발산하지 않는다(외도).

부모님과 윗분들의 가르침이나 나무람을 자주 듣지 못한 요즘 여성들은 직장일로 바쁘다 보면 엄마가 되는 역할에 소홀할 수도 있다.

이런 것을 남편이라도 돕지 않으면 실수할 수 있다는 것을 염두에 두라.

태아가 안 보인다고 아무렇게나 해도 되는 것은 아니다. 모든 것을 미리 알아서 행하고 어려운 일이 있더라도 지혜로운 협조가 있어야 한다. 감기 들었다고 약을 함부로 복용한다든지 하는 식의 일이 있어서는 안 된다.

그래서 태아에게 영향이 갈 수 있는 일은 조그마한 일에도 소홀할 수 없다. 이 점을 함께 의논하고 좋은 방안을 실천하는 것이 곧 '협조태교'이다.

자신이 뿌린 씨를 가꾸는 데 소홀하여 잘못됐다고 부인에게만 책임을 전가하는 전근대적 사고는 버려야 할 시대다.

공동태교

임신 중의 내 아기를 영재아로 만들 수는 없을까 하는 생각을 가진 분을 위하여 기술한 장이다.

아인슈타인 같은 사람은 잠재능력이 탁월한 사람이었다. 그래서 뇌를 연구하는 미국의 많은 학자들이 연구하여 찾아낸 것이 그는 선천적으로 좋은 잠재능력을 타고났다는 것이다. 따라서 그와 같기 위해서는 태중의 잠재능력 개발이 필요하다.

그렇다면 잠재능력이란 어떤 것이며 언제 어떻게 형성되는가를 알아보자.

태아는 임신 3개월부터 7개월 사이에 벌써 엄마로부터 오는 각종 정보와 메시지를 잠재 기록한다.

다시 말하면 메시지를 위해서는 엄마, 아빠가 그에 맞는 많은 정보를 준비하여 제공해야 한다(7~8개월 사이에는 뇌 구조가 변화 발달하는 시기이고, 8개월에는 뇌신경 세포가 신생아와 거의 같다).

이것은 마치 카메라에 필름을 넣은 상태 같아서 렌즈를 열고 찍으면 되는 것이다. 찍힌 필름은 말려서 현상할 때까지 그냥 있는 것과 같이 태아도 이것을 잠재의식으로 그냥 가지고 있다가 출생 후 언젠가 그 의식을 재현시킬 기회를 접하면 기억이 되살아난다는 것이다.

그래서 부부는 이 기간에 좋은 프로그램을 만들어 자주 대화를 하며 좋은 방안을 의논하도록 한다.

이렇게 하면 태아는 무의식의 잠재력으로 이것을 기록한다. 정보는 대뇌피질에서 고피질로 접수되고 무의식은 뇌간에 명령하여 잠재된다.

어떤 때는 건강과 감정에 따라 물리적 변화를 가져오기도 하나 정보는 최면된 현상으로 기록된다. 그랬다가 생후 성장기에 특별한 현상과 마주치게 되면 되살아난다. 때문에 임신 3개월 때부터 제공되는 정보는 좋은 것이 되어야 하는 것이다.

그러기 위해서는 부부가 함께 행하는 것이 효과적이다.

미국에서는 이렇게 하여 낳은 아기가 있다. 특수한 예로는 출생한 지 1년 만에 전화를 받고, 1년 반이 넘으면서는 단어를 몇백 개 외울 수 있었으며, 만 3세가 됐을 때는 3개 국어를 어느 정도 구사할 수 있었다니 놀라울 뿐이다.

그러나 여기서 알아둘 일은 필요한 프로그램이 일률적인 것이 아니어야 한다는 점이다. 여기에 대한 요령은 여러분이 감당해야 할 일이다.

요즈음 세계는 인간이 갖고 있는 최대한의 잠재력 개발을 통하여 자아실현을 성취하기 위한 많은 노력을 하고 있다. 그중에서도 태아를 위한 프로그램은 일정한 인간 모델이 형성되기 이전 과정이어서 필요하다. 여기에 비해 우리는 오래전부터 하던 일에 새로운 방법을 접목시키는 일이므로 전혀 새로운 개척은 아니라 보인다.

한편 발달심리학에서는 태아의 심리며 수태 초로부터 시작되는 각 발달단계의 행동상의 변화를 연구한다.

본능, 자아 그리고 심리적 에너지와 신체에너지의 상호작용 또는 감성에 따른 육체의 물리적 변화, 인간의 원초적 행동과 의식현상과의 관계 등을 과제로 하고 있다.

그러나 다른 한편에서는 태아의 두뇌개발을 위해 어떤 자극이 효과적일 수 있느냐 하는 데 관심을 게을리하지 않고 있다.

여기에 주의해야 할 3가지 수칙은 다음과 같다.

1. 방향 설정을 철저히 하라.

2. 가능한 한 자료를 준비하라.

3. 부부가 함께 의논하며 행하라.

여기 남성의 태교 5가지를 정리해보면 다음과 같다.

1. 우생학적 견지에서 좋은 것을 주려는 마음(잉태의 태교)

2. 발생의 성스러움을 기뻐하고 부인의 처신에 협조하려는 마음(협조의 태교)

3. 부부가 함께 영재를 만들기 위한 노력(공동태교)

4. 출산 때 신생아 탄생의 거부감을 없애려는 노력(접촉태교)

5. 출생 3일 이내에 주요기능의 이상 유무를 확인하는 방법(확인태교)

이상과 같이 남성도 부모라는 입장에서 더욱이 뿌린 씨앗의 결과라는 측면에서 알아보고 장차 내 아기를 어떤 방향으로 키울지 그 특성을 파악한다는 것은 다시 한번 생각해봐야 한다.

이해를 돕기 위해 좀 더 상세히 설명해 보면 다음과 같다.

1. 훌륭한 잉태를 위하여 신체적·정신적으로 안정되고 의욕과 정력이 충만한 상태(조건)에서 외경의 마음가짐을 갖고 임하며, 일반적 부부관계(성교)가 아닌 분신창조나 자아실현, 자기계승이라는 특별한 행위로 승화시켜 행하고, 그런 날이 오기 얼마 전부

터는 술에 찌들지 말 것이며, 약물에 중독되지 말 것이며, 여러 가지 공해의 오염으로부터 일탈한 맑은 정기 제공자의 자세로 행한다는 것이다.

2. 잉태는 일찍 확인될수록 좋으며 확인되면 우선 생명발생의 성스러움에 감읍하고 부인의 임신 초기 중요성에 소홀함이 없도록 배려하여 부인의 언행, 섭생을 도와주는 협조가 시작되어야 한다. 입덧은 어떤지, 신 것을 찾는지, 구토의 정도, 낙태의 위험을 예방하며, 평안한 마음가짐으로 앞으로 열 달을 보낼 수 있도록 신경 써주며 혹시라도 잡생각이나 기형의 원인이 되는 약물 등을 접하지 않도록 유의한다.

3. 부부가 같이 태아의 두뇌발달을 위한 과제를 만들고 행하며 너무 지나치지 않도록 하는 것이다. 태아는 막 생기기 시작하는 상태라는 데 유념하여 아직도 부분적으로 완전한 구조가 형성되지 않았다는 것을 명심한다.

4. 접촉의 태교란 서구의 병원에서 실시 중인 것으로 분만 시 아빠의 손을 아기머리에 갖다 대는 일이다. 자궁에서도 듣고 느낀다는데 세상에 생전 처음 나올 때 낯도 성도 모르는 의사, 간호사의 손보다는 엄마, 아빠의 손이 와 닿는 것이 태아에게 거부감을 일으키지 않는다 하여 미국에서는 아빠에게 가운을 입히고 대기시켰다가 분만이 시작되면 즉시 시행한다고 한다. 아기의 정신적·심리적 안정감을 위해 좋은 방법이라 생각된다. 가능하면 이에 응하도록 권한다. 만약 시간이 허락하지 않는다면 할머니 되시는 분께 부탁드려 대신하게 하는 것도 좋은 방법이리라(접촉태교).

5. 확인태교는 일반적으로 우리나라에서는 오래전부터 실시해왔다.

아들인가 딸인가를 위해서도 있었지만 실은 이목구비가 다 고루 이상 없나 하는 것과 소리를 잘 듣나, 냄새 맡는 것과, 다른 데 이상은 없나 등 각 기능의 확인을 했다.

청각기능을 위해서는 시계소리를 들려준다든가 종소리 방울소리를 이용하는 경우도 있고 냄새(후각)를 시험하는 방법으로는 주로 엄마의 젖을 사용했다. 탈지면이나 거즈에 젖을 묻혀 코 근처에 대고 이쪽으로 왔다 저쪽으로 갔다 하면 아기가 고개를 이쪽저쪽으로 돌린다.

이렇게 되면 목의 움직임과 미각까지도 확인되는 것이다. 또 아빠 손가락을 아기 주먹 속으로 넣어 들어 올리는 듯하면 안 떨어지려고 매달린다. 이것은 수족의 기능 테스트다.

이상과 같이 아빠가 되는 과정은 씨를 뿌리는 것으로 일이 끝나는 것이 아니고 여러 가지의 책임과 의무가 있다. 그러나 바쁜 생활을 하느라 참석이 불가능해질 경우 이 중 몇 가지는 부모님께 부탁드리는 경우도 있다.

그러나 자기의 분신이며 자신이 키워갈 자기 아기인데 가급적이면 자신이 행하는 것이 더욱 좋은 것이다.

더욱이 세계는 물질과학(Science of things)으로부터 인간성 과학(Science of Humanity)으로 변모해가는 추세로 외모가 중요하기보다 그의 기능 성품에 중요성을 두고 거기에 대해 깊은 배려가 있어야겠다.

출산 후 테스트법
일반적으로는 '세 살 버릇 여든까지 간다'고 하는 이야기가 있지만,

또 한편에서는 예부터 세 살에 벌써 능력 테스트하는 관습이 있었다.

대갓집에서는 할아버지께서 하셨다는데 오늘날 생활 양태가 다르니 아빠나 엄마가 하든지 특별히 할아버지가 할머니께 부탁드려 보는 것도 좋겠다.

아기의 기억력, 총명함, 이해도나 그 외 특성적인 면이나 됨됨이를 알아내는 방법인데 책을 읽어주고, 아이가 기억과 해독을 하는지 시험해보는 덧셈, 오늘날에도 시사하는 바가 클 것이다.

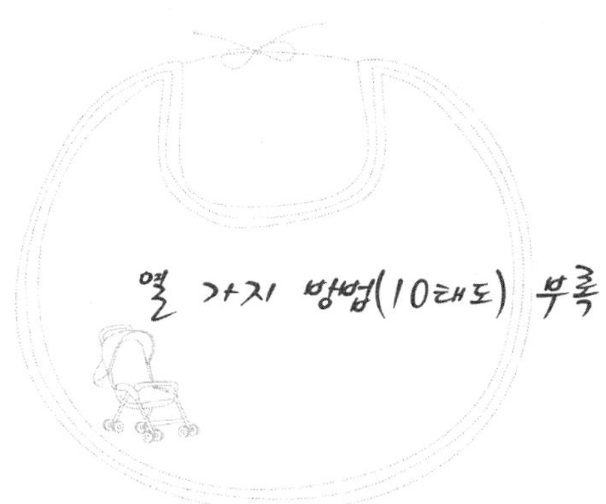

성품

인간의 성품은 타고나는 것이다.

태어나서 교육으로 되는 것이 아니라 엄마 배 속에서 주어진 유전적 소질에 열 달간의 엄마가 보고 듣고 느끼는 것, 어떤 일을 당해 처신하는 행동거지, 일상생활을 해가는 스타일 등에 의해 영향을 받는다.

이것이 출생 후 여러 가지 교육이나 환경에 의해 변화되어 성인이 되면 또 다른 인격으로 승화된다고 하지만 실제로 태중에서 만들어지는 것이라는 설이 맞는 것 같다.

그래서 임부의 언행에는 여러 가지 금기가 있는 것을 보면 이것이 무엇보다도 중요한 부분이라 할 수 있다.

팔십 고령의 일본 이브카(전 소니 명예회장) 씨는 3∼4세 영재교육에 힘쓰다 뒤늦게 이것을 깨닫고 문부성에 교육혁명을 요청한 것도 바로 이 때문이었다.

인간의 성품은 인간 기본의 자세로 이것이 결여되면 아무리 천재성이나 기능이 뛰어난 사람이라도 배척받게 되니 이제라도 서둘러 가임여성을 대상으로 이 교육을 해야 한다는 것이 필자의 바람이다.

성품은 너무 이기적인 것이 아닌 조화나 양보의 미덕 같은 것도 갖춘 본래의 인간성을 의미한다. 이것은 학교교육이나 사회의 기능교육 등만으로는 이룰 수 없는 것으로 어머니에게서 전수받는 것이다.

그래서 임부는 올바른 인간 형성을 위해 태중에 아기가 있을 때의 기간을 잘 이용해야 한다. 일반적으로 태생의 정서적 환경이라는 이 기간 동안을 놓친다면 출생 후 아기는 자못 이기적이거나 정중하지 못한 사람이 될 수도 있다.

때문에 우리는 서둘러 인간성 회복이라는 성품 형성에 노력을 기울여야 한다.

성품 형성이란 말은 상당히 비과학적이며 형이상학적 의미로 해석되기 쉬우나 실제의 동양철학이 오랜 역사와 더불어 입증하고 있기 때문에 설명이 부족할 수 있어도 부정하지는 못한다.

아기를 낳아 키워 보면 알게 되며 다 자라서 활동할 때 특히 해외에 근무하는 젊은이들을 보면 더 느끼게 된다. 그것은 환경 탓이라고 말하는 사람도 있지만 실은 내재적인 자신의 문제와 결부되는 것이다.

기질

기질에 대하여는 설명이 구구하다.

인간이 지닌 특성적 성격, 고집스러움, 특정 일에 몰두하는 체질적·선천적 성질 등에서 보면 자기주장을 관철하려는 능력, 소신이 뚜렷한 착상을 하는 사람, 옆을 보지 않고 돌진하는 성품, 요령 안 피우고 꾸준히 인내력으로 대처하는 성질 등으로 나눌 수도 있지만 실은 성공할 특유의 성질, 곧 자기 판단이나 주장을 관철시키기 위해 끝까지 밀고 나아가는 힘을 가진 사람, 그러므로 끝내는 성취하고 정상에 우뚝 서는 사람의 끈기나 체질 등을 기질이라 말할 수 있다.

그런데 기질이 언제 어떻게 생기느냐 하는 물음에서 그것은 출생 후보다는 오히려 태중에서 만들어진다는 것이 맞는 통념이다.

성품과 더불어 다른 한쪽에서는 기질이 생성된다. 그런데 이것을 잘못했다가는 출생 후에 골치 아픈 행동으로 부모를 괴롭히기도 하고, 학교 선생님들에게서 문제학생이란 호칭도 받게 된다. 그래서 임부는 이것을 좋은 방향으로 유도할 책임이 있는 것이다.

온갖 사물의 형상이 다르듯이 누구나 나름대로의 기질이 있다.

그것은 인간이 사회적 동물이기 때문이다. 사람이란 많은 문제에 봉착하고, 많은 생각에 잠기고, 많은 욕구충동을 억제하며 살아가기 때문에 표출하지 못한 잠재능력이 돌파구를 찾는 데서 생긴 제3의 힘(에너지) 같은 것이라 보이는 이 기질을 임부는 옳은 방향으로 축적해야 되는 것이다.

출생 후에 기질이 잘 표출된 사람으로는 H기업의 C 회장, S기업의 L 회장, D기업의 K 회장 등 수많은 분들이 있다. 이들은 후천적 기질도 있지만, 선천적으로 타고난 특수한 기질이 시대에 맞는 방향설정과 끝끝내 밀고 나갔던 인고의 노력의 대가로 얻은 것이다(그 외 정계·관계·학계에도 여러 분 있지만).

많은 경쟁, 무수한 어려움이 있었으나 특유의 기질이 없었다면 그와 같은 일을 해낼 수 없었다는 것이 세평이다. 외국에도 많은 성공한 분들이 있지만 그분들의 자서전적 실화를 보면 조건과 운 그리고 시대성도 있지만 실은 그 내면에 깔려 있는 그 자신의 기질이 탁월했기 때문이다.

따라서 기본적 건강이나 두뇌에 앞서서 바탕적 성질(능력, 체질)을 원초적으로 잘 마련해야 하는 것이 임부의 과제에 속한다.

그렇다면 과연 기질은 어떻게 형성되나에 대하여 많은 연구가들이 노력해보니 에너지의 정(靜), 동(動)에 있어 정적인 면보다는 동적인 활약에서 생긴다고 보았다.

생각하고 움직이고 하며 무엇을 파고들 때가 가만히 있을 때보다 더 많은 원동력을 유발시키는 동기가 된다고 풀이했다.

만물의 생성원리가 그렇듯이 이 기운도 기질로 변화하는 데서 많은 노력의 축적이 필요하다. 이런 밑거름을 어머니가 만들어야 한다. 토양에 비료가 없으면 수목이 시들한 것과 같이 임부는 아기에게 줄 좋은 거름을 만들고 수여해야 하는 것이다. 이것이 인간이 형성되어 가는 과정에 필요한 요소이다.

역사 속에서도 훌륭한 자식을 둔 엄마는 아기를 가졌을 때부터 필요한 거름을 많이 제공하려고 노력한 흔적이 있다.

율곡의 어머니이신 신사임당은 좋은 글을, 모차르트의 어머니는 좋은 음악을, 케네디의 어머니는 좋은 정치가의 소질을 형성하는 데 크게 역할을 한 분들이다.

요즈음 많은 어머니들은 출생 후에 재능을 키운다고 야단들이지만 그것은 원리(原理)를 모르는 사람들의 사치풍조라 하겠다. 실제로 특기는 재능이 있는 사람들이 소유할 분야지, 겉으로 멋을 부리는 대상은 될 수 없다.

더욱이 하기 싫은 것을 억지로 시키려는 욕심쟁이 엄마는 참으로 안타까운 사람이다. 그런 것을 원했다면 당초에 태내에 있을 때 노력했어야지 메마른 나뭇가지에서 억지로 꽃이 피기를 기다리는 사람과 다를 바가 없다.

첫째, 재능은 재질을 타고나야 하고, 둘째, 재능이 있더라도 그 아이가 하고 싶을 때 하도록 해줘야 한다.

원초적인 문제에 돌입하여 우리는 기초가 튼튼해야 한다는 말로 이 장을 끝맺지만 이치를 알아야 하고 잘 하려는 노력이 있다면 태중으로부터 모든 것이 비롯된다는 것을 되새기길 바란다.

습관

습관(버릇)은 제2의 천성이다. 한번 생긴 버릇은 잘 고쳐지지도 않으며, 또 아기의 나쁜 버릇 때문에 어머니는 괴로움을 안기도 한다. 그래서 모든 엄마는 기왕이면 좋은 버릇이 아기에게 깃들기를 바라지만 알고 보면 이것은 태중의 영향과 맥이 통한다.

한때는 이것을 유전이라 했다. 그러나 유전공학의 발달, 태생학·발달심리학은 이것을 규명하기에 이르렀고, 마침내 환경영향설로까지 이어지게 되었다. 아직도 부분적으로는 심리적·정신적으로 어떤 자극이나 반사적 행위로 생기기 시작하여 습관이 되는 경우도 있어 특수한 것을 빼놓고는 상당 부분이 이에 속한다.

태교시리즈 Ⅰ·Ⅱ에서도 많은 예문으로 지적했듯이 임신 중에 어느 남자의 팔목을 물었더니 그 아기가 태어나서 무는 아기가 된 일이며, 임신 중에 남편의 외도를 목격하고 "연놈들 좋아하네" 하고 외쳤더니 그 아기가 태어나서 엄마 아빠가 같이 있는 것만 목격하면 "헤헤, 엄마 아빠 좋아하네" 하는 것 등은 엄마의 습관도 아니고, 아기에게 가르친 적도 없는 언행은 태중의 아기 때에 만들어준 닮음의 버릇이라 할 수밖에 없다.

이런 것은 병도 아니고 정신이상의 상태도 아니다.

이런 것은 임신 중 엄마가 겪은 쇼크가 잘못 전달된 것이다.

그런데 의학적으로 아빠가 술을 좋아하며 자식에게도 그 체질이 전달되는 것으로 이야기하나 실제로는 그렇지 않은 경우도 많다. 이런 것을 잘못된 제2천성이라 할 수는 없고 체질적으로 유전된 것이라 볼 수도 없다.

이렇듯 습관도 환경의 지배를 받는다. 손가락 튀기기, 발 흔들기, 눈 깜박거리기, 말할 때 '저 뭡니까', '저 말입니까' 등 많은 것이 있고, 대변도 아침에 보는 사람, 꼭 저녁에 보는 사람이 있는가 하면, 남을 곤경에 빠뜨려야 속이 시원한 사람, 남이 잘되는 것을 보면 배가 아픈 사람, 이간질·잡담·험담 등 나쁜 습관을 가진 사람이 있는가 하면, 사랑·자비·헌신 등으로 남의 일에 봉사하는 습관 등 정신적·심리적·체질적·감성적·무의식의 의식으로 다양하다. 그런데 이들 중 대부분이 태중에서 반, 출생 후에 반이 이루어진다면 과연 태중생활을 어떻게 보내야 하나?

바라건대 기왕이면 아기에게 좋은 버릇을 만들어주어 복된 생활이 이어지길 빈다.

재능

1981년 재능은 부모를 닮지 않는다고 연구결과가 나와 신문에 대서특필하여 게재된 일이 있었다. 그러나 이 연구는 유전을 대상으로 한 것이지 태아가 환경의 영향으로 자란다는 것을 표현한 말은 아니었다.

모차르트의 아버지는 궁중악단의 단장이었다. 그러나 형제 중에 유독 모차르트만 음악적 재능이 있었다. 그래서 알아보니 이것은 엄마가 임신했을 때의 바람과 일치되었다.

케네디의 아버지는 외교관이었고 어머니도 훌륭한 웅변가·정치가를 존경하는 성품이어서 늘 그런 책, 그런 장소, 그런 연설 듣는 것을 좋아하고 태중 아기에게도 장차 그런 사람이 되라고 기구했다.

그러니 유전이 아니라 태중 영향이라 해야 마땅하다.

이런 의미에서도 재능은 천부적 소질, 타고난 재질 등으로 표현하고 있으니 선천적 의미가 성립된다.

여기서 선천적이란 뜻을 두 가지로 보면 하나는 유전, 다른 하나는 임신 중의 영향이다. 그러나 확률로 보아 전자보다는 후자의 경우에 많은 것을 본다.

20세기는 다양화, 다원화 사회라 한다. 많은 문물이 여러 분야에서 개발되고 창출·연구되고 있다. 이런 시대에 대처하기 위한 방향은 다양하다.

그래서 재능(소질)은 어떤 면에 국한하지 말고 여러 각도에서 다루어져야 한다. 그래야 경쟁에서 낙오되지 않고 여러 각도에서 자기가 하는 일을 성공적으로 이끌어나갈 수 있다.

아무리 좋은 것이라도 너무 많은 사람이 몰리면 경쟁은 치열할 수밖에 없고 많은 사람이 낙오될 수밖에 없어 가능하면 새로운 것을 창출하는 재능 같은 것도 바람직하다고 할 수 있다.

이런 시대에 너무 고정관념에 얽매이다 보면 새로운 발전에 뒤떨어지는 경우가 생길 수도 있다. 고로 새로운 시대에 대처하는 능력을 키울 수 있어야겠다.

능력

인간의 능력은 개발하면 무한하다. 그러나 그것도 타고난 재능이 있다면 그쪽으로 무한할 수 있을지는 몰라도 그렇지 않는 한 어디에나 만능일 수는 없다.

인간을 환경이나 여건에서 보면 웬만한 능력을 다 보유하고 있는 것이 사실이다. 그래서 궁지에 몰렸을 때도 잘 극복하고 이겨낼 수 있다. 오늘날과 같이 심한 경쟁사회에서는 자기 취미에 맞지 않는다고 능력발휘를 못하면 낙오되기 쉽다.

하지만 가능한 한 자기 일은 자기능력이 최고도로 발휘될 수 있는 일을 선택하여 열심히 활동해야 한다. 그렇게 해야 성과도 오르고 흥미도 있다.

그런데 이것을 심리학적으로 분석해보니 정신이 일정한 작용을 할 수 있는 기능이라 하여 영어로는 'facility'라 하고 법률에서는 권리를 향유하고 있거나 그것을 행사할 수 있는 자격(capacity)으로 표현한다. 그러나 우리는 능률을 올릴 수 있는 힘, 성과를 기대할 수 있는 힘(ability)으로 본다. 그러므로 능력이란 무한한 잠재력일 수도 또 제한된 힘으로도 해석된다.

어머니가 현명하면 아기도 현명해지고 어머니가 우둔하면 아기도 우둔해지는 것은 유전의 문제로 다루기보다는 환경의 영향으로 다루어져야 한다. 원래는 그렇지 않은데 좋은 결과를 낳는 사람을 보면 잠재능력이란 개발의 여부에 따라 달라질 수 있다.

태아는 초능력이요, 많은 능력을 받아들일 수 있는 그릇이 마련되어 있다. 그런데 하찮은 것만 보고, 듣고, 말하고, 생각한다면 그 그릇에는 하찮은 것이 담길 것이요, 뛰어난 것을 담아주면 출생 후에 훌류한 인간의 능력을 발휘할 재목으로 성장할 것이다.

출생 후의 일은 다음이고 당장 할 일은 이 능력을 충만하게 하는 것이라 생각하여 현명하게 대처하자.

용모

용모는 현재까지 유전에 속하는 것으로 알고 있다. 또 과학이나 의학의 입장에서는 그래야 되는 것이 사실이다.

그러나 그렇지 않은 용모도 있어 다른 관점에서 추적해보면 부모를 닮지 않은 용모는 잘못된 변이가 아니고 태교의 일면인 것도 알 수 있다.

태교 시리즈 1 『태』에서도 거론된 '아이크를 닮았다'는 아기는 엄마가 임신 중 아이젠하워 대통령 사진을 걸어놓고 흠모한 결과요, 시리즈 2 『태훈』에서 '시동생을 닮았다'는 것은 남편을 대신하여 따뜻하게 해준 데 있었던 것이다. 또 눈이 큰 아이에서도 그 딸의 눈이 커서 '눈보라'란 별명이 붙은 것도 태교의 영향을 부정하지 못하며, 그외에도 비슷한 예는 우리 주변에 산재해 있다. 일반적으로 용모가 출중하면 보기도 좋지만 요즘 서구에서는 용모 좋은 아이들이 공부도 잘한다고 하는 것을 감안할 때, 우리도 가능하면 용모 좋은 아기를 놓을 생각을 해보자.

그것은 불가능한 것도 허망한 소리도 아니다. 뜻을 두고 해보아 그렇게 안 돼도 잘못될 일은 아니기 때문에 필요하다면 한번 해볼 만하지 않은가?

눈썹, 쌍꺼풀, 보조개, 코, 입, 귀의 모양 등은 유전으로 변경이 불가능할지 모르지만 얼굴 전체의 모습, 머리 형태, 눈의 총기, 귀 밝기,

코의 성능, 말(구변) 등은 달라질 수도 있는 부분이다. 이것은 후천적으로 된 교육의 영향도 있고 또 선천적 태중의 영향으로 달라질 수도 있다는 것이 태교의 이치며 해석이다.

과학적 표현은 아닐지라도 좋은 영향을 주고자 노력하며 우리의 노력은 헛되지 않는다는 생각으로 태교에 임할 것을 요구한다.

용모는 가급적 그 부모를 닮는 것이 이상 없는 일이겠으나 혹 더 나은 것을 바란다면 더 나은 쪽으로 해봄직도 하다.

어떤 분은 절에서 열심히 불공 드리며 임신기간을 보냈더니 부처님 같은 온화하고 인자한 모습의 아기를 낳았다는 이야기도 있다.

정성이 얼마였는지는 헤아릴 바 없으나 얼마나 열심히 불공을 드렸으면 그렇게까지 됐을까.

아무튼 아름다운 아기를 낳겠다는 마음을 갖고 좋은 소리를 듣고, 고운 것을 보며 바르게 행동하는 것이 반듯한 아기를 갖는 지름길이라는 것을 명심하고 실천하도록 하자.

제4장

과학이 밝힌 것들

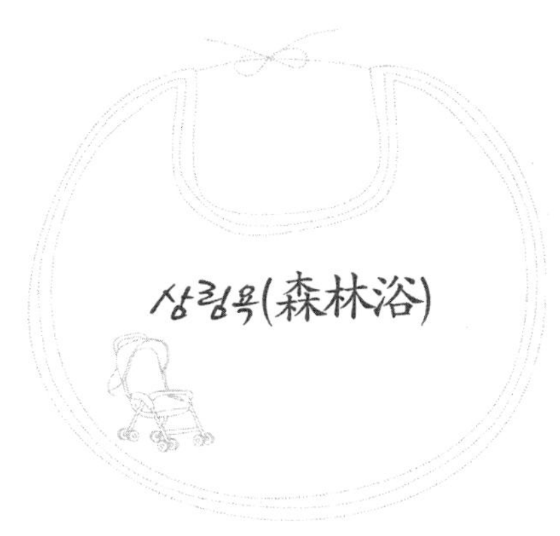

삼림욕(森林浴)

숲 속에는 테레핀 향기가 있어 건강증진에 좋다는 이야기를 지난 번 2권 『태훈』에 썼다.

그러나 이는 재삼 강조해도 모자랄 만큼 '삼림욕'은 우리를 건강으로 이끄는 좋은 것이기에 또 쓴다. 일반인은 물론 임부에게도 좋으며 태아에겐 더욱 말할 것도 없이 좋다.

그래서 소개하니 임부는 가능한 한 해보기를 바란다.

나무가 울창한 숲은 신선한 공기와 몸에 좋은 향기가 있다. 그래서 이곳을 걷기만 하면 된다. 선진국에선 '그린샤워'라 한다지만, 우리나라에도 샤워할 곳은 여러 곳이 있어 숲 속 나들이로 심신에 활력을 넣자는 운동이 일어나고 있다.

테레핀 향은 호흡기능을 원활히 해주고 피부의 노폐물 배출을 촉진시키며 인체에 생기를 불어넣어 준다. 게다가 나무의 방사능이라 할 수 있는 '피톤치드'는 휘발성 물질로 병원균에 대해 살균력이 강하고 병 치료 효과에도 일익을 담당한다.

외국에서는 이에 관한 여러 가지 실험이 행해졌다. 잣나무, 떡갈나무 등의 잎이나 열매를 잘게 썰고 4~5cm 떨어진 곳에 원생동물인 아메바를 접근시킨 후 약 20분 정도 있다 보니 아메바가 죽었다는 보고도 있고, 수박풀의 뿌리에서 즙을 만들어 이질과 장티푸스 병균에 투입해보니 5분이 채 안 되어 병균이 박멸되었다는 보고도 있었다. 또한 마늘에서 발산되는 '피톤치드'도 직경 1m 이내의 세균을 죽이는 힘이 있다는 연구결과도 나왔다.

숲 속의 '피톤치드' 발산량은 하루에 1ha의 활엽수에서 2kg이 나오고, 침엽수에서 5kg이, 노간주 나무숲에서는 30kg이나 되는 엄청난 '피톤치드'가 발산되어 숲의 공기정화 능력이 얼마나 대단한 것인가를 짐작하게 해준다.

그러므로 임산부가 이 숲 속을 2~3시간 정도 산책한다면 태아의 건강에는 크게 도움이 될 것이라는 과학 보고가 나왔다.

일반적으로 임부는 영양분을 많이 섭취해야 하는 것으로 잘못 해석이 되고 있으나 영양분 못지않게 필요한 것이 맑은 공기인 것을 거듭 지적한다.

맑은 공기는 임부의 건강한 피를 유지시켜주며, 태아의 건강한 뇌를 만드는 데 필요한 요소임을 알아야 한다.

그런데 이런 물질이 연중 어느 때에 제일 많은지를 보면 봄부터 여름까지다. 특히 여름이 그 정점을 이루는 계절이기 때문에 이때가 임신 중기에 속하는 임부에게는 안성맞춤이다. 초기나 말기는 유산의 우려 등이 있어 과도한 운동을 피해야 하므로 어렵지만, 중기의 임부는 간편한 옷차림과 편한 신발, 또 너무 오래하는 것보다는 2시간 이내에서 그린샤워를 즐기면 좋을 것이다.

삼림욕은 숲이 우거진 곳이면 어디든지 가능하다. 그러니 애써 험준한 곳, 위험한 곳을 찾을 필요는 없고, 동네 뒤에 있는 약수터나 대학 캠퍼스 주변, 절이 있는 곳, 능이 있는 곳 등과 계곡이 있는 산 등에는 어느 정도의 숲은 마련되어 있다고 봐도 된다.

그뿐 아니라 산림청에서는 삼림욕을 위하여 가까운 곳에 있는 여러 농장과 임업시험장을 개방할 계획도 갖고 있다.

그러니 멀리 찾지 말고 가까운 곳, 너무 피곤하지 않은 곳을 선택하고 가끔 갈 수 있다면 금상첨화라 할 것이다.

태아를 위하여, 또 임부 자신의 건강을 위하여 테레핀과 '피톤치드'의 삼림욕을 즐기자.

만약 갈 수 없는 분은 꿩 대신 닭이듯이 제재소에서 싱싱한 대팻밥을 얻어다 방 안에 놓으면 그런 대로 테레핀 향기는 맡을 수 있다. 또 요즈음 살아 있는 바닷게를 보면 운반하는 통 속에 톱밥이 있다. 이것은 게의 생명을 일정기간 연장시키는 데에 아주 밀접한 연관이 있다.

이를 약학적으로 살펴보면 테레핀 향기가 강장·진통·항생·살충·구충·항염·항종양 이뇨·거담·혈압 강화에도 큰 약효가 있으며, 세균실험을 해보니 어떤 잎에서는 세균이 4~6시간 후 모두 죽었다는 보고도 있다.

이런 것은 우리 생활 주변에서 흔히 찾아볼 수 있는데, 우리 조상들의 지혜가 일찍부터 여기에서도 발휘되고 있었음이 발견된다. 또한 이것은 현대과학으로도 여실히 증명되고 있다.

이규태 씨 글에서 보면,

1. 떡갈나무 잎에 떡을 싸서 찐 것을 먹게 되면 세균을 말끔히 씻어 주게 된다 하고,

2. 송편을 찔 때 시루에 솔잎을 까는 것은 곰팡이를 예방하는 항균 작용 때문이라 한다.
3. 단솔잎과 갯진달래잎은 백일해와 디프테리아균을 박멸해준다 하고,
4. 분비나무잎을 환자 방에 깔아주게 되면 공기 중의 해로운 미생물이 줄어들게 된다고 고전을 인용했다.

이렇듯 우리 민족은 일찍부터 이런 지혜를 생활화해 왔음을 알 수 있는데, 이와 같은 현명한 방법을 받아들여 임부는 태아건강에 힘써야 할 것이다.

인간공학자 등의 설명에 따르면 하루 가운데 사람의 기억력이 가장 왕성한 시간은 오전 10시경(巳時)이며, 창조력은 오후 3시(未時), 소화력은 오후 8시(酉時)가 최고라 한다.

또 오전 6시를 전후해서는 부신피질 호르몬의 분비가 최고조에 달해 체온이 상승하고 맥박이 빨라지며, 오전 8시(辰時)경에는 성호르몬 분비가 왕성해져 혼잡한 버스나 전철로 출근하는 여성들이 성적 희롱을 당하기 쉬운 시간대라는 것이다.

이처럼 인체의 각 기능은 24시간을 주기로 하여 반복되는 것인데, 좀 더 자세히 설명하면 새벽 3시는 대부분의 신체기능이 최하의 상태로 내려가며 5시는 병든 세포의 분열이 왕성해서 발암물질 등과 같은 발병인자에 가장 약한 시간대이기도 하다.

몸 안에서 진통제 역할을 하는 '엔도르핀'의 분비가 최고조인 시간대는 오전 9시(辰時)경이며, 기억력은 10시경이다. 그래서 이때에 정신집중도 아주 잘 된다고 보아 출근 후 중요한 업무처리도 이때가 가장 효과적이라는 것이 전문가들의 공통된 의견이다.

그래서 회사의 회의시간이 10시로 옮겨진 것도 여기에 근거한 것이다. '一日之計는 在於朝'라 하루의 설계는 아침에 한다고 한 조상들의 지혜를 떠오르게 하는 대목이다.

약 20~30분간 하루 계획을 짜고 업무가 시작되면 결과도 좋을 것은 당연하다.

오후 2시경은 점심시간이 지난 지 얼마 안 되고 생체호르몬에도 변화가 있어 식곤증으로 시달리는 시간이지만, 이 시간을 잘 이겨내면 오후 3시경은 관찰력이나 창조력이 절정에 이르기 때문에 이 시간에 산뜻한 아이디어를 찾아내 업무와 연결하면 좋은 성과를 기대할 수 있다고 하겠다. 특히 외향적 성격일수록 그 능력의 신장이 훨씬 크다고 한다.

하루의 일과가 어느 정도 마무리되는 오후 5시 정도엔 후각과 미각 기능이 활성화돼 그간 소모한 열량을 보충하려는 생리적 욕구를 자극하기 시작한다. 그래서 허기를 느끼게 되며 식욕이 왕성해져 음식 맛에 더욱 예민하게 된다.

오후 6시경에는 스태미나가 왕성해진다. 그래서 퇴근시간이 되면 삼삼오오 무리를 짓고 남자들은 한잔하는 곳을 찾게 되는데, 그날의 피로도 푸는 의미에서 이것이 꼭 나쁘지만은 않다.

그것은 7시경부터 생체리듬이 점점 하향곡선을 이루며 혈압 등이 불안정해지는 때문일지도 모른다. 그래서 늦게 퇴근하는 사람은 대개 집으로 직행하게 되는 것 같다.

그런데 소화작용이 가장 활발한 시간은 오후 8시경이라 귀가하여 식구들과 저녁을 먹고 담소를 하며 후식을 먹고 휴식을 취하는 게 좋은데, 한잔이 2차, 3차가 되는 것도 따지고 보면 이렇게 왕성한 식욕의 작용이라는 측면도 있다고 하겠다.

이런 때일수록 정도를 조절하고 과식을 삼가는 것이 현대인에게 꼭 필요한 지혜일 것이다. 그것은 이 시간이 지나서 10시경이 되면 벌써 각종 호르몬 분비가 약해지고 체온이나 혈압, 호흡지수가 떨어지는 시간이다. 고로 귀가가 서둘러지고 귀가한 사람은 슬슬 잠자리를 찾게 된다.

이렇듯 인간의 하루 24시간은 7~8개의 시간대로 나누어볼 수 있는데, 이것이 비슷하게 맞는 사람과 잘 안 맞는 사람군으로 구별해볼 수도 있다.

가령 어린이 문제를 취급하는 층이나 여성 활동가, 예술인 등은 이 리듬을 잘 탄다고 하며, 공무원, 봉급생활자들도 비슷하다고 한다. 그러나 사업가, 상인, 변호사 등은 꼭 그렇지만은 않다고 한다.

그리고 가정주부나 임산부들의 경우에는 과거에 직장을 가졌던 이들은 그럴 것 같기도 하지만, 거의 가정생활에만 매달리는 사람은 생활패턴이 그렇다 보니 자연히 거기에 쫓아가는 것 같다고 한다.

최근 과학계에서는 먹는 음식에 따라 기분이 영향받을 수도 있다는 말이 나온다. 또 실제로 상당 부분 그렇다고 한다.

따라서 오늘날은 음식으로 조절하기에까지 이른 것이다.

미국 MIT대학교 교수 위트만 박사가 그의 저서에서 밝힌 것을 보면, 사람이 무엇을 먹느냐 하는 데 따라 신경과민이 될 수도 있고 차분해질 수도 있다고 한다. 또 한편 원기가 왕성하거나 반대로 노곤해질 수도 있다는 것이다.

따라서 음식을 조절하기에 따라 정신적 능력도 크게 영향을 받는 것이다. 자세히 설명하면 다음과 같다.

탄수화물이 풍부한 음식을 먹게 되면 '트립토판'이 뇌에 들어가 긴장이 풀리고 편안한 기분이 들게 한다.

단백질이 풍부한 음식은 '티로신'의 분비를 촉발시켜 뇌에서 더 많은 '도파민'을 생산케 하며 원기가 왕성해진다.

따라서 곡물, 설탕, 잼, 토스트, 사탕, 과자 등에서 섭취할 수 있는 탄수화물은 긴장을 풀어주고 스트레스와 불안 그리고 신경과민을 줄이는 데 효과가 있다.

또 계란, 기름기 없는 살코기, 해산물, 두부, 탈지우유, 저지방 치즈 등은 기미성과 활기 그리고 활력을 높여준다.

반면에 과일과 채소 등 복합탄수화물은 뇌에서 '세로토닌'을 생산하는 것과는 아무 관계가 없으며, 다른 음식이 뇌에서 작용하는 데도 아무 영향을 미치지 않는다.

그러나 지방은 아미노산의 소화와 흡수를 더디게 하므로 단백질 음식을 섭취해 기민성과 활기를 얻고자 할 때는 피해야 한다.

이 때문에 일반적으로 아침시간에 생산적인 활동을 하기 위해서는 고단백의 식사를 하는 것이 좋다. 그리고 커피 등 카페인이 든 음료를 마시면 정신적 기능이 상승한다.

점심때는 가능한 한 탄수화물의 섭취를 제한하고 채소나 과일을 많이 먹는 것이 효과적이다.

저녁에는 단백질보다 긴장을 푸는 탄수화물을 많이 흡수해야 한다.

그리고 우유보다는 물이나 소다수를 과자와 함께 후식으로 하면 수면에도 좋다.

따라서 임신부들은 이러한 식이요법을 현대의 새 태교음식으로 받아들여도 좋을 것으로 본다.

미국의 의학계는 최근 얼굴 표정을 의식적으로 밝게 함으로써 기분과 감정을 조절하는 연구도 하고 있다.

'웃는 표정을 지으면 기분이 좋아지고 찡그린 표정은 기분을 나쁘게 만든다.'

한 의학전문지에 따르면 종래엔 인간의 얼굴 표정은 감정의 최종적 표출이라고 여겨왔으나, 현대인은 극기(克己)에 능해야 할 사회적 필요에 비교적 많이 단련되어 있는 편이므로 자신의 얼굴 표정을 바꾸는 노력이 가능해 이에 따라 감정조절도 가능해졌다고 한다.

이것은 바로 태교의 핵심이기도 하다. 흔히들 태교에는 '하지 말라', '피하라'는 구절이 많다고 하지만, 실은 그런 것을 피하면서 더 좋은 방향으로 유도하려는 노력이라 해석해야 보다 정확한 이해가 됐다고 할 수 있다.

그러면 여기에 그 실례를 소개하기로 하겠다.

한 실험실에서 "눈썹을 올려! 눈을 크게 뜨고! 고개를 뒤로 젖히고!

입을 웃는 것같이 벌리고 긴장을 풀라!"는 지시를 실험대상자들에게 했다. 그리고 웃는 모습과 비슷한 얼굴을 만들도록 했다. 그랬더니 이들은 기분이 좋아졌다고 답변했다.

또 다른 실험에서는 입술이 옆이나 아래로 벌어지도록 '이' 혹은 '아' 하는 발음을 계속토록 했을 때 피실험자들은 기분이 좋아졌다고 대답했다.

그러나 반변에 입술을 모으며 '우', '으' 하는 발음을 계속한 그룹은 불쾌한 기분이었다고 밝혔다.

그런데 독일학자들은 치아 사이에 연필을 물려 입을 벌어지게 한 결과 피실험자들이 좋은 기분을 느꼈다고 보고 했다. 그러나 입술 사이에 연필을 물려 입을 내밀게 한 결과는 불쾌감을 느꼈다.

이러한 학설을 주장하는 학자들에 의하면 감정의 변화는 뇌 속으로 유입되는 혈액의 변화에 따른 것으로 설명한다.

즉, 미소로 뺨의 근육이 팽팽해지면 뺨 속의 정맥을 통해 뇌의 '해면정맥동'으로 들어가는 피의 양이 줄어들게 되고, 그러면 뇌에 가까운 피가 공급되어 시상하부(視床下部)의 작용으로 상쾌한 기분이 된다고 한다. 그러나 찡그린 표정은 뇌에 더운 피를 공급시켜 불쾌감을 유발시킨다는 것이다.

그렇다면 여기서 우리는 태교의 관점에서 무엇을 느낄 수 있을까?

미모를 위하여 얼굴을 수술한다고 해서 그것이 태아에게까지 전해지진 않는다. 그것보다는 오히려 밝은 미소를 띤 얼굴, 환한 웃음을 전해주는 것이 훨씬 낫지 않을까? 왜냐하면 태아는 그렇게도 엄마를 잘 닮는다고 하니 말이다.

미국의 스세딕 여사는 태내교육이 아이들의 훌륭한 성장을 촉진한다는 것을 자신의 경험을 통해 입증한 책을 펴냈다.

독창적인 태아교육으로 4명의 자녀를 모두 IQ 160이 넘는 천재로 길러낸 여사는 동양적 태교를 통해 태교의 중요성을 실제적 결과로 입증해보였다. 이로써 유전을 앞세우던 과학자들에게 환경의 영향이 얼마나 중요한가를 증명해 보인 결과가 됐다 하여 관심의 대상이 되었다.

여사는 그 책에서 자신의 자녀들이 천재라 불리게 된 것은 유전이라는 울타리를 뛰어넘은 것이며, 이는 태중의 아기에게 외적 영향을 미침으로써 가능했다고 말한다. 태아의 능력을 길러내는 데 태아교육이 매우 유효하다는 확신을 피력하고 있는 것이다.

동양계의 미국인으로 자신은 평범한 주부지만, 가문의 가르침을 솔선수범한다는 의미로 임신했을 때 가능한 방법을 실천해본 결과 자녀들이 뛰어난 아기가 되었다는 것이다.

　동양에서는 임신으로부터 출산에 이르기까지에 관한 가르침을 담은 좋은 문헌들이 전해져 오고 있으나, 그것이 왜 비과학인 양 됐는지 모르겠다며, 그중에서 가능한 것은 실천해 보겠다고 결심한 후 남편과도 의논하며 임신 중에 태아와의 대화를 시도해 보았다는 것이다.

　그랬더니 태중의 아기는 그 횟수가 거듭될수록 대화의 채널이 연결되는 것을 느꼈으며, 이때를 이용하여 뇌 발달을 위한 숫자 외우기나 문제풀이 등을 시도해봤다.

　그랬더니 태어난 아기가 몇 달 안 되어 벽에 써 붙인 숫자에 익숙해지는 것을 목격할 수 있었다. 그래서 계속 이를 뒷받침해 본 것인데, 장녀인 수잔은 다섯 살 때 유치원에서 곧바로 고등학교에 진학하여 현재 16세에 대학원에서 공부하고 있고, 차녀는 아홉 살에 고등학생이 되어 13세인 현재 대학에 입학했다. 셋째는 열한 살에 고교 3년생, 아홉 살짜리 막내가 중학 3년생이다.

　그 결과 여사는 "태아는 모두 천재다. 다만 어떻게 능력을 계발하느냐가 문제다"라는 결론을 얻었고, 이는 전적으로 임신부와 출산한 어머니의 노력에 달렸다고 말하기에 이른 것이다.

　그런데 이 이야기는 태교학교를 세운 반드카 박사의 주장과는 좀 다른 데가 있다.

　태교학교에서 태교를 임신 7~8개월 때부터 임부의 배 위에 아빠가 귀를 대고 태아와 대화를 나누는 노력에 중점을 두고 있다. 그러나 스세딕 여사는 뇌가 발생하는 3~4개월 때부터 시작하여 쉬운 것에서부터 어려운 것으로, 초기에는 대화로, 후기에는 실제로 카드놀이와 숫자 도형 등을 만들어놓고 가르치는 식으로 했다는 것이다.

　읽고 외고 풀어 보는 방향으로 노력한 것을 알 수 있다.

늘 아기의 존재를 의식하며 무엇이든지 자기가 하는 일은 태아에게 영향을 끼친다는 것을 염두에 두고 실행했다는 것이다.

그것은 독창적인 방법이며, 자기에게 맞는 방법을 찾은 것으로 누구에게나 같을 수는 없다. 그러나 누구라도 해볼 만한 것이라 보인다.

여기서 중요한 것은 자기가 원하는 바를 먼저 정립하는 일이다. 그리고 거기에 맞는 것들을 대입시켜야 한다는 점일 것이다. 그런 식이 누구에게나 가능하다는 것이 태교의 이치다.

가령 과학자가 되기를 원하면 그 종류의 책에 관심을 두고 읽어 보고, 실험하는 장면과 접한다든지 직접 실험을 해본다든지 하면 태아는 그런 쪽의 특성적 영향을 받게 될 것이다. 만약 미술가를 꿈꾼다면 좋은 그림을 벽에 걸어 놓고 감상하거나 자신이 직접 그려 보는 것도 좋으리라 본다.

이것은 성품과는 달리 재능에 속하는 문제이므로 얼마든지 계발이 가능하다고 한다.

예로부터 동양에는 문일지십(聞一知十)이라 하여 태중에서 하나를 가르치니 태어나 열을 알더라는 말도 바로 이 지능개발에 역점을 둔 것이다. 내용은 훌륭한 선비가 되도록 글을 많이 읽게 하려는 뜻이었으나 그건 그 시대에 맞는 표현이고 현대에 비유하면 그와 같다는 것이다.

또 하나 성품과 기질에 대한 것인데, 좋은 글이나 그림을 붙여 놓고 감상하거나 고귀한 구슬(珠玉)을 옆에 두고 본받도록 한 것은 아무리 머리가 좋다 해도 인간부터 돼야 한다는 뜻을 말하는 것이다. 기질은 엄마의 언행에 연유한다.

그러면서 양자는 합쳐져서 '완벽'을 이루게 되는 것이다.

그러나 이제는 실제로 머리 좋은 아기를 낳으려면 어떻게 하면 되겠느냐 하는 구체적인 문제를 얘기하는 단계에까지 와 있다.

더욱이 선진국에서도 이 문제에 열을 올리고 있어 이런 것이 여러분의 태교 실천에 도움이 됐으면 하는 바람으로 여기에 옮겨본다.

스세딕 여사 임신 초·중기의 다섯 가지 중점사항(임신 3~6개월 되는 때)

1. 항상 즐거운 노래를 상냥하게 불렀다.
2. 조용하고 아름다운 노래를 생활화했다.
3. 아기의 존재를 한시도 잊지 않고 대화했다.
4. 그림, 책을 보면서 설명을 했다.
5. 산책을 하면서도 보고 느끼는 것을 이야기해 주었다.

임신 후기의 여섯 가지 중점사항(임신 7~10개월째)

1. 플래시 카드로 글자학습을 했다.
2. 플래시 카드로 숫자 도형을 만들어 산수학습을 했다.
3. 생활 장면도 자주 이야기해줬다.
4. 일반교양, 생활주변, 외부세계 이야기와 자신의 스케줄도 말해주었다.
5. 무형의 세계지만 용기, 정의, 꿈의 이야기도 해주었다.
6. 저녁(밤)에 아빠가 돌아오면, 아빠와의 대화시간도 가져 다른 채널과의 교통도 꾀했다.

이렇게 하고 보니 애들 넷 다 천재라고 소문이 났고, 지금도 계속 우수한 성적으로 학업을 하고 있다.

사무실에 시간대별로 다른 향기를 맡게 하여 작업능률을 95%까지 높이는 방법이 일본에 등장하여 화제를 모으고 있다.

일할 때는 각성제 향내를 맡게 하며 글씨를 쓰면 꽃향기가 나게 하고 휴식할 땐 그윽한 '테레핀' 나무향기를 피움으로써 숲 속을 거니는 것 같은 효과를 제공해주는 분위기를 만들었다.

인간은 기본적으로 향내에 대단히 민감하다. 그래서 여성의 화장품에서 최고로 비싼 것이 향수인지도 모르겠으나 그것을 일본인들은 일하는 동안에도 항시 맡을 수 있는 방법을 찾아내 사회생활에 적용하고 있는 것이다.

동경의 KI빌딩의 경우 오전 8~10시까지는 각성제인 감귤 향을, 10~11시까지는 집중력을 높이는 진정작용의 꽃향기를, 점심시간 전엔 식욕을 돋우는 향을, 점심시간 후 오후 1시까지는 휴식을 만끽하기 위한 우디 향을 주입한다.

다시 1~3시까지는 감귤 향, 3~5시까지는 진정제 꽃향기를, 5시부터는 그날 일을 마무리하는 각성 향을 피운다.

비단 사무실뿐만 아니라 대규모의 국제회의장에도 가보면 '배경향기' B.A.G라는 향내를 깔아주어 고객이나 회의장 분위기를 돋운다. 물론 인사 중일 때는 상쾌한 느낌을 주는 향기를, 회의가 시작되면 졸리지 않도록 하는 각성제가 제격이다.

향기가 인간에게 주는 약리현상은 과학적으로 아직 증명된 바 없으나 '재스민'이나 박하 향은 정신을 맑게 해주며, '캐모마일'이나 '라벤더' 향에는 긴장을 이완시키는 효과가 경험으로 입증되어 있다.

영국의 경우 '라벤더' 액으로 마사지를 시켜 환자를 잠재우기도 하며, 우리가 붓글씨 쓸 때 사용하는 먹의 향기도 진정효과가 있어 정신집중에 좋다는 것은 잘 알려진 사실이다.

이것을 계기로 선진국에서는 향기를 이용해 증세를 고치는 향기용법(Aromatherapy)이 활발히 연구되고 있고, 또 한편에서는 냄새가 끼치는 환경적 영향을 연구하는 냄새환경학(Aroma-cology)도 정립단계에 들어서고 있다 한다.

여하튼 향기가 인체리듬을 활성화해서 하기 싫은 일을 성과 있게 하고 분위기를 화사하게 한다는 데는 나쁠 이유가 없다. 그러나 이것이 화학약품의 효과가 아닌 신선한 식물의 것이라면 얼마나 좋겠나 하는 아쉬움이 남는데, 2002년 요즘엔 우리나라도 이 연구가 활발히 진행되어 그 내용이 발표되고 있다니 임신부들은 가급적 자연의 것에 접근하기를 권한다.

과학은 병도 주고 약도 주지만 자연은 결코 그 자체로 인간을 해하지 않는다. 여기의 이것이 인체리듬에는 맞을는지 모르지만 인체공학에서는 아직 그 유효성이 판명되지 않았다는 점도 겸해서 밝혀둔다.

우리나라엔 이런 일이 없지만 외국의 어느 한 지방에서 쌍둥이가 많이 생겨 그 원인을 캐보니 성 개방이 이런 문제로까지 연결되어 있더란 사실이 드러났는데, 재미있을 것 같아 그 내용을 옮겨본다.

'쌍둥이' 하면 흔히들 일란성 쌍둥이(얼굴이 닮은)와 이란성 쌍둥이(닮지 않은)의 두 가지로 알고 있지만 실은 네 가지다. 그중에는 아버지가 다른 쌍둥이도 있다는 것이다. 조사해보니 보통 수태 초기에는 20%가 쌍둥이였다가 도중에 하나는 사라지고 다른 하나가 자라서 출생하게 되는 것이라는 이색적인 설명까지 나왔다.

초음파 탐지기를 이용한 연구결과에서 임신 초기엔 70% 정도가 쌍둥이로 나타났다가 임신 5개월쯤 되니 하나는 종적을 감추고 하나만 남아 있더라는 것이다.

우습기는 하지만 과학은 쌍둥이를 4가지 경우로 구분하여 설명하고 있다.

1. 완전히 닮은 쌍둥이

일란성으로 하나의 난자에 하나의 정자로 된 수정란이 세포분열 과정에서 독립된 두 개의 태아로 자라나는 것(고로 이들은 성별, 유전인자, 생김새가 같다. 1/250의 확률).

2. 반만 닮은 쌍둥이

난자가 완숙되기 직전에 둘로 분열되어 독립된 두 개의 난자가 함께 배란되어 각각 정자를 만나 수정되는 경우이다(고로 어머니의 유전인자는 같으나 정자는 다른 것이므로 반만 닮는다. 이때의 성별은 정자에 따라 결정되므로 같을 수도, 다를 수도 있다. 희소확률).

3. 별로 닮지 않은 쌍둥이(이란성)

완전한 두 개의 난자가 동시에 배란되어 다른 정자를 만나 자라는 것이므로 같은 시기 배 속에 같이 있었을 뿐만 아니라 같은 영향권의 형제 모습이다(성별은 같을 수도, 다를 수도 있다. 확률은 일란성의 2배 정도).

4. 아버지가 다른 쌍둥이

성 문란이 몰고 온 결과로 생길 수 있는 해괴한 예인데, 하나의 난자가 수정을 했는데도 또 하나의 난자가 연거푸 배란되어 있는 상황에서 다른 남자의 정자를 받았다면 아버지가 다른 쌍둥이로 태어난다(이때는 동기간도 닮지 않은 형제가 된다. 아버지가 다른 동기간이라고나 할까―성별은 물론 같을 수도 다를 수도 있고 확률은 아주 적다).

　이상 4가지를 설명했는데 여기 첨가한다면 1의 경우 서로 꼭 닮은 쌍둥이로 탄생할 확률은 100%가 아니라는 점이다.

　그것은 유전과 관계없기 때문이다. 또 같은 배 안에서 같은 환경의 영향을 받았더라도 그 정도의 차에 따라서 생김새나 성격의 차가 생길 수도 있다는 것이다.

　말하자며 어미 새가 먹이를 물어다 둥지 안의 새끼에게 주되 어느 놈은 큰 것을, 어느 놈은 적은 것을 받아먹을 수도 있다는 것과 마찬가지다.

　더욱이 자라나는 동안 따로 떨어져 양육된다면 이 쌍둥이는 성격이나 행동 면에서 다른 점이 많이 나타나게 된다.

　따라서 유전과 환경의 문제는 불가분의 관계라는 것이 명백해진다.

　지도력, 공포, 수줍음 등에는 유전적 요인이 보다 크게 작용하고, 공격성(적극성), 성취력, 사회성 등의 성품은 자라온 환경적 요소가 보다 큰 비중을 갖는다. 2의 경우는 집안 내력과 관계가 있다. 그러나 어머니 자신이 쌍둥이일 경우는 그 확률이 1/58이다.

일부 과학자들이 왼손잡이의 원인을 규명하려 애를 쓰고 있는데 조류(鳥類)는 생식세포가 인간과 달라서 두꺼운 껍질의 수정된 알을 만들어내고 그것을 체온으로 품어 부화시킨다. 그러면서 어미를 닮게 하는 태교를 한다. 성장 세포는 알 속의 자체 영양분으로 성장한다. 그러나 인간은 다르다.

왼손잡이는 선천성으로 출생 전에 이미 결정되는 것이며, 일반적으로 난독증을 수반한다.

‘에디슨’, ‘아인슈타인’ 등이 그랬다고 하는데, 이를 비정상이라 할 수는 없고 태중에 있을 때 어떤 영향으로 왼쪽 뇌에 약한 손상이 생긴 것이라 한다. 그러나 이것이 오히려 뇌 발달을 자극한 특수한 경우도 있다. 조각가 ‘로댕’은 어릴 때 심한 독서 장애가 있었지만 그림 그리는 데는 오히려 뛰어났었다.

대체로 면역성 질병보유자들 가운데 왼손잡이는 10%의 가능성으로 확인됐다. 비율은 남성 쪽이 많고 여성은 극소수에 속한다.

또 지금까지 과학으로 확인된 원인은 다음과 같다.

1. 남아는 XY라는 염색체의 결합인데, 이때 Y염색체의 테스토스테론(pestesteron)이 뇌의 발달을 지연시키는 원인이 아닌가 하고 실험이 진행 중이다.

2. 여아인 경우 XX의 에스트로겐(Estrogen) 생성은 테스토스테론(pestesteron)을 거쳐야 하므로 왼손잡이가 많이 없다.

3. 태아는 자아인식을 하지 않으므로 면역체계가 필요 없다. 고로 바이러스(virus)와 싸울 힘(면역체)은 갖고 있지 않으므로 모든 문제는 임부인 예비엄마가 잘해야 되는 것이다.

4. 임신 중의 잘못은 장차 생길 태아의 면역체계를 저해할 수 있다. 그것이 무엇인지는 아직 밝혀지지 않고 있지만 임신 중 주의를 요하는 것도 이 때문이다.

서부 아프리카에는 쌍둥이가 많아 전체 출생아의 1/10 정도에 달하는데, 여기에 왼손잡이가 많다. 미국 뉴욕에는 말더듬이도 많다. 이런 것들을 통해 확인해본 결과, 왼손잡이는 유전이 아니며, 뇌는 태중의 환경에서 지배받는 것으로 드러났다.

일반적으로 뇌를 연구하는 학자들에 의하면 왼쪽 뇌 반구는 언어 능력을, 오른쪽 뇌는 직관력을 관장한다지만 여기서 보면 오른쪽 뇌는 3차원의 문제를 해결해준다는 결론을 얻게 된다. 이렇게 볼 때 임신 중에 왼쪽 뇌 발달이 저해되면 왼손잡이가 되는 것으로 나타났다.

현대인의 생활은 교통전쟁에서 오는 스트레스, 시간 외 근무, 가기 싫은 출장이나 휴식 부족 그리고 불규칙적인 생활에서 오는 짜증, 욕심을 채우지 못한 불만과 무력감, 권태로부터 해방되지 못해 피로가 중첩되고 있다.

그래서 예방의학적 건강법은 날로 그 필요성이 더해 가고 있다.

직장에서 손쉽게 할 수 있는 것으로는 기지개 펴기, 발꿈치 들고 서기, 발바닥 두드리기, 양손 깍지 끼고 뻗기 등이 있다.

시간의 여유가 허락된다면 쉬는 날을 이용하여 등산, 낚시가기, 여행하기, 별미 음식 찾아 나서기 등을 즐기는 것도 좋은 방법이다.

그런데 이것도 허락되지 않는 사람은 부족하기 쉬운 영양섭취라도 해야 한다.

우선 부족하기 쉬운 칼슘, 철의 섭취는 멸치, 우유, 채소류와 육류, 간, 생선에서 또 탄수화물, 무기질은 좋은 물 마시기에서 그리고 비타민 B, C, E와 마그네슘 섭취 등이 있다. 이런 경우를 세분해보면 다음과 같다.

1. 공연히 나른하고 쉬 지친다.

2. 피로와 함께 목이 말라 계속 물을 찾게 된다.

3. 어쩐지 허전하고 몸이 붕 뜬 것 같고 발을 헛디디는 것 같은 느낌이 든다.

4. 아침에 일어나면 손이 뻣뻣하고 눈이 붓는 것 같다.

5. 자고 나면 머리가 무겁고 몸이 나른하거나 빈혈기가 있다.

위와 같은 증상이 있는 사람은 일단 병원의 체크를 받는 것이 좋다. 그러나 병이 되기 전에 운동이나 걷기 체조 등으로 예방차원의 건강에 힘써야 한다.

피로는 만병의 원인이다. 피로엔 항우장사 없다는 것을 염두에 두고 피로 푸는 일에 소홀하지 말아야 할 것을 당부한다.

어떤 엄마에게 임신 중에 실천한 태교 이야기를 물었더니 자신은 똑똑한 아이를 낳으려고 음식태교에 정성을 기울였는데, 그 주된 것이 양파를 생으로 많이 먹는 거였다고 한다. 그리고 자신은 우유를 별로 좋아하지 않지만 태아에게 좋다니 열 달 고생이 뭐 어려우랴 하고 하루에 1,500∼2,000cc를 서너 번에 나누어 억지로라도 마셨다고 한다. 그리고 물 대신 오렌지 주스를 하루에 700cc를 마셨다고 한다.

그런데 여기서 다시 생각해보자.

태아를 위하여 어려움도 이기겠다는 생각은 갸륵하다 하겠지만 양파가 과연 영재아를 만드는 식품인지에 대한 것은 과학적으로 규명되어야 할 부분이며, 우유를 싫어하는데도 억지로 그것도 1,500cc 이상씩 마셨다니 이는 오히려 과학을 비과학으로 만든 결과가 아닐까 하는 생각이다.

현대 태교는 많은 금기로부터 새로운 권장으로 진일보하고 있기는 하지만 자신이 좋아하지 않는 것을 억지로 하라는 의미는 아니다.

이것은 태교의 근본이치에 맞지 않는 것이다. 아무리 태아를 위해서라 하지만 자신이 싫어하는 것을 억지로 먹는 것은 바람직한 방향이 아니라는 점과 이런 분일수록 욕심이 한계를 넘을 수 있기 때문이다.

이분은 좋은 것이라면 되도록 많이 찾아 먹었다는 것인데, 권장음식이 여러 가지인 것은 그 가운데 자기 체질에 맞는 것을 고르라는 의미지, 좋으니까 그걸 다 섭취해야 한다는 의미와는 차이가 있다(전혀 다르다).

여기에 태교의 중요성이 있다.

태교를 실천한다며 싫은 것을 억지로 하는 것은 피해야 할 또 하나의 금기다.

무엇에서든 '절대'라는 의미는 배제하는 것이 지혜요, 참 태교의 자세다. 너무들 지엽적인 지식에 쉽게 오도되고 지나치게 집착한다.

정상적인 태교란 조금 덜 찾고 조금 덜 밝히는 태도로부터 입에 맞는 것을 고르고 때맞춰 맛있게 먹는 방법을 말함이다. 과학의 발표라는 허구로 상품이 선전되고, 오늘은 좋다고 했다가 내일은 나쁘다 하며 어떤 것은 암의 원인이라고까지 발표되는 식의 불확실성에 빠지지 않기 위해서라도 정말 태아를 위하는 길이라면 바로 알고 행하는 일이다.

과학과 비과학 사이에서 지혜로운 엄마는 옳은 판단력을 키우는 것, 이것이 태교의 진면목이다.

고층아파트 증후군

동경대학교 의학부의 연구조사에 의하면 초고층 아파트의 어린이는 자립도가 하층의 어린이보다 낮아 인사는 물론 세수도 못한다는 것이다.

또한 동해대학교 의학부가 출산에 대해 조사한 바에 의하면 흡입분만, 제왕절개 등 비정상분만이 상층으로 올라갈수록 심하며 출생아의 평균체중도 상층으로 올라갈수록 무거웠다고 한다. 그것은 고층일수록 임신부의 외출이 힘들어 운동부족이 되고 아기체중이 늘었다고 한다. 그래서 분만 시 애로가 생기는 것으로 분석되고 있다.

일부는 폐의 기능이 약하다는 보도도 있다.

사람이 폐 속의 공기를 뽑아내는 데는 통상 3초가 필요하다. 그리고 맨 처음 1초에 80%의 공기가 나오는데 이를 1초율이라 한다. 그런데 고층에 사는 사람일수록 1초율이 낮다는 것, 그래서 태아는 체중이 늘고 정상분만은 어려워지는 것이다.

다시 말하면 운동부족으로 폐기능이 약화되고 비정상분만은 늘어나는 것이다.

고층은 전망, 통풍, 생활비밀 보장 등의 장점은 있으나 높이에 대한 감각이 줄어들고 동물을 볼 기회나 산책 횟수 등도 줄어드는 단점이 있다.

이런 조사를 보며 느끼는 것은 형편상 어쩔 수 없는 가정은 뭐라 할 수 없겠지만 임신부가 있는 경우에는 되도록 높은 층은 피할 것을 권한다(엘리베이터 사용 시도 문제가 있다).

지난 1986년 미국에서 실시하여 많은 문제를 일으켰던 대리모 문제가 이제 우리나라에도 들어와 문제를 제기하고 있다(시험관 아기와는 또 다르다).

이 방법은 임신이 불가능한 신체구조의 부부와 정자와 난자를 시험관에서 수정시키고 남의 자궁을 빌려 아기를 얻는 것으로 희귀한 일이기는 하나 이것의 시행이 갖고 있는 사회적 문제가 새로운 법률적, 윤리적 문제를 야기하고 있다. 자신의 자궁에서 키웠다는 양육모로서의 성격문제가 친족이냐 고용이냐로 파급되어 이 제도 자체가 보완되지 않고는 가족제도의 변혁 내지는 한 아기를 놓고 뺏기 싸움을 가져올 위험마저 있다는 종교계, 법률계의 지적이다.

과거사를 들춰보면 예전에도 '씨받이'라는 대리모가 없었던 것은 아니다.

그러나 이것은 양반집, 부잣집에서 돈을 받고 자기 몸을 하루 빌려주어 난자는 자기 것으로 했으니 '밭'은 자기 밭이었다. 그리고 후에 생계를 보장해주는 식이었다. 그럼에도 문제가 발생하면 뒤꼍에 방을 마련하고 같이 산다는 등의 일이 생기곤 했다.

그러나 현대의 대리모는 그냥 자궁(아기집)만 열 달 빌려주고 출산의 고통만 짊어지는 것이다. 그러나 인간이 어디 정자나 난자라는 물질의 결합뿐이랴!

열 달 엄마 배 안의 보살핌과 태교의 영향으로 만들어지는 정신적·심리적 환경의 영향은 무엇으로 규정지으며, 이를 제공하는 사람을 하나의 도구 제공자로만 볼 것인지 궁금하다.

사실 정신적인 면에서 본다면 그 아기는 정자, 난자를 제공한 사람의 아기라기보다는 열 달 임신한 사람의 아기일 수도 있다. 태아는 유전자 때문에 외모나 피부색 등은 제공자를 닮겠지만 인간이 되게 하는 바탕은 태중생활에서 임신부 것을 닮게 된다고 볼 때 잘못된 의술, 물질적 부모에게 경고를 내린다.

그래서 미국에서도 이 문제는 법정으로까지 비화했고, 우리나라에서 있었던 모의재판에서도 1차적 생을 같이할 의무(권리)를 대리모에게 인정한 일이 있다.

그럼에도 불구하고 부유층 일부에서 유행처럼 번진다는 면에서는 지탄해 마지않을 일로, 그것은 21세기를 향한 우리의 자랑할 훌륭한 가정의 모습에 먹칠하는 것이며 서구문화를 잘못 받아들이는 소치라 하겠다.

우리는 그간 과학을 통해 많은 것을 개혁했다.

과학이 아니면 다 미신이요, 과학적 방법이 아니면 모두가 비과학의 후진성으로 규정하고 선진국의 방법이 최고인 양 그들을 모방하는 데 급급했다.

그래서 많은 것을 발전시켰고 선진대열에도 끼게 되었다. 그러면서 내 것을 버리고 남의 것을 좋아하는 습성마저 키워왔다.

그러나 이제 와서 지난 일을 되돌아보니 그것이 다 좋은 것만은 아닌데, 덮어놓고 좋다가 중요한 것을 잃어가고 있음도 발견하게 된다.

농사하는 데 사용된 금비나 농약이 일시적 효과는 있지만 옥토를 산성화시키고 거기 서식하는 곤충, 벌레 등 필요한 천적을 없애므로 곡식마저도 공해의 오염으로부터 위협받게 한 일 등이다.

때문에 일부의 농가에서는 농약 사용을 줄여 무공해 식품을 생산하는 유기농법을 발전시켜 자연 농경시대로 되돌아가려는 노력을 경주하기도 한다. 사실 농사란 두더지나 지렁이와 벌레들의 공생의 원리로 이룩되는 것이라는 사실을 밝히기도 했다.

사실 인간은 혼자 사는 것이 아니고 콩을 하나 심더라도 수확되는 것 하나는 새에게, 또 하나는 벌레에게, 다른 하나를 인간이 얻게 되는 게 자연생태계의 규율인 것이라 한다.

이렇게 하므로 벌레는 세균을 박멸하고, 그 벌레는 새가 먹고, 그래서 인간은 무공해 식량을 얻게 되어 농약 없는 생태계가 되살아날 수 있다고 말하는 '석수회'는 죽어가는 생물, 죽어가는 땅, 죽어가는 인심을 살리려 노력하고 있다. 처음에는 웃는 사람, 비꼬는 사람도 많았으나 이제는 부락 전체가 합심하여 무공해 식품생산에 열을 올리고, 이것은 매스컴에서도 크게 보도가 되었다.

이런 연구, 이런 노력을 하는 분들은 자꾸 밝혀져 더 많은 사람, 더 좋은 농산물이 증산되어야겠다.

수원 자해학교 교장으로 계시는 김동극 선생의 『이대로 가다가는 모두 병든다』라는 책의 제목이 있듯이 우리 건강은 우리가 지켜야 했기 때문이다.

이제부터는 많은 이들이 참여하고 증산하므로 임신부들을 기쁘게 할 날을 손꼽아 본다.

　현대 사회는 맞벌이 부부시대이며 많은 여성들이 직장생활에 뛰어들어 돈 벌기에 정력을 쏟고 있으나 막상 가정문제에 있어선 적지 않은 갈등을 노출하고 있다.

　미국 여성들도 취업주부인 경우엔 출산, 육아에 있어 많은 어려움을 겪고 있음이 밝혀지는데 그것은 대부분의 직장이 임신, 출산, 육아문제에 제대로 배려해주고 있지 못하며, 이로 인해 좋은 엄마가 되기는 어렵다는 것이다.

　정서적 모성이 요구되는 임신기나 출산 후 몸조리를 제대로 해야 할 100일, 그리고 모유로 아기를 키워야 할 일, 그뿐 아니라 포근히 가슴으로 안아주며 사랑을 쏟는 대신 고독으로 몰아야 하는 유아의 생육문제 등은 시간제나 다른 직종의 전환에 있어서도 어려운 실정이다.

　그래서 취업주부들은 "아이를 낳을 권리는 있지만 집에서 기를 권리는 없고", "직장을 가질 권리는 있지만 훌륭한 어머니가 될 권리는 없고", "기한 내 복직을 할 권리는 있으나 아기는 여기저기 맡기던지 회사를 그만두던지 할 선택의 권리만이 있을 뿐이다"라고 푸념들이다.

이런 일은 우리도 마찬가지일 것이다. 고도성장시대에 나날이 변해가는 사회를 위해서는 출산까지는 했을지라도 뼈 마디마디가 제대로 복원되지 않은 상태의 신체를 이끌고라도 복직하지 않으면 자기를 기다려줄 직장은 없고, 귀여운 아기는 남의 손에 양육되어야 할 것을 생각하면 자신의 처신이 옳은 건지 무척 염려하게 되는 경우를 맞는다.

요행히 시부모나 친정에 부모가 계셔 도와주실 수 있다면 모르되 핵가족이라고 따로 사는 부부는 많은 문제 속에서 애태우며 잊고 사는 생활의 연속이니 어떻게 해야 할지 모르는 일이 부지기수일 것이다.

그러나 태교를 열심히 하고 장래를 행복으로 이끌겠다는 엄마라면 아기는 가급적 남의 손에서 자라게 하지는 않는다. 그것이 모자간의 끈끈함이며 자연의 섭리이고 과학의 입증이라 할 수 있다. 그것을 역행하면 그만한 대가를 치러야 하고 후회하는 일까지 생기게 된다는 것이 태교의 가르침이다.

그래서 현숙한 엄마는 순리에 맞는 계획을 세운다. 자기 생각대로 하거나 남이 한다고 따라하는 것이 아니라 본 것, 들은 것을 잘 새겨 할 바를 구별한다. 미리미리 의논하고 가능한 한 협력을 구하며 조화 있는 방법을 선택한다.

매사가 다 혼자 하는 것도 아니며 혼자 하는 일이 더 낫다는 보장도 없는 것이 인간의 삶이다.

우리는 속단이나 이기심을 가라앉히고 조화를 창출하는 데 노력하자. 조화는 대화와 의논하는 데서 나온다.

그러니 차근차근히 생각해보는 것이다.

좋은 방법이 떠오를 것이다. 되도록 임신기간의 중요성을 잊지 말고 가능한 한 남의 손(탁아소)에서 자라게 되는 아기를 만들지 말자. 좀 더 잘사는 것보다 좀 더 훌륭한 인간으로 만드는 일이 훨씬 값진 것을 알게 될 것이다.

컨디션 조절법

지난번 TV에서 임부들이 감기가 들어도 약을 먹지 않아 기관지염을 일으키는 일이 있다고 경고하는 것을 보았다.

그러나 태아를 위해서라면 가급적 약은 피해야 한다는 것이 정론이며, 이것은 보다 중요한 예방적 차원의 일이므로 이에 보탬이 될 수 있겠다는 생각으로 조절법을 넣는다.

"병의 85%는 마음으로 고친다", "명의는 병이 나기 전에 다스린다"는 말이 있듯이 병은 원인을 분석하고 예방적 조치나 요법을 찾아내는 것이 더 좋다.

현대는 바이러스성이나 세균성 질병이 많아 치료에 어려움이 많다고 한다. 그러나 사전예방법을 알아 실행한다면 병 자체가 발생하지 않을 것이므로 임부에게는 이를 실행해보기를 권한다.

물론 우리 주변에는 늘 균들이 도사리고 있다. 호시탐탐 기회를 노리며 허점을 찾는다. 그러나 아무리 강한 놈이더라도 활동할 기회를 주지 않는다면 세균 바이러스도 맥을 추지 못하고 개밥의 도토리 신세가 되고 만다.

그러나 생활이 바쁘다 보니 깜박 잊기도 하고 어쩔 수 없이 당하기도 하는 게 인간이라 하지만 포기할 수는 없는 일이 질병예방이다. 특히 임신부의 경우는 태아를 생각해서도 더욱 그렇다.

여기서 과로, 과식, 과욕, 과음 등의 경우를 보자.

어디에나 이 '과(過)' 자가 붙어서 좋은 일이 없다. 과로로 인한 컨디션의 불균형을 만병의 원인이라 하는 것을 잊지 않는 것만도 대단히 중요한 일이라 할 수 있다.

그러나 경험이 없는 젊은이들은 정도의 측정을 잘하지 못한다. 주변 여건이나 환경에 책임을 돌리고 컨디션과 상관없이 과로를 이겨내려 한다.

하기야 젊음은 그런 장점이 있고 또 회복도 빨라서 그깟 것을 뭘 두려워하느냐 하지만 임신부에 있어 과로는 만용이다.

뭐니 뭐니 해도 임부에겐 새 생명을 어떻게 무사하게 출생까지 이끄느냐 하는 것이 제일 중요하다.

직장엘 나가기 때문에 또는 어떤 이유 때문이라고 말한다고 해서 그것이 태아에게도 통하는 일이 아니다.

컨디션 조절법이란 특별한 것이 아니다. 그저 자신의 컨디션에 좀 더 신경을 써서 무엇이든지 과하지 않게 하는 일이다.

컨디션 조절법 Ⅰ

1. 열심히 일을 하다가도 피곤을 느낀다든지 좀 과하다고 느껴질 때는 잠시라도 즉시 휴식상태로 돌입한다.

2. 음식을 먹을 때는 맛있다고 너무 많이 먹는 것을 피하는 요령을

염두에 두어야 한다.

3. 사고 싶은 것, 갖고 싶은 것, 하고 싶은 것 등 여러 가지 욕심이
생기더라도 가급적 삼가는 마음을 갖는 게 중요하다.

다시 설명하면 일을 너무 힘들게 하는 일, 차를 너무 오래 타는 일,
복잡한 일에 끼어드는 일, 너무 많은 일을 맡는 일, 탐내는 일 등은
자신을 얽어매는 일로 미리미리 피하지 않으면 다음에 어려울 수도
있다.

컨디션 조절법 Ⅱ

1. 바이러스성 감기의 경우 균이 몸에 들어오게 되려면 일정한 통
로를 거치게 된다. 가령 코로 침입했다 느껴지면 빨리 코뼈 아래쪽
간질거리는 그 침투 경로를 가만히 눌러주어 균이 안착하지 못하게
하고 살짝 닦아내거나 하여 몸의 항균작용을 활발하게 해주면 바이
러스는 활력이 약해져서 빠른 감기증후를 발생시키지 못한다.

이때는 약한 처방으로도 얼마든지 감기를 조기에 격퇴할 수 있다
(조기 처방약들이 개발되어 있다).

그러나 그것이 조금 늦어 바이러스가 안착하고 나면 그때부터는
어렵다(시간차－30분, 10분차).

보통 감기가 들면 그에 맞는 처방의 독한 약을 써서 대처하지만,
이것도 늦으면 며칠 고생하고서야 낫는 것이 감기라는 것을 생각하
면 짐작이 될 것이다.

임신부는 이런 것을 예방할 줄 알아야지 감기가 들었어도 약을 쓸
순 없으니 어쩔 수 없지 않느냐고 한다면 안 되겠기에 그 시작을 컨
디션 조절로 이끄는 데도 지혜가 필요하다는 것을 강조한다.

이런 것이 과학을 생활 속으로 끌어들이는 우리는 지혜지 과학이 마련해주는 것만으로는 미흡하다.

2. 과식, 과음에서도 마찬가지다. 과식이 나쁜 것을 모르는 사람은 없다. 그러나 현대는 과식을 유도하는 많은 여건들이 있다. 그리고 과식의 정도를 헤아릴 수 없게 하는 다양한 음식의 패턴도 있다. 밥은 배부른 정도를 쉽게 느낄 수 있지만 고단백 고칼로리의 영양식은 배부른 정도를 후에야 알게 된다. 그래서 그 정도를 못 맞추는 경우가 많다.

그러나 음식은 약간 부족한 듯한 상태가 건강에 제일이라는 것을 잊어서는 안 된다. 부족하면 더 먹으면 되지만 과한 것은 배 안에서 덜어낼 수 없는 것이므로 결국 탈이 난다는 것을 안다면 컨디션 조절법은 이를 미리 예방하는 방법이다.

미리 짐작하고 미리 덜 섭취하는 지혜는 건강의 비로미터다. 이렇듯 과(過) 자가 붙은 것은 모두 안 좋다. 그래서 일을 하다가, 길을 가다가, 음식을 먹다가, 욕심을 내다가 언제든지 컨디션을 되돌아보는 습관을 키우는 것이 대단히 중요한 일이기 때문에 임신부가 지켜야 할 현대적 태교의 일부분이 될 수 있는 것이다(감기 땐 혹 도움이 된다면 민간요법 '무'란을 참조하시라).

제5장

임신기간 중 월별 체크포인트

태아나 임부의 개월별 태교가 그렇게 명확하게 구별되는 것은 아니다. 그러나 알기 쉽게 하고 그 나름대로의 특성을 밝힌다는 점에서 구별해보면 다음과 같다.

과학이 첨단을 걷고 의학이 인체의 구석구석을 들여다보며 생성과정을 규명하고 있지만, 태아는 의학이 해결해줄 수 있는 물질적 측면뿐만이 아닌 형이상학적 측면, 즉 정신과 마음의 문제로부터 행동과 말이 미치는 영역, 넓고 깊은 영역에까지 연결된다.

이런 것을 하나씩 하나씩 나누어서 설명한다는 것은 불가능하며, 특히 아직 밝혀지지 않은 부분에 있어서는 더욱 뭐라 말할 수 없다. 그러나 가능한 것을 설명하지 못하는 것은 무능력함이요, 책임회피라고 할 수 있다. 그러므로 현재까지 밝혀진 것만이라도 알려준다는 것은 필자의 의무에 속하므로 가능한 것을 골라 밝히는 의미를 이해하기 바라며 부족한 것은 앞으로 계속 연구가 진행되는 동안 보충할 것을 약속하고 참작의 기회가 되길 바란다.

임신 1개월

여러 연구의 의견을 집약해보면 예전엔 2~3개월이 되어야 임신을 알았지만, 현대는 좀 더 일찍 감지(感知)함이 필요하다.

2주 전후해서 감지할 수 있어야 하는데, 그 방법은 시약으로 확인하거나 미흡하면 병원에서 진단한다.

- 이유 없이 몸이 나른해진다든가 늘 맛있던 음식이 갑자기 싫어지는 경우 혹은 감기 같은 이상증세, 자각증세가 있을 때는 노트를 보며 체크한다.

- 부부관계일과 배란일을 맞춰보면 알게 된다.

- 임신을 조기에 발견해야 할 이유로는 태아가 자궁벽에 착상하여 세포분열을 시작한 이래 15~21일 사이에 벌써 심장, 척추, 신경계통, 손, 발이 생기기 시작하기 때문에 이것을 모르고 약(어떤 약이든)을 오용하면 큰일이다.

- 어떤 사람은 부부교합 시에 이상한 감각(임신이라는 혹은 수태라

는)을 느낀다고도 한다(그러나 희소확률이다).

- 자궁벽에 착상한 수정란은 뽕나무 열매와 같은 모양이며 바깥쪽은 영양배엽, 안쪽은 태아배엽이라 한다. 영양배엽은 후에 태반이라 불리는 융모조직으로 어머니와 맥이 이어져 영양과 산소를 공급받는 통로가 된다.

임신 초기의 초기가 중요하다는 말을 명심하자. 그것은 모든 잘못될 수 있는 요소를 미리 예방하기 위해서다. 이것을 소홀히 하고 지나칠 때 문제의 소지가 생긴다.

임신은 신의 섭리요, 자연의 순리며, 음양의 조화이다. 생명발생은 부부화합의 요채요, 자신이 영생하는 길이라고 한다. 그러기에 기쁨이며 소식이라 하는 것이다.

주변환경을 좋게 하고 혹 직업을 가진 분은 이 시기의 중요성을 잊지 말고 일체의 행동거지에 조심하며 가급적 많은 시간을 안정하는데 힘써야 할 것이다. 안정은 수정란의 안착(安着: 자리 잡기)과 세포분열의 가장 좋은 조건이다.

자궁벽의 착상이라 함은 밭에 뿌린 씨앗이 자리 잡고 싹을 틔우는 이치와 같다. 그래서 톡 건드리기만 해도 안 되는 것인데 인간의 씨앗은 자궁 안에 있으니까 식물의 싹보다는 안전하지만, 3~4월이 넘을 때까지는 주의를 해야 한다.

임신 2개월

임신을 알게 되면 모두에게 즉시 알리고 아기에게 관심을 쏟으며 태반이 완성되기까지는 유산에 유의하여 행동한다.

- 편안한 마음가짐으로 어려운 일을 피한다.
- 격심한 운동을 하지 말고 입덧 약 등을 조심한다.
- 음식을 가려서 섭취하고 금기음식은 피한다.
- 체온은 고온을 지속한다.
- 유방이 부풀어 젖꼭지 둘레가 검어진다.
- 점막의 색깔이 짙어진다.
- 유행성 감기나 풍진 등에 걸리지 않도록 한다.
- 정기검진을 시작한다(소변으로 호르몬 검사).
- 양막 속에는 양수가 생기기 시작하며 후반기부터 태아는 점점 인간의 모습을 하기 시작한다(키 2.5cm, 4g).
- 아들인가 딸인가를 알고 싶어도 초음파 검사는 아직 안 된다.
- 어느 과학자는 2개월째에 태아의 뇌에 기억한 흔적이 있다고 하나 아직 확실한 것은 밝혀지지 않고 있다.

중요한 것은 이 시기에 인간의 중요기관인 심, 폐, 비, 간, 신과 6부가 발생·융기하는 시기이니 모든 일에 조심하는 것이다.

과실도 꼭지가 튼튼해야 결실이 잘된다 한다. 태반의 융모가 건실하려면 매사에 안정함이 좋다.

전통태교에서 언행, 섭생, 심기에 주의를 시킨 것도 이때부터이며 임부 일체의 먹고, 보고, 듣고, 생각하고, 느끼는 것이 태아에게 영향을 미치는 초기가 바로 이때라고 한다.

그러나 조급하지 말고 천천히 차근차근 시작하자.

태아는 좋은 것을 원하고 어머니가 주는 대로 받는다. 그러니 어떤 것을 줄 것인가에 대하여 생각하는 것이 훌륭한 어머니가 되는 길이요, 출생 후 자랑스러운 아기가 되는 길이다.

임신 3개월

- 몸은 따뜻하게 하고 안정을 취해야 한다.
- 즐거운 웃음이나 기쁜 대화는 보약이 될 수 있다.
- 긴 여행은 삼가고 가까운 곳은 걷는 게 좋다.
- 음식은 먹고 싶은 것을 고르게 먹자.
- 부부의 성생활은 조심하는 것이 좋다(과실 꼭지 연상).
- 현대적 금기에 눈뜨자(뒤에 자세히 나온다). 농산물 오염, 식품첨가물, 수입식품에서의 알라, 아풀라독신의 발견은 더욱 조심을 요한다(키 약 9cm, 몸무게 약 15g).
- 엄마의 혈액은 주로 태아의 뇌에 보내진다(뇌 발달).
- 아기 뇌의 기초가 만들어지는 중요한 시기이다(심음이 들리기도).
- 태아의 머리를 좋게 하려면 술은 삼가야 된다(청탁실).
- 융모조직은 점점 발달하지만 태반은 아직 생기지 않았다.
- 좋은 책을 골라 읽고, 좋은 그림을 붙여놓고, 구슬(주옥)을 옆에 두고 감상하라(아기 성품을 만드는 밑거름이다).
- 뿌연 분비물이 나오며 냄새가 나는 것은 당연하다.
- 소변 횟수가 늘며 대변에 이상(변비)이 생기는 것은 이상할 것 없다.
- 허리가 무겁거나 발목에 경력이 일어나는 수도 있다.
- 태아는 성기가 발달하고 태반조직을 만들어 노폐물을 배설한다.
- 얼마 동안만 잘 넘기면 태아는 안정되고 엄마의 식욕도 되살아난다. 그러나 초음파 진단은 조심해야 한다.
- 『소식』에 의하며 어떤 임부는 3개월 중반 이후부터 남편과 함께

태아교육 프로그램을 시작했다 한다. 프로그램으로는 나무토막, 집짓기, 글자 맞추기, 셈하기 등이 개발되고 있다.

• 인간의 바탕인 성품, 기질, 두뇌, 건강, 용모, 재능 등이 이때부터 환경의 영향을 받는 시기다.

• 각자가 자기에 맞는 특성적인 것을 찾아 해보자.

• 과학자를 만들 것인가, 예술가, 정치가, 사업가, 교육자, 기술자를 만들 것인가는 자기 마음먹기에 달렸다. 좋은 바탕을 만들어주자.

• 출생 후 유아교육보다 중요한 것이 태내의 태아교육이다.

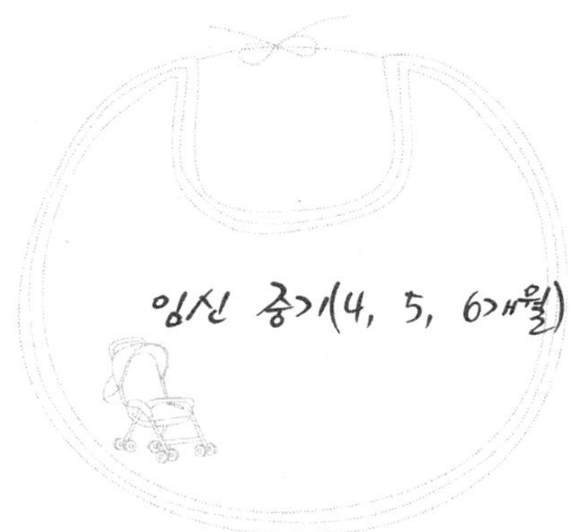

임신 4개월

- 임신 중기에 들어선다. 모든 것이 안정 상태라 볼 수 있다.

- 엄마가 기쁘면 아기도 기쁘다(엔도르핀).

- 생명을 성장시키는 것은 음식물만이 아니다(맑은 공기).

- 상냥한 마음도 태아에게 중요한 영양원이다.

- 엄마가 흥분하거나 화를 내면 태아의 피가 멍든다.

- 엄마가 근심하면 태아의 기가 멍든다.

- 엄마가 두려워하면 태아의 정신이 멍든다.

- 엄마가 놀라면 태아에게 고질병이 생긴다고 『태교신기』에서 지적했듯이 현대 과학이 밝힌 산모의 '아드레날린', '에피네프린' 분출이 이를 입증해준다.

- 4개월부터는 입덧 증상이 없어지고 식욕이 난다. 이것은 나를 위해 영양을 보내 달라는 태아의 신호다. 그러나 2인분의 양이 아니다. 때맞춤과 질이 중요하다.

- 영양의 밸런스가 맞는 좋은 식사란 단백질, 탄수화물, 지방, 무기질, 각종 비타민이 고른 식사다. 특히 뼈와 살 그리고 피를 만드는 칼슘, 철분은 평소의 3배가 필요하다.
- 청량음료, 인스턴트식품, 주스는 피한다.
- 설탕은 칼슘을 소모시킨다(청량음료 1 L 에는 설탕 3Ts 정도가 들어 있다).
- 인스턴트라면 1인분 약 3~4g 염분(소비자 단체의 보고, 어른 1일 염분 필요량은 10g)
- 자신이 만드는 음식은 되도록 싱겁게 한다.
- 4개월이 되면 태아에게는 욕망이나 마음의 움직임을 컨트롤하는 간뇌 피질의 배선이 이미 시작되었기 때문에 부부싸움은 나쁜 영향을 끼친다.
- 어머니의 고혈압이 아기에게 주는 영향을 1로 보면, 부부싸움이 주는 영향은 2~6배라 한다.
- 태아의 잇몸이나 유치의 싹은 임신 7~10주에 생긴다.
- 임신 후 충치가 생기는 것은 태아가 필요한 칼슘을 빼앗기 때문이다. 일반인 1일 칼슘 필요량 600mg, 임부는 1,500mg이 필요하다.
- 양수 속 운동을 시작한 태아는 내장도 일부는 완성단계에 돌입하며 조금 있으면 기능이 시작된다.
- 피부가 두꺼워지고 오감이 활동을 시작하며 질과 항문이 열린다.

이때쯤엔 초음파 진단도 가능할 것이다.

경험 있는 분들과 자주 의논하여 실수 없는 좋은 방법을 찾자.

임신 5개월

- 태교음악을 좋아하라(인성, 심성, 두뇌에 좋은 영향).
- 편하고 안정된 생활이 필요. 혈색에 유의하자.
- 체중 증가는 건강의 바로미터(평균 10~12kg)
- 태반, 양수, 아기 합하여 5~6kg 증가
- 허리, 배, 유방이 커지며 혈액의 증가가 온다.
- 과다섭취는 비만을 가져오므로 요주의(당뇨, 임신중독)
- 뚱뚱한 사람은 체중을 줄인 후 임신하는 것이 좋다.
- 복대사용은 심리적 안정과 태아 보온에 좋다. 아기에 대한 애정의 표시이기도 하다. 특히 직장여성에게 필요하다.
- 이 시기쯤 남편과의 스킨십도 소중하다(아기 일에만 신경 쓰고 남편의 일이나 성욕을 등한시하면 안 됨). 남편의 성욕은 부인이 임신했다고 저하하지 않는다. 태아에게 압박되지 않는 범위 내에서, 또 부부의 정서 안정이 태아에게도 영향하도록 하는 성생활은 좋다.
- 유산의 고비를 넘긴 시기이므로 근거리 여행이나 테레핀 향기를 호흡하기 위하여 숲 속에 가는 것도 좋다.
- 임부의 몸에서 유방 발달 유즙 분비가 예상된다.
- 태동이 있다면 아주 약한 정도이다.
- 태아의 심음을 들을 수 있다(청진기로).
- 태아의 신진대사가 시작되며 움직임이 활발해진다.
- 영양관리에 많은 신경을 쓴다.

그러나 진실로 태아에게 필요한 것은 맑은 물과 신선한 공기이다. 테레핀 향기나 피톤치드 삼림욕을 하러 숲을 찾는 일이나 오염된 물을 안 마시려는 노력은 매우 현명한 처사다.

그러나 자연수, 생수가 좋다고 수질을 모르고 무조건 마시면 해로울 수도 있다. 그렇다고 사먹는 Pure Water, Mineral Water, 탄산수만 마시는 것도 현명한 방법이 되지 못한다. 자연 무기물이 있는 것을 섞어 마시자.

임신 6개월

임신 중기의 활동하기 제일 좋은 기간이다. 태아도 엄마가 많이 움직이는 것을 바란다. 그래서 임부는 자신을 위해서나 태아를 위해서도 적당한 운동이 필요하다. 맑은 공기를 마시기 위해 가까운 숲을 거닌다.

옛날에는 출산 때를 위해 자주 일을 시켰다.

가벼운 수영은 엄마나 태아를 위해 나쁘지 않다. 중요한 것은 유산의 염려가 없는 사람 또는 수영이 즐거운 사람에게 좋다는 것이다.

- 수온 28℃ 이하인 경우 자궁이 긴장되면 유산, 조산의 염려가 있다.
- 수영 시간은 오전 10시~오후 2시가 적당하다.
- 수온이 너무 높아도 나쁘며 임부체조를 하는 사람은 필요 없다.
- 가벼운 여행은 기분 전환에 좋다.
- 임신생활에 익숙해져 태아도 안정되었으므로 기분 전환으로 좋다.
- 출산하면 한동안 어려워진다. 지금 느긋한 마음으로(피로하지 않게) 하자.
- 녹음 속의 삼림욕이나 온천을 다녀오는 것도 좋다.
- 임부는 식욕이 왕성하니 좋은 음식을 찾는 것도 지혜다.
- 아기는 철을 먹는다. 정기검진 때 아기가 쑥쑥 자란다는 말은 기

뿜이다. 그러나 의외로 빈혈이라는 진단이 많은데(적혈구나 혈색소 부족), 이것이 부족하면 쉬 피로해지고 숨이 차고 건강에 악영향을 준다. 심하면 출산 때 출혈 위험과 쇼크 위험도 있다.

- 임신 중 아기에게 빼앗기는 혈액의 주성분은 철이다.
- 빈혈이 되지 않기 위해 철분이 많은 음식을 먹자(간, 굴, 시금치, 당근, 연근 등에 많이 있다).

그렇다고 양에 치중하지 말고 질(자기 입맛)에 신경 써야 한다. 너무 많이 섭취해 태아가 커지면 순탄한 자연분만이 어렵다.

자연분만은 태아가 원하는 방법이며, 태아의 뇌 발달에 좋고 그래야 모유를 먹일 수 있다(수술하면 모유(초유)를 못 먹인다).

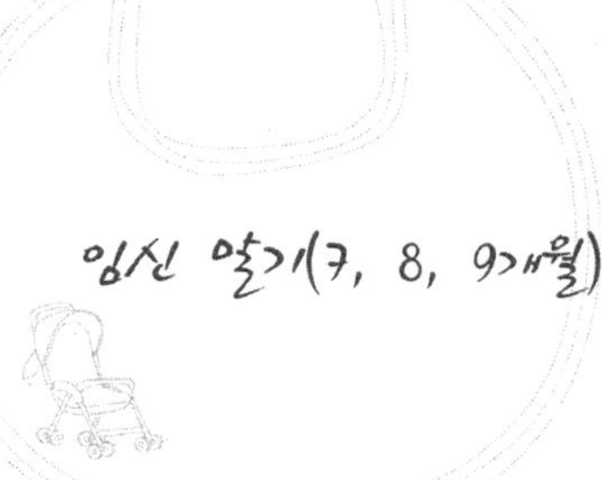

임신 7개월

- 엄마의 발소리에 민감한 반응을 보인다.

- 7개월이 되면 복벽이 얇아져 태아가 소리를 잘 듣는다.

- 신경회로도 완성에 가까워지고 귀는 자궁벽에 닿을 정도이다.

- 소형 마이크로폰을 자궁에 넣고 들으면 혈루음과 함께 엄마 목소리도 녹음된다. 태아는 태중에서 벌써 엄마 목소리의 리듬, 억양 등 패턴을 익힌다.

- 엄마의 상냥한 목소리가 들리면 태아는 안심하고 평온해진다. 그래서 자주 대화하며 기분도 묻고 자기 의향도 전달한다.

- 신경회로는 출산된 아기와 비슷하다 하니 기억도 하고 아픈 것도 안다. 엄마의 정을 느낄 정도라니 포근히 감싸주면 좋아할 것이다.

- 아기는 잠자면서 자란다. 배가 불러지면서 점점 잠을 자기가 거북해진다. 그러나 임부가 푹 자면 태아는 뇌하수체에서 성장 호르몬이 많이 만들어진다. 이것은 아기의 성장에 꼭 필요한 것이

다. 예부터 '잘 자는 엄마의 아기는 잘 자란다'고 하여 왔다.

- 잘 잘 수 있는 방법은 곧바로 천장을 보고 누우면 압박감이 오니 옆으로 눕는 것이 좋다. 이때 기울어지는 것을 방지하기 위하여 방석, 베개 등으로 받쳐주면 좋다. 어떤 때는 다리와 다리 사이에 팔 밑에도 작은 것을 끼워 보라. 아주 편해짐을 느낄 것이다.
- 복식호흡을 하는 것도 좋다. 태아는 벌써 1kg이 넘고 키는 약 35cm 이다. 자궁은 상대적으로 좁아지는 편, 이때의 복식호흡은 마음을 편하게 해주는 호르몬을 분비시킨다.
- 신선한 공기, 자연 무기질이 든 물을 가끔 마신다.
- 음식은 지방, 당분, 염분이 적은 것으로 한다(야채, 우유 등).
- 임부는 자궁이 커지고 혈액의 흐름이 나빠질 수 있다.
- 태아는 뇌가 발달하여 몇 가지 기능을 컨트롤한다.

임신 8개월

- 태아와 대화를 시도한다. 미국의 태교학교에서는 이때부터 태아 와의 대화를 통해 영재아를 만들었다는 소식이 있다.
- 태아의 심성을 기르는 데는 음악이 좋다. 태동이 시작되면 음악 을 들으며 신체의 기능을 조절하자. 아름다운 멜로디는 마음을 편안하게 하고, 리듬 있는 음악은 심신을 경쾌하게 한다. 그리고 하모니는 조화의 명수다.
- 가급적 명곡 쪽이 좋으나 익숙지 않은 분은 영화음악이나 가곡도 좋겠다. 홍타령, 민요를 좋아하는 분이라면 그쪽에서 좋은 것을 골라도 될 것 같다(꼭 서양의 클래식만 태교음악이라 할 수는 없다).
- 심한 운동은 낙태(조산)의 위험이 있으니 조심해야 한다(짧은 시

간의 가벼운 운동).

- 임신중독증은 임부가 막을 수 있다. 정기검진은 매주 1회 정도로 하는 것이 임신중독의 예방이다.
- 임신중독은 무섭다. 혈관이 가늘어져(혈류가 장애받는다) 태아에 영양, 산소 공급이 저하된다(음식 조심이 필요).
- 부종은 혈액에 수분이 늘어 피하조직 사이에 고여 생긴다(대부분 부종을 느끼지만 아침에 개운하면 괜찮다).
- 단백뇨, 혈압은 정기검진 때 한다.
- 수면은 1일 8시간 이상, 왼쪽과 오른쪽으로 번갈아 눕고 자주 쉰다.
- 게으른 엄마는 아빠의 아기에 대한 관심을 잃게 한다.
- 임신 8개월이 되면 자궁이 가슴 밑 7~8cm까지 올라와 게을러진다. 그렇다고 몸단장 잊지 말고 남편에 대한 배려도 해야 한다.
- 아기의 오감은 엄마를 느낀다. 아기의 체중은 2kg, 신장도 40cm나 되며 오감이 발달하여 청각은 아빠의 목소리를 듣고, 눈은 바깥세상의 환한 것을 향해 움직이며 냄새와 맛에 대한 후각, 미각이 또 피부감각의 촉각이 발달하여 모든 것을 느낀다. 그러므로 아기에게 좋다고 생각되는 환경을 만들어주자.
- 임부가 특히 주의할 점, 같은 자세로 오래 있지 말 것, 높고 낮은 데 조심할 것, 무거운 것 들지 말 것, 뛰지 말고 미끄러지지 말며, 간단한 임신체조는 좋다(허리, 팔다리 운동 등).

태아는 피하수지 근육이 발달하고 신경활동도 활발해진다. 냄새도 맡고 가수면 상태라 하나 벌써 흔히 놀고 명암을 느끼며 구규(아홉 구멍)가 완연해진다.

조금 있으면 인큐베이터 생활도 가능할 정도다.

임신 9개월

• 적당한 자극은 뇌 발달에 좋다.
• 아기의 시신경(망막)은 아직 미숙하지만 약한 광선에서도 눈을 깜박거린다.
• 이따금 작은 자극으로 뇌 활동을 시켜보자.
• 올바른 식생활로 아기를 건강하게 한다.
• 과 영양은 자연분만을 어렵게 한다.
• 아기는 2~3kg 이상이다. 자궁이 명치끝까지 올라와 많이 먹을 수가 없다. 그러나 자주 조금씩 먹어야 된다(간식도 좋다).
• 소화기능의 저하로 변비가 되기 쉬우니 감자, 해초류 등 섬유질 음식을 먹는다.
• 좀 더 있으면 아기는 골반 아래로 내려간다.
• 아기의 양육환경 대비, 해산하고 나면 바빠지니 지금부터 양육할 환경을 마련한다. 자신이 양육하는 것이 최고이나 그렇지 못할 때는 할머니 혹은 제3의 보모를 생각해야 한다.
• 산달이 가까워지면 등과 허리 하복부에 통증과 같은 압박이 있다.
• 숨이 가빠지고 어깨로 쉬기도 한다(자궁 위치가 높아진 때문).
• 배를 자주 쓰다듬으며 아기에게 기분을 묻는다.
• 태아는 내장도 완성되고 폐의 기능도 갖추어진 상태이다.
• 아들의 고환은 음낭으로 들어와 자리 잡고 딸은 서혜관에 자리 잡는다. 손·발톱도 자란다.
• 의사는 골반의 크기와 태아의 머리 크기를 보아 분만의 정상을

예측한다.

- 이 시기쯤 전통태교에서는 백절을 갖추고 세 번 구른다고 하는데 아마 육상선수들의 준비운동과 같은 것일지도 모른다.

- 생리적 반사운동을 하며 혼자 내버려두어도 될 수 있을 정도의 독립적 생활 기능(능력)을 쌓고 있다고 봐야겠다.

- 그러나 까딱하면 조산된다. 가급적 위태로운 일, 급한 일은 피하고 신의 섭리대로 무사히 다음 달까지 가도록 한다.

- 직장여성이라면 가급적 이때부터 쉬도록 하는 것이 좋은데 사회적 여건이 그렇지 못하니 자신이 조심하는 것이 최고다.

- 조물주는 어찌 그리 완벽한지 동물로 보면 100일에 출산되는 놈, 6개월에 낳는 놈이 있는데 인간은 음력으로 열 달(280일)을 정해 주셨으니 섭리에 순응하는 것이 가장 잘된 출산이다.

임신 10개월

- 서서히 출산과 육아지식을 터득한다.

- 분만은 자연분만이 최고로 좋다(모유를 먹일 수 있다).

- 자연분만은 출산 때 고통이 아기 척추를 통해 아기 뇌에 전해져 뇌 발달에 좋다(영재 출산방법).

- 아기는 달이 차면 기운다.

- 출산이란 사도근육의 수축작용이다.

- 자연분만과 안산이면 성공이다.

- 밤이 익어도 떨어지고 싶을 때 떨어진다는 말을 새기자.

- 분만준비

- 출산일이 다가오면 충분한 영양섭취와 입원준비도 한다.

- 출산은 예정일 2주 전후가 된다.

- 진통은 모성을 불러일으키는 것. 독립하겠다는 출생의 '도움요청'이라 할 수 있다(아빠와 함께하면 더욱 좋다).

- 분비물에 피가 비치면 출산 임박의 신호며 분비물로 산도가 부
  드러워지면 분만은 쉬워진다.
- 진통이 10분 간격으로 규칙적이면 앞으로 10시간 남았다는 신호
  이므로 입원을 서두르라.
- 양수가 나오기 시작하면 2~3시간 후가 된다.
- 분만과정
- 개구리: 자궁이 수축하여 통증이 오는 시기
- 만출기: 좁은 산도를 내려올 아기를 위해 복부에 압박을 주었다
  뺏다 하며 호흡조절하는 시기
- 후산기: 가볍게 힘을 주면 태반이 만출하게 되는 시기
- 이런 것을 연상하며 부부가 함께 연습도 해보자. 요즈음 젊은이들
  은 분만 때 손을 꼭 잡아주는 데 그치지 않고 새 생명 탄생이라는
  감동적 순간을 같이 체험하여 일생 동안 가장 가슴 벅찬 일을 부
  부가 같이 맛봄으로써 부부간, 부모와 자식 간의 끈을 강하게 맺
  는다. 또 이러한 행동은 출생 후 육아에게도 큰 의미를 준다.
- 이때 임부는 목욕을 자주 하고 수면을 충분히 한다. 진통은 아기
  가 나간다는 신호다.
- 모유로 키우는 아기는 병에도 강하다(모유에는 아밀라아제, 리놀
  산이 함유돼 있다).
- 모유의 중요성은 절대적이다. 성스럽고 아이에게 면역성을 주며,
  탈이 없고 필요한 만큼의 영양분이 골고루 들어 있다.
- 그러나 수술을 하면 못 먹인다.
- 모유는 유관 끝에 있는 많은 유포의 유선조직에서 만들어진다.
- 유선의 발달은 사춘기 때 이미 시작됐으나 임신으로 에스트로겐

(난포호르몬)과 프로게스테론(항체호르몬)이 난소와 태반에서 다량 분비되기 때문에 유방이 비대 발육된다.

- 출산하면 '프로락틴'이라는 유즙분비촉진호르몬이 분비된다.
- 이때는 아기도 모유를 빨기 위한 준비행동이 태내에서 진행된다 (손가락 빨기).
- 출산된 아기가 유두를 빨면 그 강한 자극이 엄마의 신경계 시상 하부에 전해지고 뇌하수체 우엽에 도달하여 '오카시토신'이라는 호르몬이 분비된다. 그러면 유두 내부에 있는 평골근의 수축으로 유선 내에 고여 있던 유즙이 분비되어 아기 입으로 들어가게 되는 것이다.

아기가 무사히 출산되면 이제부터 정식으로 엄마라는 거룩한 호칭을 받게 된다.

아기는 엄마 품에서 자라야 심성 좋고 건강하다.

　임신부 휴식의 대부분을 차지하는 수면은 비스듬히 누워 취하는 게 좋다.

　태아의 건강을 위해서 임신부의 수면자세는 매우 중요하다. 그럼에도 많은 임부가 잘못하고 있다.

　그래서 한국과학연구소가 지난해 임부 112명을 대상으로 자세히 조사를 한 결과, 옳은 자세를 취한 사람은 겨우 26명뿐이었다는 것이다.

　가장 많은 반태아형은 옆으로 누워 발을 앞으로 구부린 형이며, 임금형은 등을 침대나 방바닥에 대고 똑바로 눕는 형, 태아형은 태아처럼 두 무릎을 90도 가까이 구부린 채 윗몸을 둥글게 하는 형, 복형은 글자대로 엎드려 자는 형을 말한다.

　임신 중에는 체중이 증가하므로 임금형을 취하면 등의 대동맥과 대정맥이 눌려 혈액순환이 둔화되며, 반태아형이나 태아형은 태아가 자유롭게 활동할 수는 있으나 임부 자신의 소화기능이 떨어지게 되어 좋지 않고, 복형은 배에 압박을 가하게 되므로 태아에 나쁘다.

이렇게 볼 때 결국 올바른 임부의 수면자세는 옆으로 비스듬히 누운 상태에서 아랫다리를 펴고 윗다리는 약간 구부리는 형이 돼야 한다는 것이다.

이때 윗다리 밑과 배에 베개를 받쳐줌으로써 태아에 압박을 주는 것을 피할 수 있다.

침구는 흡수성과 보온성이 좋은 천연섬유를 선택하는 것이 좋고 특히 기분을 상쾌하게 해야 한다. 그래야 내분비의 코티솔 호르몬 분비도 잘 조절되어 태반의 혈액순환도 좋아진다.

침구 근처에는 좋은 향료를 사용해 심신의 안정에 도움이 되도록 하는 것도 좋다.

좋은 향료는 신체의 기능을 돕는다는 견해도 있기 때문이다.

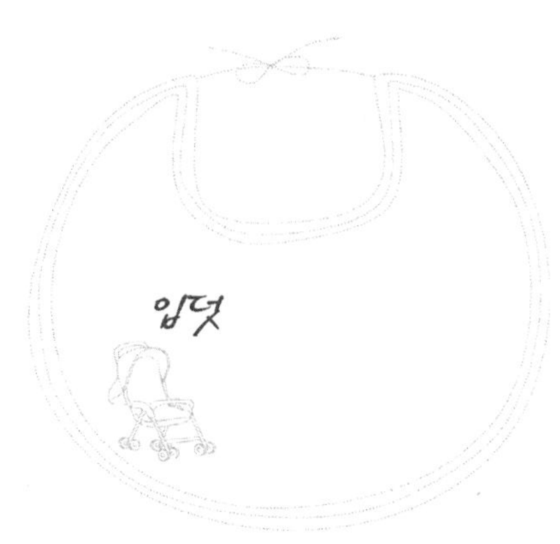

일반적으로 임신 2~3개월에 나타나는 임신증후를 말하나 악조(惡阻)라고 매우 심한 경우도 있다.

의학에서는 육모성 '고나도트로핀'이라는 호르몬에 의한 현상이라 하여 정신·정서불안이나 효소에 의한 것, 태아 노폐물에 의한 것 등으로 설명하는데 생명이 발생했다는 신의 신호이니 이제부터 조심해야 된다는 경고라 하겠다. 먹지 못해 태아를 걱정하는 것은 잘못된 것으로, 태아는 필요로 하는 것을 다 가져가니 자신의 건강에 유의하는 것이 더 중요하다.

임부가 신 것을 찾게 되는 것은 위산이 증식해 식욕이 생기므로 자연 음식을 먹게 되는 것이니 자연의 순리대로 따르면 아무 이상이 없다는 것을 명심하고 입맛을 돋게 하기 위한 방법으로는 약간 자극성이 있는 것, 탄수화물이 많은 미역무침 등을 생각하거나, 일반적으로 임부는 찬 것을 좋아하니 당근, 우유, 겨자채, 야채(샐러드는 기름 뺀 것으로) 혹은 꿀차, 유자차 등으로 입덧을 달래보는 수도 있다.

또 어떤 때는 보통 태아가 필요로 하는 철분 등의 영양소 요구로 해석하기도 한다.

그래서 아래의 몇 가지 방법으로 해결하는데, 정신적·심리적 차원에서는 별로 아기를 갖고 싶지 않은 경우나 중절을 원하면 더 심해지는 경우도 있다고 한다.

그러나 양약의 입덧 약 중 '탈리도마이드'는 팔, 다리 없는 아기를 낳아 물의를 일으킨 일이 있어 조심해야 할 것은 물론이다. 한방에서는 오랫동안 실시해온 처방이 있다고 하며(직접 진맥하여 만든), 학문적 발표가 부족하여 아쉽다.

가급적 직결되는 방법을 찾지 말고 간접영향으로 해결의 묘책을 구하는 것이 이상적인 줄 안다.

운동방법

1. 낮잠을 규칙적으로 잔다.

2. 샤워를 자주 한다.

3. 누워서 양 발바닥을 붙이고 구부렸다 폈다 한다.

4. 양 손바닥을 맞붙여 위로 올렸다 내렸다 하는 운동을 한다.

5. 엎드려 손바닥을 방바닥에 대고 몇 분간 긴다(무릎은 대지 말고).

음식방법

1. 크래커, 사탕, 초콜릿 등 마른 음식을 먹는다.

2. 멸치나 뱅어포 등 간이 있고, 칼슘이 많은 것을 먹으면 좋다.

3. 저녁 준비 때도 간단한 간식으로 공복을 채우는 것이 좋다.

체질적 특성, 성격, 식성의 차이를 고려하여 자신에게 맞는 것을 고르도록 한다.

　　임신은 기쁨이요, 생명의 소식이다. 감사하는 마음, 외경의 마음을 가짐으로써 되도록 편안한 마음, 자랑스럽고 상쾌한 마음으로 열 달을 보낼 생각을 하자.

　　예견되지 않은 임신이나 직장의 문제로 고민하는 경우가 있다면 빨리 해결방안을 구하고, 주위의 협력을 구해야지 그렇지 못하면 고생스러울 수도 있다.

　　그래서 옛날 궁중에선 임신이 확인되면 즉시 별궁에 기거하게 하고 주위의 잡음에 영향을 받지 않도록 했지만 현대 사회에서, 더욱이 직장생활까지 해야 할 입장이라면 출산휴가보다 중요한 것은 임신휴가이다.

　　마음을 가라앉히고 편한 마음을 먹으며 나쁜 것을 보거나 느끼지 않으려는 자세가 곧 입덧을 이기는 마음의 자세라 할 수 있다.

아내의 어려움을 나누려는지 요즘엔 남편도 입덧을 한다는 연구결과가 나와 관심을 끌고 있다. 하기야 사랑하는 아내가 자기들의 분신 때문에 고생하는 것을 혼자만 고생하라고 내팽개쳐 버릴 수는 없는 모양이어서 같이 어려움을 겪다 보니 피곤함이 오고, 집중이 잘 안 되고, 이름 모를 복통이나 구토 등을 하는 것을 보면 남편도 입덧하는 것이라 여겨진다.

아내가 임신 중이거나 출산이 가까운 25~30세의 남편들을 대상으로 조사해보니 90%가 넘는 남편들이 특별한 이유 없이 신체나 정서적 변화가 나타나며, 특히 출산을 앞두고는 거의 100%가 변화를 경험했다는 것이다.

이것을 세분하면 피곤감이 86%이고, 집중 곤란 45%, 속 쓰림, 복통 40%, 신경 예민 38%, 요통 37% 등의 순으로 나타나고, 대부분은 몇 가지 증상이 겹치는 것으로 밝혀졌다.

그 외에도 어떤 음식을 먹고 싶었느냐 하는 질문에서는 무엇이든 먹고 싶었다가 31%로 1/3이나 되고, 괜히 화를 내고 싶었다가 23%, 구토 같은 증세를 일으키기도 했다가 12% 정도 나오고, 근육 및 하지의 경련증세가 일어났다가 16%나 됐다니 참으로 남녀평등사회의 고통 나눠 갖기를 보여준 연구결과였다.

이런 것들은 임부가 경험하는 증세가 아닌가?

그래서 그 진행상황을 추적해보니 변화의 정도가 매우 심각할 정도로 나타났다. 과연 이럴 수도 있나 하는 의구심과 더불어 이것이 변해가는 세태에 대한 적응력인가 하는 생각도 들게 된다.

연구를 맡았던 사람의 말로는 이런 현상의 원인을 구체적으로 밝혀내지는 못했지만 아버지가 된다는 입장에서 장차 역할에 대한 부담감, 의무감 등이 작용했을지도 모르며, 부인과 신생아에게 발생할지도 모를 정신적·신체적 문제점에 대한 두려움 등이 심리적으로 작용해 간접적인 형태로 나타난 현상이 아닌가 하는 결론을 얻게 되었다는 것이다.

이것을 남편의 입덧으로 보아야 하는지는 차츰 더 연구가 있어야 되겠지만 시대에 맞는 좋은 연구 테마를 가지고 연구한 것에 찬사를 보내며, 부부가 같이 보면 좋을 것 같아 옮긴다.

소홀할 수 없는 기형아 문제

임부가 임신 중 풍진에 감염되면 풍진 바이러스가 태반을 통해 태아에게 전달되어 선천성 기형을 유발할 가능성이 높다고 의학계에서 지적하고 있다.

그래서 결혼 전후를 통하여 검사를 하고 체크하도록 권하고 있지만 면역이 안 된 여성이 임신 후에 감염되는 경우가 있어 여기에 다시 알린다.

풍진 그 자체는 감기처럼 가벼운 전염병이며 얼굴에 붉은 점이 솟아나는 정도이지만, 임신 3개월 이내에 임부가 감염되면 거의 50~80%가 태아에게 선천성 심장질환이나 폐렴, 간염 혹은 저체중, 백내장, 녹내장 아니면 귀머거리 등의 장애를 나타내는 무서운 병으로 임신중절의 대상이 된다.

임신 적령기의 여성 중 80%는 이미 풍진을 앓고 면역항체가 생겼다고 추측이 되지만, 그 외 20~30%에 해당하는 여성으로 특히 풍진 예방접종이 시작되기 전에 태어난 현재 12세 이상의 여성은 건강한 아기를 낳기 위해 지금이라도 예방주사를 맞아 두는 것이 좋다.

그간의 조사에 의하면 정박아 중 제일 큰 비중을 차지하는 몽고증후의 신생아는 35세 이후의 임산부에게서 출산될 가능성이 35세 이하의 임산부에게서보다 3배가량이 높았다 한다.

그러므로 35세 임산부 중 전에 기형아를 출산한 경험이 있거나 직계가족 중에서 유전질환이 있다고 생각될 때는 임신 14~16주 사이에 양수검사를 받아 몽고증후 전달이 태아에게서 발견되었는지를 확인한 후, 유산의 여부를 결정짓는 것이 기형의 예방책이라 할 수 있다.

그 외에도 우리나라 산모의 10% 정도가 요즘 유행하는 성병 '클라미디아'에 감염된 것으로 알려져 있는데, 이 균이 모체를 통해 태아에게 전달되면 태아의 35%는 결막염, 20%는 폐렴이 된다.

그러므로 이것이 의심되는 임부는 임신 이전에 이미 검사를 받았어야 마땅하지만, 그렇지 못했다면 이제라도 곧 병원을 찾아 검사를 받고 이상이 있을 때는 치료를 받아야 한다.

이 밖에도 간염, 파상풍, 디프테리아 등 여러 가지가 있으나 백신 등이 널리 개발되어 있으니 걱정할 일은 아니지만 그렇다고 소홀해서도 안 된다. 만약 의심이 나면 병원에 한번 가보는 것이 좋을 것이다.

비(非)A, 비(非)B 간염 바이러스

우리나라에서 일반적으로 알려진 간염은 B형이다.

그러나 간염에는 A형, B형, D형 그리고 요새 새로운 발견된 비(非)A, 비(非)B형의 5종류가 있다.

이 중 A형, B형, D형은 이미 백신이 개발되었으나 비A 비B는 처음이다.

물론 이 중에서 가장 무서운 것은 B형으로 한국인의 10%가 보균자이며, 이것이 10세 이하의 어린이에 감염되면 40~50세 때 만성간염, 간경변, 간암으로 발전할 가능성이 높다.

그런데 비A·비B형 간염은 우리나라 간염 보균자의 35%를 차지하나 백신이 없는 상태여서 두렵다. 여기서 전달경로를 알아두면 예방에 도움이 될 것이다.

1. 주로 수혈을 통해 감염되면 잠복기 5~10일을 거쳐 발병하며, 50% 이상이 만성간염으로 발견하여 후에 간경변, 간암을 유발하기도 한다.

2. 증세는 A형과 비슷하나 급성으로 발전하기도 한다. 1~3주 만에 회복은 되나 음식물을 통해서도 전달된다.
3. 혈액응고제를 사용하는 환자들이 많이 걸린다는데 이것도 50%는 만성이 될 수 있다.

수혈 후에 전염되는 확률은 16% 정도라는 통계가 있고, 현재는 전혀 대비책이 없으니 미리 조심하는 것이 최선이다. 예방은 다음과 같이 상식적인 것만 잘 지키면 된다.
1. 외출했다 돌아오면 손 씻기
2. 음식물은 끓여먹기
3. 양치질하기
4. 술잔 돌리지 않기
5. 주사기, 침, 면도날은 1회용을 사용하기 등

현재 일본이나 우리나라도 예방백신 개발이 활기를 띠고 있지만 아직은 없는 상태이니 주의하는 일밖엔 다른 방법이 없다.
특히 임신부에게는 각별한 주의를 요한다. 남편에게도 알려 같이 노력해야 할 것이다.
간염은 앞의 감염 경로 말고도 술의 과음, 각종 약물의 남용, 몸에 좋다는 음식의 무분별한 섭취에서 오는 수도 있으니 식생활에 보다 주의가 필요하다.

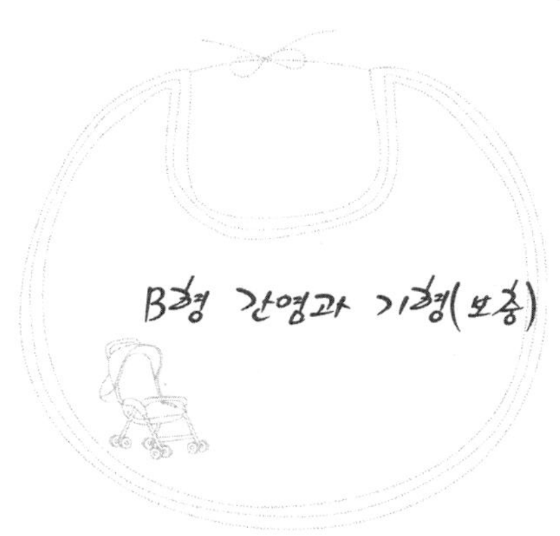

　임신 중 B형 간염에 감염되면 태아의 성비가 변화하고 자연유산, 사산, 자궁 내 사망, 선천성 기형 등의 발생빈도가 높아진다는 성 콜로반 병원의 조사결과가 있었다.

　4년여 동안 이 병원에서 실시한 산모와 신생아에 대한 조사에서, 초임의 경우 간염 바이러스 보균 산모 420명 중 남아 대 여아의 비율이 132대 100으로 나타났고, 1만 3,000명 중 몇 명인지는 수치가 나오지 않았지만 B형 바이러스로 사산, 자궁 내 사망, 기형 등에 영향을 준 것으로 나타났다.

　감염이 됐으나 정상으로 분만한 경우는 7.1%에 불과했고, 사산은 16.7%였으며, 자궁 내 사망은 9.7%였다. 또 선천성 기형 출산은 8.3%, 자연유산은 9.1%였다 한다.

　전문가들은 B형 간염 바이러스가 30대에 많이 발생하는 것으로 임신·출산, 특히 혼기의 여성은 조심할 것을 당부했다.

임부의 음주, 흡연이 조산아와 기형아를 낳을 위험이 있다는 것은 널리 알려져 있다. 그러나 궁금해하는 분을 위하여 그 실례를 소개한다.

지난해 충주에서 분만된 2.1kg짜리 신생아가 서울의 모 대학 병원으로 이송돼 왔다.

이 아기는 체중미달에 머리와 턱 그리고 혀가 아주 작고 성대가 거의 없어 울지를 못했다. 우유를 주었으나 빨지도 못하고 심장기형인지 경련까지 일으켰다. 선천성 기형에다 알코올 증후군의 미숙아였다.

산모의 신변을 알아보니 이 여인은 맥줏집을 경영하느라 임신된 줄도 모르고 초기에 매일 맥주를 몇 병씩 마셨다고 한다.

그러나 임신이 확인되면서부터(4~7개월까지)는 술을 끊었다. 임신 말기가 되어 '태아는 이미 형성됐겠지' 하며 다시 마시기 시작했다.

이렇게 해서 분만을 했는데 낳고 보니 미숙아였다.

젖도 먹지 못해 식도에 튜브를 넣어 억지로 우유를 먹이는 등 병원에서 온갖 방법을 다 써서 겨우 생명을 보전하여 한 달 후 퇴원을 했다.

그 후 소식을 들으니 해가 바뀌고 돌이 지나도록 잘 기어 다니지도 못하는 발육부진 때문에 어머니는 맥줏집도 그만두었다고 한다. '도둑맞고 사립문 닫는 격'이 아닌가 한다.

알코올 성분은 태반을 통해 태아의 세포성장에 영향을 주어 세포를 감소시킴으로써 기형아의 원인이 된다고 한다.

술을 안 마시는 임부에 비해 이런 가능성이 8배나 되며, 조산아를 분만할 확률도 3배라 하니 유의할 일이다.

또 뇌기능 장애의 위험도 적지 않아 평생 손가락질 받는 엄마로 살 것인가 하는 것도 그냥 지나칠 일이 아니다.

우리 사회에 '배냇병신'이란 말이 있는데 그것은 그 아기가 잘못해서 그리 된 것이 아니라 엄마의 소행이 잘못되어 그리 된 것을 그 아기에게 붙인 이름이니 평생의 한이 될 것을 지금이라도 알아서 잘하자는 것이다.

　요새는 여성 흡연자가 상당히 많다. 하기야 옛날엔 '심심초'라 하기도 했으며, '한 많은 사람들의 벗'이 될 수도 있었다.

　그러나 임신하여 새 생명을 잉태한 임부에게 흡연만은 새로 태어날 아기를 위해 그만둘 것을 경고한다. 요새는 우리나라도 금연운동이 여기저기서 일어나고 있어 그나마 다행이다.

　작년의 조사에 의하면 한국여성의 흡연 연구는 20.7%이고 이것은 전해에 비해 7.5%가 늘어난 상태여서 놀라지 않을 수 없다. 남자는 오히려 3.9%가 줄어든 현상인 데 비하면 크게 염려된다.

　지난해 모 대학병원 분만실에는 2.3kg의 저체중아가 있었다.

　산모가 임신 중에도 계속 흡연을 했다는 말을 했다. 그렇다면 이 아기는 배 안에서 엄마가 피운 담배로 니코틴과 일산화탄소의 탁한 공기를 마시며 진화(進化)를 억제당했다고 할 수 있다. 일반인도 담배 연기가 해롭다고 하는데 막 형성되어 가는 태아를 이렇게 했으니 안타깝기 그지없다.

니코틴은 조산의 확률이 높고 저체중은 물론 폐가 잘 자라지 못하여 사망률도 높다. 설혹 태어난다 해도 기형으로 자랄 것이며 이런 아기를 키우는 엄마는 엄청난 고통을 감내해야만 한다.

어느 때는 숨을 가쁘게 쉬다가 숨이 막히는 현상을 일으키기도 하는데 이렇게 되면 온 집안이 난리다. 아빠, 할머니 할 것 없이 아기에게 달라붙어 숨을 돌이키느라 법석을 떨게 된다.

그러니 꼭 피우지 않으면 안 될 특수한 경우가 있더라도 분만 후로 미루는 지혜는 자신을 위해서나 태어날 아기를 위해 철저히 지켜야 할 현대적 금기다.

태어나서는 조금 잘못이 있어도 곧 치료될 수 있다. 그러나 태내의 아기는 선천성 기형이 되면 나중에는 감당하기 어려운 불행이 닥치게 된다.

임신 초기 태아의 유전결함 체크
- 융모막 채취법

기형아가 생기는 원인

1. 염색체 이상이나 유전자의 변이

2. 변이 유전자와 환경요인의 복합작용

3. 산모의 질병 감염, 방사능 오염, 약물오용 등

기형아 여부 진단

1. 초음파 – 경미한 기형은 알아낼 수 없다.

2. 양수검사 – 양수 또는 융모막의 일부를 채취, 태아의 유전자를 분석하여 염색체 이상과 유전자 변이에 의한 기형을 판독한다.

3. 융모막 채취 – 염색체 이상은 99.9%까지 확인이 가능하다. 그런데 융모막 채취법은 임신 초기(6~12주)에 유전자 검사를 할 수 있다. 이것은 2~10일이면 검사가 가능하기 때문에 임신 3개월 이내에 유산시킬 수 있다고 하는데 그렇다고 초기에 초음파는 해로우니 피해야 한다.

임신 중기 후 태아의 유전결함 체크
— 태반 생체에 대한 염색체 검사법 —

태아의 유전적 결함을 뒤늦게 의심해서 걱정하는 분이 있다면 이런 분을 위해 '태반 생체검사'에 의한 염색체 검사법이 있다는 것을 일러둔다.

이 검사법은 임신 중기와 말기에 배의 벽을 통해 주사바늘로 채취한 조직을 24~48시간 동안 인큐베이터에서 처리한 후 조직배양 없이 염색체 표본을 작성해서 유전적 결함 여부를 진단해내는 방법이다.

지금까지는 산전 유전 검사로 양수천자 검사법과 융모막 채취 배양검사법이 보편적으로 시행되어 왔으나, 양수천자 검사법은 임신 20주 이상이면 태아가 커져 채취하기 어려운 문제점이 있어 15~20주 사이라는 시한이 있고, 융모막 채취는 임신 중기 이후로 초기에 비해 염색체 검사가 잘 안되거나 거의 안 되는 경향이 있어 임신 9주부터 12주 사이에 해야만 하는 어려움이 있었다.

그러나 태반 생체에 의한 염색체 검사법은 다음의 3가지 경우에 실시가 가능하다.

1. 양수검사를 할 수 없는 임부가 중기 이후에 기형이 발견된 경우
2. 양수검사를 했는데도 염색체가 잘 안 나오는 경우
3. 검사시기를 놓친 임부나 과거에 기형을 낳은 전력이 있는 경우

일반적으로 임신 초기엔 영양배엽세포(Trophoblast)가 활성적인 데 비해 임신 중기·말기엔 영양배엽세포의 세포분열수가 감소하기 때문에 염색체 검사가 잘 안 되거나 불가능해지기도 한다.

이때 태반 생체검사법으로 염색체 검사를 할 수 있다고 하니 걱정되는 분은 검사를 받을 수 있다·

지난해(1989년 8월경) 한국소비자보호원이 전국의 2,000여 가구를 대상으로 상품의 위해실태를 조사한 바에 따르면 상품이 잘못되어 해를 입은 일이 많이 밝혀졌다.

그중에서도 위해가 많은 단일상품으로는 화장품, 우유, 유제품, 가공식품, 의약품 등이 지적되어 옮겨 본다. 자신도 모르는 사이 해를 입히는 상품은 태아에게도 잘못된 영향을 줄 수 있기 때문이다.

위해의 증상은 설사, 구토, 복통 등 식중독 증세가 27.6%나 되어 가장 높았고, 피부장애, 습진, 반점, 탈모현상 등이 25.8%로 나타나 임부가 이런 해를 입는다면 임부 자신의 문제에 국한하지 않게 된다.

소비자들은 위해의 원인을 제품구조 및 제조상의 결함으로 지적했으나, 소비자의 잘못도 있다. 그것은 상품의 표시 내용을 잘 읽지 않았다는 것과 선전에만 의존한 점도 있다는 것이다.

그러나 결과론으로 볼 때 해(害)가 외적인 것이라면 별것 아니지만, 체내의 문제, 즉 내적인 문제로 파급될 때 임부의 경우는 일반적 경우와는 다르다.

그래서 해를 입은 소비자들은 표시 기준과 법적 규제를 강화하고 피해보상 제도를 설치하며 유통단계에서의 감시 활동도 있어야 한다는 주장을 내걸고 관할 관청과 협의를 벌이고 있다. 그러나 그것은 차츰 이루어질 일이고, 임부는 그것을 믿고 기다릴 수는 없다. 지금이 중요하다.

그래서 현대 태교는 이런 문제도 제기하며 주의를 환기시키는 데 서슴지 않는다. 그것은 이런 것이 변화의 물결 속에 도사린 금기사항이기 때문이다.

이런 것을 모르고 임부가 열심히 태교해봤자 절름발이의 행동거지이며, 한번 잘못된 것은 돌이킬 수 없을 만큼 어려운 것이 인간생명이기 때문에 조그만 일이라도 주의할 일이라 느껴 현대의 금기로 첨가한다.

약품의 경우

그간 국내에 시판되는 약품 중 243종이 해가 되는 규제약품인데도 아직 국내에서는 판매되고 있다는 보도가 있다. 그중에서도 설피린 등이 발암과 아기를 기형으로 만들 수 있다는 데 놀라지 않을 수 없다.

1989년 10월 5일 소비자 문제를 조사 연구하는 '시민의 모임'이란 단체에서 1989년 판 유엔 통합자료를 입수하여 미국, 서독, 호주, 멕시코, 싱가포르 등 세계 각국에서 인체에 부작용을 일으켜 생산·판매 금지나 회수하고 있는 약품 274종을 확인한 결과, 국내에서는 아직도 77종이 사용되고 있고 이를 원료로 만들어진 약품이 243종이나 되며, 77종 중에는 '시민의 모임'에서 1988년 유엔자료와 대조해 통보하자 보사부가 그해 7월 20일자로 허가를 제한한 약품도 17종이나 있다 한다.

세계 각국이 생산 금지시킨 이들 약품은 발암성, 기형성, 쇼크 사망 가능성 등 치명적인 부작용이 약효보다 더 강해 이를 계속 사용토록 하는 것은 큰 문제라고 시민의 모임은 경고했다.

이들 약품을 원료로 쓴 우리나라 약품은 어린이용도 적지 않다.

　그중 대표적인 설피린(다이피론 혹은 메타미아)은 호주에서 1965년부터 그리고 노르웨이, 미국, 덴마크, 사우디아라비아 등에서는 어떤 경우에도 사용을 금하고 있으며, 서독에서는 1987년부터 극히 부분적으로만 사용토록 제한되었으며, 무려 세계 24개국 이상에서 금지하고 있는 약품들이다. 그러나 이를 원료로 한 우리나라 진통제, 해열제는 무려 33개 회사에서 41개 제품으로 만들어져 판매되고 있는 실정이니 각별히 유의하자.

대한산부인과학회에서 조사해 밝힌 1989년 자료에 의하면 우리나라의 인공유산은 예상외로 높다는 데 놀란다.

그것은 인구정책에서 유도된 한 자녀 낳기 운동에도 연유하지만, 많은 경우 무절제한 성생활에서 비롯되는 것이다. 그런데 문제는 인공유산을 함으로써 발생되는 패혈증, 골반감염 등과 많은 합병증이 우려되는 것이다.

특히 자궁 외 임신 등을 산모에게 남길 수 있어 건강에 지장 없다고는 할 수 없으나 생명의 경시풍조를 생각하여 볼 때 보다 안전하고 좋은 방법은 옳은 피임법의 보급이라 하겠다.

그러나 한 걸음 나아가 태교의 입장에서는 다음에 있을지도 모를 제2의 생명에 대한 염려이다. 인공유산 때 발생한 병적 저해요인이 완전히 제거되지 않은 상태의 임신은 기형의 원인이 될 수도 있다는 데 놀라움을 금할 수 없고, 그것도 50%는 그렇다 하고 다른 50%는 괜찮다고 하니 지혜롭게 하려면 다음 임신은 한참 뒤, 상처가 완전히

아문 뒤에나 안심할 수 있다고 보아야 할 것이다. 생명은 거짓이나
핑계가 용납되지 않는다. 원인 없이 결과 없다는 것을 예의 주시하며,
임신이 예정되는 부부는 관심을 소홀히 하지 않기를 바란다.

소비자 문제를 연구하는 '시민의 모임'이 IOCU(국제소비자기구)에서 입수한 자료를 통해 발표한 것을 보면, 미국 뉴욕 주 외 몇 개 주에서는 1990년 이후 2년간 방사선 조사식품의 판매·유통 금지를 결정했고, 또 몇 개 주에서도 이런 움직임이 일고 있다고 한다.

뿐만 아니라 1989년 9월 초 아세아태평양소비자회의에 공개된 일본의 방사선 조사식품 연구소의 동물실험 보고서는 방사선을 쬔 감자, 양파를 먹은 쥐들에게서 체중감소와 사망률 증가 그리고 기형 출산 등 이상 현상이 일어나고 있음이 밝혀져 안전성이 문제됐다.

방사선 조사란 농산물의 박테리아와 곤충을 죽이고 숙성을 억제하여 싹이 트는 것을 막아 오래 보존할 수 있도록 하는 방법으로 동위원소인 코발트 60과 세슘 137로부터 방사선(X선, 감마선)을 이용하는 것이다.

그러나 방사선이 어떤 식품에서도 포름알데히드, 과산화수소와 같은 발암물질을 합성하고, 더욱이 성분이 밝혀지지 않은 화학물질을 합성한다는 이유에서 경고의 대상이 되었다.

우리나라에도 1987년부터 감자, 마늘, 양파, 밤, 생버섯, 마른 버섯 등 6종을 그리고 1988년부터 고추, 후추, 생강, 파 등 건조 향신료 6종 합 12종의 농산물에 조사를 허용했으나 허용량은 최저(FDA의 기준치)라 한다.

그러나 국제식량농업기구(FAO), 국제보건기구(WHO), 국제원자력기구(IAEA)와 공동전문위원회(JECFI)에서도 꾸준히 건전성을 연구해오고 있음에도 불구하고 찬반양론이 격렬히 부딪치고 있다는 것이다.

한편, 우리나라 에너지 연구소의 조 박사는 오히려 "다른 식품 보존제의 안전성과 비교해볼 때 오히려 상대적으로 우수하다" 하며 현 시점에서 방사선 조사의 안전성은 영양이나 미생물학적으로 확실히 보장되고 있다고 관련 실험을 통한 의견을 밝히고 있다.

그런데 유럽공동체와 호주, 뉴질랜드에서는 이 방법의 안전성에 강력한 의문을 제기하고 있다.

이런 관점에서 볼 때 나머지 문제는 판단에 맡기는 수밖에 없겠지만 필자는 이제 막 형성되고 있는 제2의 생명에 대해 염려하기 때문에 여러분의 지혜를 의심치 않는다.

태교에서는 덜 익은 과일, 때 아닌 음식, 정갈하지 않은 것, 익지 않은 음식은 가급적 피하는 것이 최선이라 했는데 이런 경우 어느 길을 택해야 할는지…….

과거의 어떤 과학이 병 주고 약 준 일을 생각하여 유의하기 바란다. 그것은 결과적으로 아기가 잘못되는 데의 책임은 어느 누구도 아닌 임부 자신이 져야 할 것이기 때문이다.

시대의 변화로 직업도 다양해졌다.

남녀를 불문하고 직업전선에서 뛰어야 하고, 일단 취업하면 그 직장에서는 열심히 일을 해야 된다. 그런데 그 직장의 여건에 따라 사용하는 약품, 기계 등이 인체에 해를 끼치는 일이 있다.

작게는 악취, 두통, 구토를 일으키게 하기도 하며, 크게는 결혼 후 임신하여 태아에게 기형아의 위험을 주기도 한다. 이것은 간단한 문제가 아니다.

이런 것은 자신의 잘못이 아닌 환경의 영향이다. 그러나 그 책임을 질 사람은 자신뿐이라는 데 문제의 심각성이 있다. 그런 줄 몰랐다는 변명만이 유일한 책임회피가 되겠지만, 누가 뭐래도 그 생명이 살아 있는 한 그 아기는 자기 분신이기 때문에 그렇게 되지 않을 지혜를 미리 갖지 못한 자신을 나무랄 수밖에 없다. 과거의 기형아는 애꾸눈, 언청이, 귀머거리 정도에 그쳤지만 요즘은 뇌가 없거나 비틀거리거나 중요기관의 고장 등으로 더 무섭다.

요즈음 현대태교는 이런 것을 미리 밝히는 데 전력해왔다. 아직도 모르는 예비 어머니들을 위해 그간 밝혀진 것을 직업별로 구분, 열거해보기로 한다.

1. 수은, 납을 취급하는 공장 근로자

2. 전지 제조 공장 근로자

3. 컴퓨터 단말기 취급자

4. 골프장 캐디

5. 원자력 발전소의 폐기물 취급자

6. 카드뮴(중금속) 취급자

7. 경성세제, 표백제 생산 근로자

8. 식품공장, 사진 인쇄소의 약품과 폐수 취급자

이런 분들은 임신 전후를 통하여 출산 때까지만이라도 각별히 주의를 해야 할 것으로 본다.

골프장에 살포된 농약과 기형아

골프장의 캐디 출신 여성들의 잇단 기형아 출산이 사회에 물의를 빚고 있다.

이들은 대부분 골프장 근무 경력 5년 이상의 여성들로서 경기도 고양시 모 클럽에 근무하다 결혼한 한 여성은 임신 8개월 만에 조산을 했는데, 콩팥이 불완전하고 발가락과 귀 그리고 턱이 기형인 아기를 낳아 29일 만에 숨졌는가 하면, 또 한 여성은 항문이 없고 심장이 불완전한 아기를 출산한 경험이 있다고 밝혔다.

이들의 시댁이나 친가 쪽에 유전적 요인을 찾아보았지만 전혀 그럴 만한 원인이 발견되지 않았다.

이들은 모두 캐디로 근무한 지 5년 이상의 여성들이라는 공통점을 갖고 있다. 또 동료들의 경우 자연 분만율이 다른 직종의 여성들보다 훨씬 낮으며 기형아를 출산해도 대부분 그 사실을 숨기기 때문에 실제의 기형아 출산자는 훨씬 많을 것이라 하니 섬뜩한 일이 아닐 수 없다.

　근무자들의 말에 의하면 농약을 한 번 뿌리면 일주일 이상 독한 냄새가 코를 찌르며 장갑 낀 손으로 눈을 비비다가 안질이 생겨 병원치료를 받기도 했으며, 일부는 피부병 등으로 고생하는 사람도 많다는 것이다.

　현재 골프장에 살포되고 있는 농약은 잔디 보호를 위해 뿌려지고 있으나, 실제로 탄저병 약인 '다코닐', '캡타플' 등과 깍지벌레 약으로 '수프라사이드', 제초제로 '데브리놀', 진딧물용으로 '메타유제', 잎말이나방 약으로는 '디프스화제', 또 살균제로는 '티오파네트메틸', 살충제는 '다이아지논' 등으로 유해성이 강해 농가에서도 사용을 기피하고 있는 것들이라고 한다.

　특히 유기화학 살균제인 '캡틴'은 발암성까지 지녀 지난 1972년부터 일부 국가에서는 생산이 금지되었는데도 일부 골프장에서는 사용하고 있는 실정이며, '티오파네트메틸', '다이아지논', '캡틴' 등은 돌연변이를 일으킬 수 있는 변이원성 기형유발의 초기 형성을 갖고 있는 위험한 농약들로 알려져 있다.

　최근 경기도 일원의 각 골프장은 연간 1ha당 평균 47kg의 각종 농약을 살포하고 있으며, 1개 골프장의 농약 사용량이 4.7t으로 일본보다 34%가 더 많다는 발표가 된 바도 있다.

　한편 항문 없는 아기의 경우는 농약에 의한 환경적 요인일 가능성을 배제할 수 없으나, 정확한 조사를 거쳐야 할 것이라고 병원 측에서는 말하고 있다지만 태교에서는 깊이 새겨볼 이야기다.

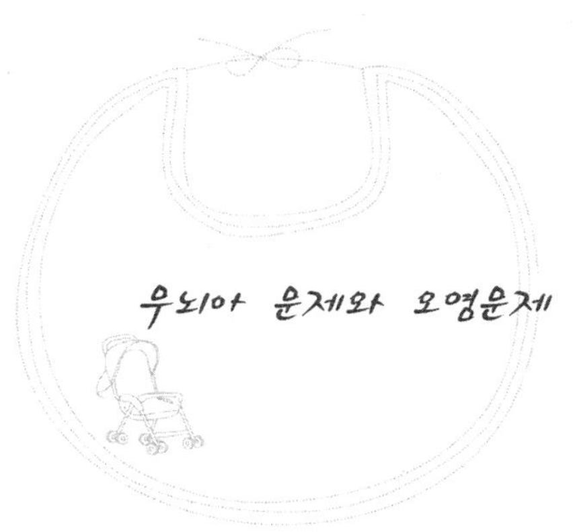

원자력 발전소에 근무하는 사람의 부인이 두 차례나 무뇌아를 임신한 사실이 알려져 한때 방사능 영향이 아니냐는 물의를 빚었었다.

뇌 단층촬영 결과 뇌는 유리처럼 비쳤고 윗부분은 새까맣게 변색되어 있었다. 그래서 남편 김 씨의 증세를 물었더니 일하던 중 심한 두통과 현기증이 있었고, 코피가 자주 나면서 식욕부진의 증세가 있었다고 말했다. 그러나 기형아는 혈청과 관계가 있다며, 현재 염색체 검사를 실시 중인 것으로 보도되었다.

이 기회를 이용해 첨가하는 것은 약물 오염은 광범위하고 손쉽게 접하는 일이기에 적은 분량이라도 태아에겐 무서운 결과를 초래하게 된다. 이에 따른 금기 약을 열거해보겠다.

1. 보나민, 크로루 프로마진(입덧, 구토제) - 기형 요인

2. 발비투레이트(수면, 진정제) - 뇌세포의 독, 산소결핍으로 기형 요인

3. 호르몬 스테로이드

① 부신피질 호르몬(콜리손, 프래드니소론) - 무뇌아, 사산, 언청이,

척수파열 등

② 먹는 피임약(혼합제)-소두증, 무뇌증, 뇌수종, 언청이, 척수파열 등

③ 스틸배스트롤(임신 초기)-선중 선암의 원인

4. 항생제

① 테트라 사이클린-사지가 짧고 치아에 착색(임신부에게도 나쁘다)

② 스트랩토 마이신-난청, 신장부전(임신부에게도 나쁘다)

③ 결핵약(아니소 나이아지드) 리팜피신-무뇌아 형성 요인

④ 겐타마이신, 가나마이신-난청, 신장부전

⑤ 크로람 페니콜(회색증후군)-태아의 심장허탈 초래

5. 메트로니다졸, 디란틴, 디아제팜, 벤닥틴 등 태아에게 나쁜 영향
   을 주는 약품

6. 정체불명의 수입약품 중 아들 낳는 약 '아이칼' 등이 있다.

7. 또 한편에서는 항 경련제, 아스피린, 마약, 당뇨 치료제인 '홀부
   라 마이드' 인슐린 등도 문제가 되고 있다.

오염에 관한 것으로는 다음과 같다.

1. 벤즈파이랜, 매트로파이랜-대기 중 분유 분진에 포함

2. 트리하르메틴-수돗물에 포함

3. 유기 염소계 농약(스미치온 등)-곡물에 잔유

4. 수은(신경장애)-해산물에 흡수

5. 중금속(뇌성마비, 신경발달 저해)-모체에 축적됨

6. P.C.B로 오염된 식용유-사산, 조산, 신생아 피부 이상

7. 대기 중 아황산가스-태아 사망 요인, 중추신경계 이상
   대기 중 일산화탄소-기형 요인, 사망 요인

8. 기타－납, 비소 중금속의 체내 축적은 모든 질병의 원인이며 면역성 감소가 된다.

또 농산물의 재배과정, 식품의 가공과정에서 생기는 화공약품과 첨가물(조미료, 착색제, 접착제, 산화방지제, 방부제) 등은 급만성 질환, 발암성, 불임성, 정신불안, 알레르기 반응 등 여러 가지 기형의 원인이 된다고 한다.

1. 과수원의 살충제(마진포스메틸)－기형유발 물질. 흰쥐실험에서 뼈, 장기, 뇌 이상이 나타남
2. 수입 자몽(알라 검출)－암의 원인
3. 미국농산물 옥수수(아풀라톡신)－기형 발암의 원인

우리나라 농산물도 공장폐수 오염으로 벼가 쭉정이로 되고, 상한 쌀이 나오고, 과수원에 가서 아이들이 맘 놓고 과일을 따 먹을 수 없을 정도가 되었다.

이것은 많은 농약, 살충제 살포의 결과로 임부에게는 기형 유발의 원인이 된다.

그 외에 인체에 해가 되는 것으로는 마이크로파 X선 촬영이 있으며, 초음파 진단도 임신 초기에는 문제의 대상이 되고 있다.

따라서 임부는 각별히 유의하여 대처해야 한다.

덧붙일 것은 필요한 것과 급하지 않은 것을 구별하는 지혜이다. 또 모르는 것은 책에서 얻거나 의사와 상의하는 것도 좋은 방법이 될 것이다.

삼천리 금수강산, 사계절이 뚜렷하고 풍부한 수자원과 맑은 물을 선물 받은 민족이라는 것이 우리의 자랑이었다.

사우디아라비아나 북부아프리카, 중미 쪽엔 석유가, 우리에겐 물이 있다고까지 자랑하던 우리나라가 무계획의 공업화 과정에서 우리를 위험의 도가니로 몰고 있다.

수돗물에서 발암물질이 검출됐는데 WHO의 허용 기준치를 훨씬 넘어섰다고 하여 야단이다.

그래서 일찍부터 미네랄워터, 퓨어 워터가 판매되고 산수, 생수를 끌어다 마시는 등 맑은 물 마시기에 온갖 노력을 기울이고 있다. 그러나 그렇다고 문제가 해결되는 것이 아니다. 문제의 일단을 파헤쳐 보기로 한다.

1987년 7월과 11월에 각 수원지의 시료와 가정용 수돗물을 채취·분석한 결과 발암물질의 평균농도는 다음과 같다.

- 클로로포름 — 4.14ppb

- 다이클로로 브로모메탄−3.29ppb
- 다이브로모 클로로메탄−0.6ppb
- 벤조피렌−1ℓ당 최고 27.62ng[1ng(나노그람)은 10억분의 1, WHO
  의 기준치는 10ng/ℓ]

암은 복합요인이어서 직접은 아니지만 간접영향은 될 수 있다는 것이며, 또한 발암물질인 염소는 정수장에서 생긴다. 현재 가정용수의 경우 잔류 염소량을 0.2~0.5ppm으로 규정하고 있으나 연세대학교 환경공해 연구소 팀이 조사한 바로는 6개소의 평균 염소이온농도는 최고 10.26ppm이나 되고 있어 문제로 제기되는데 그 이유는 오염이 심할수록 소독제를 더 많이 쓰기 때문인 것이라 한다. 때문에 우리는 수돗물에 각별히 주의를 해야 하지만 그것은 정부가 해야 할 일이고, 그렇다고 임부 자신들이 성분도 모르는 생수나 사수(죽은 물)만을 마실 수는 없고 지혜를 발휘하여 자연 무기물이 함유된 물을 마셔야 한다니 어려운 일이다. 그러나 이것은 지켜야 할 일이니까 어떻게 잘 걸러서 마시는가에 대하여는 노력이 있어야 할 것으로 본다.

또한 이것을 전국적으로 보면 하천에 유입되고 있는 생활하수는 1천 600만여t의 26%에 불과하며, 각 계열별로는 부산의 경우 1일 하수 발생량 90만여t의 25%인 23만t을 처리하며, 대구·대전의 경우도 하수처리 능력이 겨우 30% 정도이고, 인천·광주(전남)는 처리시설이 전무하다 한다.

또한 낙동강, 금강, 영산강도 문제이다. 낙동강의 고령 구간은 1987년 B.O.D(생물·화학적 실요구량) 측정이 21.1ppm으로 3급 공업용수에도 못 미쳤다(5급 환경 기준치는 10ppm 이하).

　서울은 중랑하수처리장의 경우, 시설용량은 하루 106만t인데 생활 하수는 155만t으로 30%를 초과하며 무리한 처리로 정화 효과가 크게 떨어지고 있으며, 안양 난지 하수처리장의 경우, B.O.D 측정치가 140~220ppm인 것을 1차로 150ppm 이하로 하는 것뿐으로 하수방류 허용치 30ppm의 4.5배가 되는 더러운 물이다.

　이 때문에 심한 악취와 물고기의 떼죽음, 곤충이 자취를 감추는 생태계의 파괴현상이 두드러지게 나타나고 있다. 개포, 가락, 고덕 지구의 분류식 하수관 1,800개소의 60%가 그대로 한강으로 유입되고 있으며, 한강은 오수정화 과정을 단순히 침전 및 여과에 따른 B.O.D 감소나 부유물질(SS)만을 제거하고 있어 합성세제, 중금속 농약성분의 잔유물질에는 속수무책이다. 이 때문에 해로운 인산염과 음이온 계면 활성제(합성세제의 원료)를 비롯하여, 발암물질이 수돗물에서 검출되었다.

　노량진, 선유도 등 한강 하류에서 상수원을 공급받는 26만t은 팔당 물과 3:1로 섞어도 오염이 심해 약품정수를 해도 냄새가 나고, 색이 뿌옇게 되는 등 식수로서 심각한 문제를 드러내고 있다.

　환경에서 오염된 수돗물은 생활 오수 74%를 정화하지 않고 방류하는 데서 기인하며, 이것을 식수로 했을 때 태아에 미치는 영향은 무섭다고 할 수 있다.

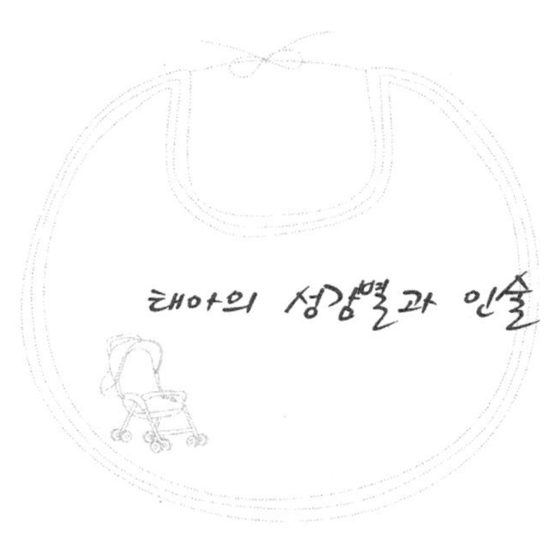

의술의 악용사례 가운데 가장 악랄하고 반윤리적인 것이 '태아 성감별'이라고 혹자는 말한다.

원래 자연적 남녀의 성 비율은 어느 집단에서나 수태 시에 107:108, 출생 시에 103:104였다가 결혼 적령기에는 같은 100으로 수렴되는 것이 보통이다.

그러나 우리나라는 1985년 후 남아가 증가하는 추세에 있다. 이것은 의술에 의해 조작되어 온 끔찍한 일로 생명경시의 문제, 성비의 자연법칙을 파괴하는 등 인륜도덕과 사회문제를 야기시킬 수가 있다고 하여 물의를 일으켰다.

그러나 앞으로 20년 후면 아마 처녀는 희귀동물이 될 것이다. 옛날 중국 여성들의 전족이 생각나지 않을 수가 없다. 한동안 우리도 남아선호사상이 뿌리 깊이 박혀 대를 잇는다는 의미가 있었으나 요즘은 남녀평등으로까지 가고 있고, 더욱이 여권이 급속도로 신장하는 시대여서 그런지 앞으로는 딸 낳는 사람이 대우받게 될 것을 예견해본다.

그래서 여기에는 아들 낳는 법, 딸 낳는 법을 뒤에 같이 엮었다. 20년 앞을 내다보는 지혜를 갖자.

제7장

불임부부를 위하여

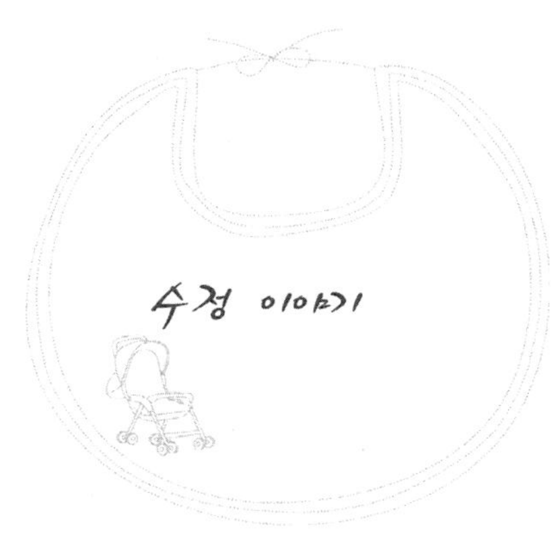

임신이란 수정란이 자궁벽에 착상하여 세포분열을 하면서 생명으로 성장·발육하는 것을 말한다.

그런데 정자와 난자는 어떻게 결합되기도 하고 반대로 안 되기도 하는 걸까?

정자와 난자의 만남은 사정된 1~5억 개의 정자 중에서 수만 마리가 자궁 위의 나팔관을 향해 경주를 시작하면서부터 시작된다.

처음의 장애물은 질 내의 체액이다. 이것은 산성이어서 대부분의 정자는 이 산에 의해 죽게 된다.

두 번째로 자궁의 분비물은 알칼리성이므로 정자가 살기에 적합한 환경이어서 정자는 난자를 찾아 돌진한다.

세 번째, 자궁 입구는 융모로 이루어진 터널이다(길이 2.5cm). 이때도 수많은 정자 가운데 걸려서 주춤하는 놈, 되돌아 나오는 놈, 지쳐서 쓰러지는 놈이 있게 된다.

네 번째, 자궁 질에 도달하려는 용감한 정자 몇 천이 골인을 위해

질주하게 된다(우성과 열성이 같이 어울려서).

다섯 번째, 자궁 위 양쪽에 뿔같이 생긴 통로 난관까지는 5cm의 보물찾기 장애물 경기가 있는데, 난관 입구에 나 있는 두 개의 작은 구멍 때문이다.

여섯 번째, 난자는 한쪽 구멍 안의 난관에 있다. 그래서 난관에 도달할 때면 정자는 2,000개 정도로 줄어든다.

일곱 번째, 소식을 들은 난자는 천천히 마중을 나온다. 2,000개의 정자는 난자를 둘러싸고 돌입의 각축전을 벌이기 시작한다.

여덟 번째, 그러나 제일 먼저 난자에 접촉하는 놈은 소모품이 된다. 이는 아직 세포물질이 엉겨 붙어 갑옷처럼 난자를 둘러싸고 있기 때문이다.

아홉 번째, 이때 정자는 머리에서 나오는 화학물질을 사용하여 난자의 갑옷을 녹여 벗겨낸다.

열 번째, 갑옷을 벗은 난자는 이제 한 꺼풀의 막만을 지니게 되며, 이를 뚫고 들어가는 정자가 행운을 얻게 되는 것이다. 이때 난자는 길을 잘 찾아들어 온 정자를 품안으로 포근히 감싼다.

이렇게 볼 때 이 현상은, 하나의 밀알이 떨어져 새싹을 틔우는 번식의 순리와는 다르지만, 민주주의를 꽃피우기 위해 많은 희생이 요구되듯 많은 동료 정자의 희생을 대가로 얻어지는 기쁨이라 할 수 있다.

그 후 정자와 난자 속의 각각 다른 유전적 소질을 가진 두 염색체가 합해져 수정란이 되고, 일주일간의 밀월여행을 나팔관으로 떠나는데 7～9일간의 여행이 끝나면 자궁으로 내려와 벽에 뿌리를 내리고 세포분열을 하기 시작한다.

이것이 바로 신비한 생명의 현상으로, 이른바 착상의 시기인 것이다.

처음의 수정란은 0.14mm의 작은 점 정도의 크기지만, 한 생명체의 모든 것이 들어 있는 세포핵이 저장되어 있다.

한편 난자 속에는 버터와 같은 극소량의 지방성 물질과 생명을 만드는 몇 가지 영양소가 저장되어 있다. 이것은 일정 기간까지 생존을 위한 자급자족의 방편이다.

예비 엄마와 아빠에게 합쳐진 46개의 염색체는 단세포가 되어 중요한 생명의 핵을 이루며 서서히 분열을 시작한다.

자궁벽에 착상하여 하나가 둘로, 둘은 다시 넷으로……. 이러한 과정을 거치며, 외부, 내부, 중간층의 3층으로 분화를 하며 척추, 심장, 감각기관 등이 융기하기 시작한다.

그런데 이러한 세포분열을 통해 눈, 코, 입, 귀, 뇌, 오장육부 등의 모든 인체 기관이 하나도 빠짐없이 만들어지게 된다. 33억 개의 유전인자와 160~200억의 뇌세포가 형성되며, 종국에 가서는 50~100조의 세포로 된 인체가 된다.

　다시 말하면, 세포분열은 다시 세포군 분열로까지 확산되기 때문에 인체의 각 부분, 기관 등이 만들어지는 것이고, 이때 임신 태교의 의미는 매우 중요한 비중을 갖게 된다.

　또 인간은 남녀 각각 23개의 염색체를 갖고 있다. 그것은 두 가지가 다 비슷한 크기와 모습이어서 여성 핵이나 남성 핵이 휴식 상태에 있을 때는 구별하기가 어렵다. 하지만 두 핵의 염색체를 확대해보면 차이가 나는 하나가 분명히 나온다. 그 하나가 남성, 여성의 성을 결정하는 염색체다.

　성염색체로는 X염색체와 Y염색체가 있다.

　원래 남성의 세포는 X-Y염색체 한 쌍을 지니고 있으나 정자세포가 분열되면서 두 개로 나뉠 때 하나는 X염색체의 정자세포로, 다른 하나는 Y염색체로 된다. 그 후 여성의 X와 어떻게 맺어지느냐에 따라 XX나 XY로 결정된다.

불임 때문에 고민하는 분을 위하여 현대 의학이 밝혀낸 원인들을 살펴보면 다음과 같다.

1. 난관 이상

주로 유착, 자궁내막염증 혹은 수술 시의 손상 등으로 난관에 이상이 생기게 되는데 불임증의 30% 정도가 이 요인으로 야기된다. 그중에서도 임신중절 시의 합병증이 큰 요인이다. 난관에서 생겨나는 이상의 반 정도가 난관폐쇄와 염증이며, 결핵성 골반염도 꽤 있다.

2. 자궁 이상

자궁내막의 이상으로 불임이 되는 경우는 소파 수술 후 일어난 골반 내 유착과 자궁내막 유착, 폴립, 자궁내막염, 선천성 자궁기형, 자궁 후굴, 자궁발육부전증, 황체기 결함, 자궁내막결핵, 자궁근종 등이 있다.

3. 자궁경관 이상

자궁경관의 점액은 내경관의 분비세포로서 탄수화물이 풍부하며 당단백 하이드로겔이다. 단백질 분해효소는 점액을 가수분해하여 정충의 이동을 가속화하는데, 정자의 침투성 및 생존에 영향을 미친다. 그래서 정자와 점액은 수정에 중대한 역할을 한다(정자 보호, 영양공급, 여과, 저장 등).

4. 복막 이상

복막인자는 배 속에서 자궁, 난관, 난소, 장 등이 서로 유착되어 일어나는데, 난관의 이상과 같은 병의 원인으로 난관, 난소의 유착 등을 일으킨다. 복강경 조직검사, 골반내시경 등으로 진단할 수 있다.

5. 배란 이상

난소부전이 4~7%, 시상하부(뇌하수체부전)가 3%, 난소증후군이 17%, 뇌하수체 기능 이상이 22~36%, 코므로락틴혈증이 22~27%이며, 나머지 28%는 무월경, 무배란 성 주기다. 정자와 난자의 수명은 한정되어 있고, 수정은 배란 후 수 시간 내에 이루어져야 하므로 성교시간의 적절한 조절도 중요하다.

6. 면역학적 요인

남성의 경우, 정액 내 자가항체의 응집현상으로 정자가 자궁경관을 통과하지 못하는 데는 여러 가지 까닭이 있을 수 있다. 불임기간이 긴 난관 이상의 경우도 있고, 항체의 문제와 적합성 문제도 있다.

그 외에도 남성의 요인으로 정자형성장애 6%, 정자수송로 폐쇄 6%, 정액성분 이상, 부부관계 이상, 정자 성숙 부전 3%, 내분비 기능 이상, 원인 미상 등을 들 수 있다.

원인을 알 수 없었던 불임증으로는 다음과 같은 것이 있다.

1. 자궁내막염증

자궁내막에 위치할 조직들이 그 이외의 조직에 있는 상태이다. 증상은 하복부통, 생리통, 부정자궁출혈, 과도월경, 성교통 및 요통이다.

2. 클라미디아 감염

골반에 염증질환을 일으키는 박테리아성 균주의 작용이다. 자궁경관염, 요도염, 복막염, 자궁내막염 등 비뇨생식기 감염에 많다.

3. 정자 및 난자의 이상

정자와 난자를 채취하여 수정능력을 측정해볼 수 있다. 그러나 난자의 채취과정이 어려운데 기술 도입으로 예전보다 많이 나아졌다.

4. 병적인 배란주기

월경 시작부터 기초체온이 갑자기 떨어지는 배란일까지를 여분기, 배란 이후 다음 월경일까지를 황체기라 한다. 단축여포기 결함, 자연배란 결함, 황체기 결함, 황체화 호르몬작용, 난포증후군 등이 있다.

5. 습관성 유산

자연유산은 자궁의 이상, 내분비계의 불균형, 면역학적 요인, 전염성 질환과 특수한 유전적 요인 등으로 일어난다.

6. 스트레스

정서의 억압은 배란 장애, 난관 경련, 성생활 장애 및 정자형성 장애(남성) 등을 일으킬 수 있다. 스트레스로 인한 불임의 35%는 배란 전 혈중, 유즙 분비, 호르몬치의 상승, 황체기 장애, 양성 되먹이기 장애와 진동성 성선 자극, 분비물 호르몬의 억제를 일으킨다.

이러한 불임증의 원인을 좀 더 자세히 살펴보면 결함이 있는 기초체온으로 다음과 같이 다양한 기초체온을 볼 수 있다.

- 무배란성 기초체온
- 여포기 결함의 기초체온
- 단축 황체기 결함의 기초체온
- 부적절한 황체기 결함의 기초체온
- 주기성 황체화 호르몬 이상의 기초체온
- 비파열성 난포증후군의 기초체온

또 다음과 같이 여러 가지 원인을 들 수 있다.

1. 황체기 결함
2. 시상하부기능 이상의 질환
① 다낭포성 난소질환
② 고유즙 분비 호르몬성 무월경
3. 정신·신경·내분비성 무월경(기능성)
① 만성적 자극으로 생긴 무월경

② 신경성 식욕불량

③ 상상임신

④ 심인성 무월경

4. 뇌하수체 질환

① 뇌하수체 부전

② 뇌하수체 종양

5. 성선계 병변(난소의 이상에 기인된 무월경) 난소부전

① 조기폐경

② 불감성 난소증후군

③ 성선의 선천적 결함

6. 자궁내막 유착증

7. 골반결핵

8. 운동과 생리 이상

그 밖에 부부관계 이상, 내분비기능 이상 등도 있다고 경희대학교 불임교실(클리닉)은 말한다.

현대 의학은 많은 것을 규명하고 치료와 약물투여, 시술에 이르기까지 불임을 해결하는 데 지대한 공헌을 하고 있다. 그러나 아직도 원인 모를 불임으로 고생하는 분이나 월경불순으로 고생하는 분이 있다면 동양 전래의 한의학적 방법(체질적 특성을 고려하여), 약이나 뜸 등으로 해결하는 방법도 있음을 알려둔다.

그것은 환경적 요인이나 마음에서 오는 어떤 작용에 원인이 있을 수도 있다는 것으로 태교를 연구하는 입장에서이기도 하다.

이렇게 태교는 모르는 것을 알게 하고 잘못될 것을 옳은 방향으로

이끄는 방법이라는 데 그 진가가 있다.

몰라서 답답해하고 이 병원 저 병원으로 전전긍긍하거나, 시험관 아기, 대리모 임신 등을 보면 문제의 해결은 원인을 조금이라도 더 아는 데 있으며, 자신의 문제를 남이 해결해주기를 바라는 태도는 생명을 잉태할 사람 또는 임신부로서는 성의가 부족한 것이 아니겠는가 싶다.

가정의학도 알 만큼은 알고 좋고 나쁜 식품도 구별할 줄 아는 데서 출발하는 것이다. 이는 잘못된 판단으로 오류를 범하지 않기 위해 기초지식을 갖자는 의미다. 좀 더 구체적인 것은 전문가에게 맡기더라도 하나하나 분별 있는 판단을 하자는 뜻이다. 치료는 의사와 상의해서 원인부터 파악하는 것이 원칙이겠으나 형편상 그렇지 못한 분을 위해 우리나라 전래의 민간요법을 몇 가지 소개함으로써 도움이 되고자 한다.

이런 민간요법은 과학적 근거에 의한 것은 아니지만 예방적 차원이나 아무리 해보아도 치료가 안 되는 분들이 어떤 연유로 우연히 혹은 요행히 발견한 요법으로 치료해본 경험이 전해져 온 것이기 때문이다. 맞는 분에게는 신약과도 같은 효험이 있었다는 것으로 알고, 또 그중 많은 것이 한약의 일부로 첨가된다는 데서 의미가 있다.

조금이라도 참고가 됐으면 하는 바람이다(제8장의 민간요법 참조).

임신 초기에 한약 육지황을 복용하면 아들을 낳는다는 설이 있다. 아마도 약산성인 여성의 질을 알칼리로 바꾸는 것이라 여겨진다. 또 체질적 특성으로 호르몬 작용을 일으켜 분비물이 왕성해지면 질 안은 알칼리성화된다는 의미인 것으로 해석된다.

이런 것은 대개 한약재의 기본인 육지황, 산약, 산수유, 백목련, 목단, 택사 등등의 육지미황과 부자까지 합한 팔미지황인데 체질에 따라 다를 수 있다.

동물실험의 결과로는 성 흥분제로 수놈을 낳은 실험이 있었다(70% 정도의 확률). 그러나 부부관계 시 아내가 먼저 흥분하면 질 안이 알칼리성화하기 때문이라는 것은 과학적으로 밝혀진 근거 있는 말이다.

체질이 약하거나 편식으로 영양상태가 좋지 않은 여성이 오히려 아들 낳는 비율이 높다는 주장도 있다. 이것은 동물실험으로 나타나고 세계적 연구로는 부자나라보다 빈국에서 아들 낳는 비율이 높았다는 보고다.

배란일 10일 전부터 식이요법을 써라.

캐나다의 학자가 실험한 바에 의하면 아들 낳은 부인들의 식생활이 소금에 절인 고기를 좋아하고 우유제품 등을 조금 먹었다 한다.

너무 일찍부터 하면 나쁘고 배란 전 단기적 식이요법이 성공률이 높다 한다.

성교 시에는 남성의 성기가 깊이 삽입되는 것이 아들 낳는 방법이다. 여성의 오르가슴은 되도록 오래 지속된다.

부부관계 전 소다수로 질 세척을 하고 최소한 일주일쯤은 금욕한 상태에서 그날을 맞이한다.

반드시 배란일에 관계를 맺는다. 부부관계 시간으로는 새벽녘이 아들을 만드는 좋은 시간이다. 남편의 정력이 왕성한 때를 맞아라.

음식, 약으로는 비타민 A, D가 많이 있는 것을 복용(간유구)하고, 남편은 육류를, 아내는 채소, 해초류의 섭취가 좋다.

셰틀즈 박사의 방법

요즈음은 아들, 딸 구별 말고 하나면 족하다는 시대이므로 도움이 될지는 모르겠으나 아들을 꼭 낳아야 되겠다는 몇몇의 부부를 위하여 미국의 어느 박사가 연구한 것을 소개해본다.

컬럼비아 대학 생식생리학자이며 산부인과 박사인 셰틀즈 씨는 아들 낳는 방법을 몇 가지 제시했다.

1. 배란일을 알아 꼭 그날 부부관계를 가져라.
2. 부인은 알칼리성 식사를 하고 남편은 산성식을 하라.
3. 경구피임약이나 피임기구 사용을 중지한 몇 개월 후로 하라.
4. 남편은 몸에 꼭 끼는 팬티를 입지 말라.

5. 남편은 관계를 갖기 20∼30분 전에 진한 커피를 한 잔 마셔라.

6. 부인은 관계하기 전에 적은 양의 요화칼슘을 섭취하라.

7. 부인은 소다수(중조수)로 질 세척을 하라.

8. 남편은 깊이 삽입한 상태에서 사정하라.

9. 부인도 깊은 오르가슴에 도달한 상태가 되어야 한다.

이상과 같은 방법으로 미국에서는 상당한 성과를 거두었다고 하나 우리에게는 얼마나 맞을는지 아직은 알 수 없다.

그리고 또 식사법도 있다.

1. 부인은 산성식사를 통해 체액을 알칼리성으로 만들어야 한다. 그래야 Y정자의 활동에 도움이 된다.

2. 남편은 알칼리 식사를 주로 하여 체액을 산성으로 만들면 아들 되는 Y정자의 수가 많아진다.

3. 이렇게 부인과 남편의 체액을 조절함으로써 Y정자는 민활한 활동을 하게 된다.

4. 물은 부부가 함께 무기물이 많은 자연수(경수)를 마신다. 이때 끓인 물은 무기물이 없어진 연수가 되어 나쁘다.

5. 식사법은 2∼3개월 전부터 실시한다고 했으되 효과적이기는 10일 전 단기요법이라 하기도 한다.

여기서 산성 식품과 알칼리성 식품이 얘기되고 있는데, 식품 자체는 산성이나 체내에 흡수되면 알칼리로 된다고 보면 맞는다.

배란일을 택하는 방법

X와 Y정자의 운동속도, 생존기간을 보면 Y정자는 X보다 빠르게 움직이지만 지구력이 약해서 수명도 짧아 48시간이다. 아들을 원하는 사람은 이 점을 잘 알아서 배란일을 택해야 한다.

Y정자는 수명을 짧지만 힘이 좋아 난자가 있는 나팔관으로 빠르게 돌진한다(여기서 X는 XX, Y는 XY의 약칭).

그러나 시간이 걸리면 끈질긴 X정자가 골인하게 된다.

이는 토끼와 거북이의 경주에 비유할 수 있다. 그래서 남아를 원하면 배란일에 부부가 관계를 갖는 것이 좋다.

그런데 남성의 정액분출이 많을 때는 X와 Y가 평행을 이루지만, 적을 때는 X정자 수가 많아지고 또 부부관계가 빈번할수록 X정자가 많아진다.

또 Y정자는 산성에 약해 쉽게 죽는다. 그러나 X정자는 산성에 강해 오래 산다. 그래서 여성의 체질을 알칼리로 하라든지 소다수로 질 세척을 하라는 것이다.

부부교합에 있어서도 여성이 강한 오르가슴에 도달할 때 자궁경관부에서 알칼리성 분비물이 나오므로 깊은 사정을 위해 부부의 공동 노력이 필요하다는 것이며, 삽입 후 첫 번째 오르가슴에서는 산성도가 pH 6.4이고, 남편이 사정하지 않고 자극으로 두 번째 오르가슴에 오르면 pH 7.0 사정 후는 pH 8.4로 질 안이 강한 알칼리로 변한다. 그러나 이것은 잠시요, 곧 빠른 속도로 다시 산성화된다. 그러므로 남아를 갖기 위해서는 Y정자가 힘쓸 수 있는 환경의 배란일을 택하라는 의미가 된다.

쉬운 말로 남성이 먼저 흥분하면 딸이고 여성이 먼저 흥분하면 아들이라는 말이다. 남성의 정력을 높이면 아들을 갖게 된다고 말해지기도 한다. 저녁은 딸, 새벽은 아들, 가을에 관계를 가지면 아들, 봄은 딸이라고도 한다.

음식으로 조절하는 방법

외국사람들이 사용하는 식이요법은 효과적이기는 하나 배란일 10일 전부터 쓰는 단기적 방법이다. 그것은 아들을 얻으려고 영양분을 많이 섭취하여 오히려 딸을 얻고, 체질이 약하거나 편식한 쪽에서 아들을 낳은 경험의 통계에서다. 또 전쟁과 기아시대에 남아가 많으며 저소득 빈가에 남아 출산율이 높았기 때문이다.

음식은 남성에게는 육류, 여성에게는 해조류가 좋다. 남성에게 부족하기 쉬운 비타민 A와 D, 여성에게는 부족하기 쉬운 B를 보충하면 좋다. C는 부부가 함께 필요하다.

예부터 한방에서는 체질적 특성을 파악해 여성의 분비물이 많이 나와 질 내가 알칼리화하도록 한다는 이야기도 있다. 또 여성에게는 일반적으로 새벽 1~2시에 알칼리성 분비물이 많이 배출된다고도 한다.

여기 참고로 산성 식품과 알칼리성 식품을 구분해본다.

<산성 식품>－남성용

- 주식류－흰 쌀밥, 빵, 메밀국수, 밀가루 음식
- 부식류－버터, 치즈, 땅콩, 샐러드유
- 육류－쇠고기, 닭고기, 돼지고기
- 어패류－전복, 오징어, 뱀장어, 잉어, 도미, 새우
- 음료수－청량음료(콜라, 주스 포함), 기타 드링크제
- 알코올류－소주, 맥주, 양주

<알칼리성 식품>-여성용

• 주식 류-콩밥, 팥밥, 보리밥, 현미밥, 옥수수, 감자

• 부식류-시금치, 상치, 쑥갓, 호박, 가지, 오이, 양파, 양배추, 당근

• 해조류-김, 미역, 다시마

• 과일류-토마토, 수박, 참외, 감, 배, 바나나

• 음료류-우유, 요구르트류

• 차류-홍차, 녹차

이렇게 하므로 체질 변화는 섭취하는 식품으로 충분히 조절할 수 있다는 것도 덧붙인다.

1. 배란 2~3일 전에 부부관계를 가져라. 그 후 5일은 중지하라(X염
   색체는 1주일을 산다).
2. 남편은 더운 물로 목욕하라.
3. 남편은 차를 피하고 균형 있는 식사를 하라.
4. 약간의 스트레스가 도움이 된다.
5. 부인은 양질의 식초를 탄 물로 질 세척을 한다.
6. 사정은 얕게 하고 부인은 오르가슴을 피한다.

그 외는 아들과 반대의 방법을 쓰면 되겠다. 그러나 이것은 서구의
생태학적 연구이며, 도양의 이기론의 정신적인 문제가 빠져 있다.

인체의 요소는 물질이지만 사색, 판단, 기원, 믿음, 연구 등을 심령
한 측면에서 보면 모두 정신적·심리적 요소로서 어느 면에서는 이
것이 앞선다고 할 수 있다. 그런데 물질적 변화를 통해 모든 것이 다
가능하다는 식의 생각은 고쳐져야 한다.

현대 과학이나 의학은 오랫동안 실험과 연구를 통해 많은 업적을 낳았지만 이 문제에 관한 한 소홀함을 지적받게 된다.

우리는 여기에 덧붙여 기원이라든가 기구하는 마음가짐까지를 포함시키자.

일찍이 석학 토인비도 지적했듯이 수 세기 동안 물질문명은 눈부실 정도로 발전했지만, 정신문명은 한 발짝도 진전하지 못했다고 했다. 그래서 수천 년 이집트 문명, 멕시코의 마야 문명이 신비로울 수밖에 없는지 모른다. 따라서 정신 영역의 계발을 위해서도 태교문화는 제자리로 돌아와야 할 것이다.

그것은 어려운 것도, 하지 못할 일도 아니다. 그렇게 하는 것이 여성적인 남성을 안 낳는 길인지도 모르겠다.

세상에는 변이가 너무 많기 때문에 우리가 바라는 것은 지극히 정상적인 상태여야 한다는 면에서 하는 말이다.

배란일을 알아내는 법

1. 자궁경관의 점액

월경이 끝난 후 7일째부터 자궁경부의 분비물을 손가락에 묻혀 그 끈기를 보아 배란일을 알아내는 방법이다. 가운데 손가락을 자궁경부에 조심스레 삽입하여 분비물을 묻힌 다음 이것을 엄지손가락에 묻혀 떼었다 붙였다 해본다. 이때 배란일의 분비물은 3~4cm가 되어도 끊어지지 않는다. 색깔은 날계란의 흰자처럼 투명하고 매우 끈기가 있으며 양도 많다.

2. 당뇨 테스트 테이프

당뇨환자를 알아내기 위해 사용되는 테스트 테이프가 있다. 사용법은 테이프를 길게 잘라 손가락 끝에 감고 자궁경부에 부착시켜 10초 정도 있다가 빼어내 색을 보면 된다. 이것이 점차 진한 청색으로 변하면 배란일이 가깝다는 표시다.

3. 기초체온표

일반적으로 많이 쓰이는 방법이다. 평균체온이 며칠 지속되다가 갑자기 변화를 보이는 날(떨어지는 날)이 있다.

아침에 눈을 뜨면서 머리맡에 준비된 체온계를 입에 넣거나 겨드랑에 넣어 재는데 이때 몸을 되도록 움직이지 말며 5분쯤 있다 빼본다. 이것은 한 달을 계속하는 것이 정확하겠지만 배란 예정일을 전후하면 쉽다. 이렇게 몇 달을 계산하면 자기의 배란일을 찾아낼 수 있다.

4. 중간 통증

여기의 10~20%가 오른쪽 하복부에 심하거나 약한 통증을 느낀다고 한다. 난자가 난소에서 나오는 순간에 이상한 통증이 일어나는 것으로 이것이 배란소식이다. 중간이란 음부나 배꼽 중간 오른쪽으로 약 5cm 정도쯤이다.

가임여성의 생리주기는 배란 이전의 증식기와 배란기 그리고 분비기로 구분된다.

증식기에는 '에스트로겐'이라는 여성호르몬이 나오고, 배란 후의 분비기에는 '테스토스테론'이라는 남성호르몬이 분비된다. 그 중간 2~3일이 배란기이다. 생리주기는 여러 가지지만 28일을 기준으로 할 때 배란일은 전 14일, 후 14일로 그 중간 일이라 보면 된다. 하지만 30일 주기인 경우는 '30-14=16'으로 계산하는 방식의 16일이고 24일인 경우는 '24-16=8'이 된다고 보면 이상이 없을 것 같다. 그러나 건강상태, 환경의 변화(영향)로 달라질 수도 있다.

이제껏 불임은 주로 여성 쪽에 원인이 있는 것으로 여겨왔다. 그러나 요즘 세계 각국 병원의 의학 팀은 남성의 불임원인도 꽤 있는 것으로 연구되어 술, 담배 등을 끊음으로써 임신이 가능했다는 보고를 해왔다.

영국 에든버러의 종합병원에는 남성불임 전문의 팀이 만들어져 '흡연과 정자의 기형들 사이에는 어떤 관계가 있음을 밝혔다'고 말하며, 담배는 돌연변이 유발물질로 가장 분열이 활발한 정자의 세포분열을 억제한다고 하며, 알코올중독은 불임의 원인이 되는 수가 많다는 것이다.

조사한 바로는 흡연자의 정자에서 비정상적인 것이 많이 보이고 있었으며, 담배를 끊었더니 임신이 가능했던 부부가 늘었다 한다. 또 케임브리지 대학교의 산부인과 브로드 박사는 많은 불임부부가 단지 남편이 술을 끊음으로써 임신이 가능했다는 것이며, 일반적으로 1,500cc 이상의 맥주나 1병 이상의 소주를 매일 마시는 경우 2세의 건강에 지장을 줄 수 있다는 것이다.

그 외에도 2차, 3차를 다니며 마시는 술은 자신의 건강에도 나쁠 뿐 아니라 가임기라면 태아에게는 더욱 위험요소라고 한다.

또 영국의 『더 타임스』는 술과 담배뿐만 아니라 음식에 잔류한 농약 등의 유해물질이 남성의 정자에 끼치는 영향에 대해 많은 연구가 진행되고 있다고 전한다. 건강한 아이를 낳아 기르고자 한다면 예비 아빠에게도 금기가 있다는 것이다.

본홀 클리닉의 브린스턴 병원장은 불임의 원인 중 25~30%는 남성에게 책임이 있다면서 알코올은 정자의 수의 감소나 힘을 약화시킨다고 말한다.

이 같은 견해는 우리나라 의학계에서도 긍정적 반응을 얻고 있다. 즉, 지나친 흡연이나 알코올중독증이 성기능 장애나 불임을 일으킬 확률이 높다는 것은 일반적인 통설이며, 간 기능을 떨어뜨려 여성호르몬을 증가시키고 그 영향으로 정자는 감소하기 때문에 우리나라 부부 10쌍 중 1~2쌍이 불임이고 그의 40%는 남성에게 원인이 있는 것으로 판명되었다.

이렇듯 불임의 원인이 남성의 흡연, 음주와 관계있다면 가임기의 부부는 당연히 절제하는 것이 좋을 것이다. 그러나 확실한 연구보고는 아직 없어 너무 염려할 것은 못 되나 한 가지 경고로 충분하지 않을까 한다. 그것은 생명이 매우 신비하고 오묘하여 깊은 경지에 도달하기란 어렵기 때문이고, 현실적으로는 그런 문제들이 자꾸 밝혀져 나아가는 과정임을 알린다.

많은 호흡기 질환아가 생기고 기형아가 증가하는 현대 생활은 복잡한 것이나 등잔 밑이 어둡다는 말과 같이 쉬운 것을 주변부터 절제하라는 뜻이라 해석한다면 일단 가임기만은 조심하는 것이 좋은 태교방법이 될 것이다.

제8장

알아둘 민간요법

그간 발표된 민간요법 중 임신을 원하는 사람이나 입덧, 부인병으로 고생하는 분을 위하여 관계되는 것 몇 가지를 발췌하여 소개한다. 임부를 위한 자가요법용으로 필요할 것이다.

월경불순

1. 당귀 달인 물을 복용하거나 그 물로 목욕한다.
2. 쥐참외탕과 주스가 좋다.
3. 익모초 달인 물을 복용하라.
4. 삼백초 달인 물을 마시면 좋다.

이것들은 불임뿐만 아니라 다른 데도 좋으므로 아래에 따로 설명하기로 한다.

불임

현대의학으로 불임의 원인을 여러 가지로 규명하고 있기 때문에 민간요법이 어느 유형의 불임에 맞을는지는 몰라도 일반적인 불임의 경우에는 한번 시도해볼 만한 것이기에 소개한다.

다음에 설명되는 몇 가지는 기본적으로 월경불순과 관계되나 그 효과 면에서는 불임과 관계가 깊어 자세히 설명한다. 이런 것을 복용하면 불임의 요인도 제거하고 임신은 자동적으로 해결되며, 나아가서 건강과 부부관계까지 좋은 영향을 가져온다는 이야기로 값진 것이라 할 것이다.

그러나 체질적 특성과 연령, 당시의 건강 등이 관계있기 때문에 처방은 가급적 전문의에게서 직접 진맥을 받고 하는 것이 옳을 것이다.

1. 당귀 달인 물

초목이 무성한 여름철 야산에 불꽃축제라도 벌이려는 듯 흰 꽃을 흐드러지게 피우고 있는 식물로 줄기는 진한 연보라색이며 우상복엽인 중국산이다.

당귀라는 의미는 마땅히 돌아간다는 뜻인데 옛날 부인병에 걸린 아내가 이를 수치스럽게 여겨 집을 나가버리자 남편은 근심하여 노이로제에 걸린다. 아내는 우연히 당귀를 달여 먹고 병이 낫게 되자 다시 남편에게 돌아온다. 남편도 이 약초를 복용했더니 노이로제도 말끔히 치유되었다. 그래서 풀이름을 당귀라 했다 한다.

서구 유럽여성에게 셀러리가 부인병에 특효약으로 사용되었다면 동양에서는 단연 당귀다.

사용법: 당귀 잎, 줄기, 뿌리를 같이해도 좋다. 달인 물을 복용하거

나 생으로 목욕물에 넣고 목욕을 하면 하반신에 원기를 불어넣어주며, 혈액순환을 순조롭게 하고 신경을 안정시켜주는 좋은 효과가 있다.

월경분순: 호르몬 이상에 의한 경우가 많은데 그렇다고 외부로부터 호르몬을 주입시키는 것은 삼가야 한다. 체내에서 호르몬 생성을 중지하는 일이 있고 새로 여성 특유의 많은 병을 발생시키는 원인이 되는 경우가 있기 때문이다.

음식물에 의해서 자연형태의 호르몬제를 보충시키고 호르몬 분비를 정상화하는 편이 얼마나 몸에 이로운 것인지 새삼 느끼게 한다.

2. 쥐참외탕과 쥐참외 주스

쥐참외는 야생식물로 한겨울에도 고목 사이에서 빨간 열매를 늘어뜨리고 있다. 맛은 없으나 우리에게 친숙한 가정약이다.

쥐참외의 뿌리와 열매를 으깨어서 주스를 만들어 마시면 월경불순이나 생리통으로 고생하는 사람도 반드시 몇 개월 내에 치유된다.

열매를 10개 정도 욕조에 넣고 목욕을 하면 몸도 따뜻해지고 월경불순도 치유되고 다산할 수도 있다.

익숙하지 않을 때는 장시간 입욕을 피한다. 혹 현기증을 유발할 수도 있으니 주의를 요한다. 그 외 살갗이 트거나 겨울 동창에도 좋으며 특히 여성치질에도 좋다 한다.

3. 익모초 달인 물

일명 충위(茺蔚)라고도 하는 이 약초는 여성에게 제일 잘 맞는 약이다.

익모초 달인 물을 매일 반 컵씩 일주일간 마시면 임신이 어려웠던 사람도 그 가능성이 나타난다고 한다. 이것은 월경불순, 대하는 물론 자궁상태가 고르지 못할 때 등 부인병에도 효과가 있으며, 특히 여성의 성기 수축효과는 전 세계 산부인과 분야에서 인정하고 있을 정도로 여성에게 있어서는 절대적인 약효라 해도 과언이 아니다.

우리는 이런 것을 잊고 너무 서양 것에 집착한 감이 있으니 참고하기 바라며 자세한 것은 한방에 문의해보는 것이 좋다.

4. 삼백초(일명 어성초)

꽃이 피고 6월경 채취하여 그늘에 말려 10~20g 정도를 물 1되에 넣고 반쯤 될 때까지 달여 물 대신 마신다. 그러면 월경불순에 좋다.

삼백초에서 나는 톡 쏘는 냄새는 데카노일 아세트알데히드로서 이것이 발균을 억제하는 항균력을 갖고 있다.

크엘디트린이라는 성분은 암 예방에도 지대한 효력이 있다. 그 외 비염 축농증과 신장병 등 만병통치로까지 이야기되나 특히 여성의 음부나 피부병에 생기는 백선, 빈혈, 변비, 신경통에도 각별히 좋다고 한다.

입덧

1. 연뿌리즙

연뿌리를 깨끗이 씻고 강판에 갈아 즙을 낸 다음 한 번에 반 컵 정도 마신다. 조금 마시기가 거북스럽지만 2세를 위해 참고 마신다.

즙을 짜낸 찌꺼기는 뱅어포를 볶아 가루로 만든 것에 섞어 간장에다 살짝 간을 해 먹으면 아기를 위한 칼슘 섭취로도 좋다.

2. 반하 달인 물

뿌리가 떫고 쓰다. 그래서 수세미로 잘 문질러 소금물에 푹 담가 두었다가 다음 날 깨끗이 씻고 다시 담가 두기를 2~3회 반복하면 쓴 맛이 가신다. 그다음 달여 마시는데 조금 신경 써서 달이면 효과가 대단한 약초이다.

3. 생강즙

입덧을 다스린다(구토 억제작용 성분이 있다).
임신기의 이상과식증, 결식증을 정상으로 되돌려준다.

산후조리

연꽃의 열매 달인 물이 좋다.

인도의 성전(카스트라)에서는 연꽃의 즙으로 여성의 성기를 씻으면 좋다고 했는데 이것은 대하치료에 대하여 말한 것 같다. 연의 열매를 물 1되가 반 되 되도록 끓여 그 물을 계속 마시면 불쾌한 대하는 완치된다. 그리고 월경불순에도 효과를 기대할 수 있다. 여성전용으로 쓰이며 산후에도 쓰도록 권하고 싶다.

그것은 증혈작용이 뛰어나기 때문인데 소화는 썩 잘 되지 않는 편이니 과음하지 않도록 한다.

모유 부족

민들레 달인 물을 마신다. 꽃이 피기 전의 민들레를 채취해 깨끗이 씻어 말린 후 한 되 정도의 물을 붓고 달이는데, 그 물이 반이 되도록 끓여 마신다.

1일 1회 반 컵 정도 마시며 나물을 해먹어도 좋다.

모유가 부족한 것은 간장이 약해진 때문이며, 간장을 보호하는 음식을 고루 섭취해야 한다. 잉어를 달여 먹는다든지 팥, 콩, 조개류도 좋다고 하니 그런 쪽을 좋아하면 거기서 보충하는 것도 의미가 있다.

자연식품과 민간요법

손 부인이 조사한 바에 의하면 그 외에도 우리가 일상적으로 식탁에 올려놓는 무, 당근, 도라지, 가지 등 자연식품에서 얻을 수 있는 요법이 있어 몇 가지 서술하는 것은 임신 중엔 약보다 음식요법이 좋기 때문이다.

1. 가지

① 고혈압 – 가지를 되도록 많이 먹는 것이 좋다. 가지는 모세혈관을 튼튼하게 할 뿐 아니라 피를 깨끗이 한다.

② 설사(이질) – 오래된 가지나무 뿌리를 태운 것 10mg과 석류껍질 태운 가루 10mg을 섞어 1일 2~3회 설탕물과 함께 복용한다.

③ 충치 – 가지의 신선한 뿌리를 찧어 즙을 만들어 아픈 잇몸에 바른다. 뿌리를 태운 재를 발라도 좋다. 또 꼭지를 말려 태운 다음 분말을 만들어 소금을 섞어 그것으로 잇몸을 마사지해도 좋다(1일 2회, 2~3일 계속한다).

④ 식중독 – 식중독이 일어났을 때 특히 물고기나 생선 등 어류의 식중독에는 생가지의 즙을 내어 마시면 금방 낫는다.

⑤ 심장병 – 가지 꼭지를 말린 후 달여서 차 마시듯 마신다. 만성인 경우는 1~2개월을 계속하면 심장압박이 사라진다.

⑥ 티눈이나 사마귀에는 가지꼭지를 잘라 티눈이나 사마귀에 문지른다. 1일 2~3회씩 1주 정도 하면 떨어지거나 없어진다.

2. 도라지

① 위경련－갑자기 오한이나 위 복통이 일어났을 때에는 마른 도라지 40g 정도를, 생것이면 10뿌리 정도를 생강과 끓여 그 물을 자주 마시면 낫는다.

② 천식－약한 천식(초기)은 생도라지와 생강을 귤껍질에 달여 마시면 좋고, 듣기 거북할 정도로 소리가 나는 기관지염에도 도라지 뿌리를 깨끗이 씻어 말린 후 적당량의 물을 넣고 물이 반쯤 될 정도로 끓인 다음 마시면 좋다.

3. 당근

① 심장쇠약과 불면증－식사 때마다 날 당근을 1개씩 장기간 복용한다.

② 심한 변비－당근즙을 공복에 매일 먹는다. 사과와 함께 먹어도 좋다.

③ 이질과 대장염－당근씨를 볶아 생강차와 함께 매일 식전에 먹는다.

④ 식욕부진과 위장병－당근을 잿불에 구워 식전에 반 뿌리씩 장기 복용한다. 이렇게 하면 위를 튼튼히 하고 허파를 강하게 한다.

4. 당근 주스

당근은 간장정화작용이 강하고 체내의 해독작용을 돕는다. 고로 당근 주스를 만들어 1일 3회 1컵씩 만들어 마시면 스스로 해독현상을 자각할 수 있다.

소화불량과 허약체질에 당근 뿌리나 잎 혹은 두 가지를 주스로 만들어 마시면 정장작용은 물론 칼슘의 흡수도 도와주어 몸에 대단히 좋다.

전립선대비증, 정력 감퇴, 야맹증, 민소성, 약시(음위), 당뇨, 골절 등에 당근을 꾸준히 먹으면 대부분 해결된다.

비타민 C나 비타민 E는 약으로 취해도 되지만 비타민 A는 의도적으로 취하지 않으면 안 된다.

비타민 A는 인체 내에서 합성할 수 없는 것으로 가장 필요한 성분 중의 하나다. 그중 가장 중요한 것이 '카로티노이드'로서 비타민 A로 작용하는 것이다.

당근의 빨간색은 카로틴이다. 그래서 껍질째 먹지 않으면 영양가가 뚝 떨어지므로 가능한 한 껍질째 섭취해야 한다.

그러나 카로틴을 체내에 충분히 흡수시키기 위해서는 기름으로 볶는 것이 제일이다. 또 날로 먹을 때는 다른 야채와 함께 먹지 않도록 조심한다. 당근에는 비타민 C를 파괴하는 효소인 '아스콜비나제'가 들어 있기 때문에 다른 야채나 과일과 함께 먹어서는 안 된다.

5. 무
① 감기에는 무즙에 마늘 한 조각을 찍어 넣고 끓여 먹으면 재채기와 콧물감기에 잘 듣는다.
② 무를 얇게 썰어놓고 사이사이에 물엿이나 꿀을 넣는다. 잠시 후 물이 나온다. 그 물을 하루 몇 번씩 숟가락으로 떠먹는다. 그러면 목의 통증과 진해에 효과가 있다.
③ 무와 생강을 갈아놓고 뜨거운 물을 부어 자기 전에 마시면 좋다.

④ 무즙에 벌꿀을 섞어 하루에 몇 차례씩 복용하면 목감기 목통증이 있을 때 효과가 있다. 여기에 마늘즙을 넣으면 더욱 좋다.

⑤ 무씨를 깨 볶듯 볶아 절구에 빻아서 물로 마신다(기침감기에 좋다).

⑥ 무청 주스-무 1개분의 잎을 즙을 내어 1일 1회 5일 정도 마시면 만성 변비와 설사에 효험이 있다.

⑦ 무청 목욕-그늘에 말린 무청을 삶아 목욕하면 치질에 효과 있고 또 삶은 무청을 직접 환부에 붙이면(거즈에 싸서) 좋은 효과가 있다.

⑧ 무말랭이 달인 물-고혈압, 동맥경화에 한 줌 넣고 물 한 되가 반 되도록 끓여 1일 1컵 마신다.

⑨ 무 생잎-벤 상처에 짓이겨 바르면 화농예방은 물론 빨리 아문다.

⑩ 무 뜸질-종기에 무를 1cm 두께로 썰어 불 위에 올려놓고 뜨거워지면 환부에 붙인다. 며칠 동안 몇 번하면 동창에도 좋다.

⑪ 무즙

ⅰ) 본태성과 증후성 고혈압에 무즙은 비타민 P 등의 작용으로 혈액 혈관의 작용 강화에 절대적이라 해도 좋다(1일 1회 정도는 기본으로 마신다).

ⅱ) 중이염에 무즙을 짜서 솜에 묻힌 후 귓속에 고루 바른다. 1일 3~4회 바르면 상쾌해진다.

ⅲ) 치통과 풍치-치근에 열이 나고 아플 때 간 무를 볼 사이에 넣는다. 응급처치로 꽤 효과가 있다. 그다음 치과를 찾아도 된다.

6. 마늘

마늘은 목감기에 좋다.

껍질을 벗긴 후 통째로 구운 마늘을 강판에 간다. 같은 분량의 된장과 섞어 동전 크기로 빚어 다시 굽는다. 처음 구울 때는 소화를 잘되게 하고 냄새를 없애기 위함이며, 된장과 섞는 것은 효력을 증가시키고 향기를 좋게 함이다. 구운 마늘을 잠자기 전 뜨거운 물에 녹여 복용하면 목의 통증이 다음날 아침쯤 거뜬해진다. 그리고 가벼운 감기증세는 깨끗이 달아난다.

마늘은 '아리신'이 항균작용을 하고 '스콜지닌'의 작용으로 호흡을 편하게 하며 신진대사를 활성화하는 체력회복의 묘약이다. 스태미나 강화에 좋고 리신, 알리긴, 글루탐산이 풍부한 된장과의 배합은 그 효과를 대단히 높여 주기 때문이다.

① 마늘 된장국 – 강판에 간 마늘과 된장을 뜨거운 물에 타서 반 대접쯤 마신다.

② 마늘과 벌꿀 – 1kg 정도 벗긴 마늘을 3분 정도 찐 다음 뚜껑을 열고 2분가량 더 찐 후에 마늘을 다른 냄비에 옮겨 놓고 꿀을 넣어 졸인 것을 하루 2~3회 먹으면 좋다.

③ 마늘을 넣은 무즙 – 무즙에 마늘 한 조각을 찧어 넣어 끓여 먹으면 재채기, 콧물감기에 좋다.

④ 마늘 구운 것과 귤껍질과 매실장아찌 – 이것을 5:5:3의 비율로 유발에 넣어 갈아 분말을 만들면 감기 중증에도 차도가 생긴다 (하루 3회, 반 스푼 정도씩).

⑤ 마늘과 벌꿀이 든 무즙 – 위 세 가지를 합하면 더 효과적이다. 벌꿀은 소염작용, 마늘은 살균력이 상승하여 효력이 배가하기 때문이다.

⑥ 마늘과 흑설탕과 벌꿀 – 마늘 100g, 흑설탕 50g, 벌꿀 열 숟가락

을 준비하고 마늘을 강판에 갈아 담은 그릇에 모두 섞어 반 숟
갈씩 떠먹는다.
⑦ 마늘 잼－간 마늘 5통을 20분 정도 찐 다음 으깨어 벌꿀 500g
정도를 넣고 2시간 정도 천천히 다시 졸인 잼을 자기 전 1스푼
씩 떠먹으면 목에 좋다. 이것은 또 빈혈과 건위(위를 튼튼하게
하는)에도 좋다.

7. 도토리

온갖 공해물질이 우리 생명을 위협하는 시대에 도토리가 우리 몸
에 축적된 중금속을 제거하고 원자력의 요소인 우라늄을 침전시킨다
는 것이 발견되어 세계 여러 나라에 특허를 얻고 있는 우리나라 에너
지 연구소의 두 박사가 있다.

그것은 도토리에서 추출한 아콘산으로 아콘산 1kg이면 폐수 3.5t을
처리할 수 있고, 이것으로 우라늄 농도를 30분 안에 1/1,000로 만들었
다는 실험으로 앞으로는 의학적 이용이 가능할 것으로 보고 있다.

감에서 나오는 시커먼 물 '타닌산'이 중금속 제거에 연구되고 있는
것을 본 장윤두 박사는 도토리의 떫은맛을 제거하기 위하여 담가 놓
은 물에 착안, 첨가제를 넣어 실험한 결과, 바로 이것으로 현대 오염
의 주범인 중금속이나 염료에서 나오는 유기폐액과 도금할 때 나오
는 오염물질을 침전시켰다는 것이다.

니켈, 크롬, 구리, 납, 칼슘 등이 20ppm씩 복합적으로 들어 있는 용
액을 도토리 물로 처리한 결과 각각 0.2~0.5ppm 이하로 농도가 낮아
졌다. 도금공장에서도 기존방법으로 처리한 물을 다시 처리해보니 크
롬은 9.2ppm에서 0.2ppm으로, 니켈은 100에서 0.5로, 카드뮴과 크롬은

100에서 1로 농도가 떨어졌다는 것이다. 또 이 방법의 활용은 인류의 건강회복을 위해 크게 기여할 것으로 보인다.

민간에서 사용하는 요법으로 중금속이나 유사물질을 삼켰을 때 생도토리즙을 먹이는 것이 근거 없는 미신이 아닌 것을 확인할 수 있다. 이런 것은 우리 주변에 산재해 있다. 그러나 우리가 아직도 모르고 있기 때문에 고통당하는 것을 볼 때 많은 연구가 기대된다.

8. 오골계

토종닭 중에 오골계가 태에 좋다고 한다. 생김새는 털이 까맣고 발톱이 사나우며 발목부터 속살, 뼈, 벼슬과 눈까지 까만 것이 특징이다. 예로부터 약계라고 이름 지어지고, 동의보감에도 지적되었듯이 한방에서는 더없는 보양보신으로 말하고 있는데, 특히 임신부에게 좋다고 하니 알아둘 만하다.

우리나라에는 계룡산이 적지라 하며 거기서 많이 사육하고 있다는데 그곳 땅의 기운이 오골계에 맞다 한다.

요즈음 외국에서 들여온 오골계도 있는데 구별하는 방법은 발목에 털이 있다.

9. 미역

미역은 바다에서 나오는 '해채', '감각', '쇠채'로 불리며, 미역은 산모에게 더없는 필수식품인 것은 아는 바와 같다. 바다에서 나오는 꽃 상추과의 다년생 식물로 어린잎을 먹는다. 칼슘, 철분의 보고이며 청혈제로 알려져 있다.

10. 다시마

다시마를 잘라 입에 넣고 씹으면 위산과다증에 좋다(속이 후련해진다).

그것은 다시마의 칼슘이 장의 세포조직에 탄력을 갖게 하는 동시에 많은 섬유질이 장에 원활한 자극을 주어 배변을 촉진하기 때문이다.

매일 다시마를 컵의 물에 담가 두었다가 다음 날 아침 우러난 물을 마시면 좋다. 가능한 한 식사 때마다 먹는 방법을 쓰면 변비는 금방 치유되고 치질까지도 완치된다. 다시마는 아르긴산, 요오드, 칼슘, 철분 등의 보고다. 다시마 물을 계속해서 마시면 높았던 혈압도 치유된다.

다시마 콩 조림도 좋다. 간장을 조금 넣고 삶은 다시마와 콩 조림(적은 양이라도)을 꾸준히 먹으면 당뇨에는 유력한 치료식이 된다고 한다.

11. 산딸기

우리나라 야생 산딸기는 항암효과가 높으며 백혈병이나 골수이식 수술 후 회복에도 좋다는 것이 서울대, 연세대 팀의 합동연구에서 밝혀졌다.

12. 쑥

엉겅퀴과에 속하는 다년생 풀로서 우리 생활에서 다양하게 쓰인다. 음식으로는 쑥떡과 쑥국, 쑥차, 한약재로 쓰이며 쑥뜸도 있고 쑥탕도 있다.

쑥이 생잎이면 주스로, 마른 잎이면 달여서 차로 마신다. 목욕할 때 욕조에 생잎이든 마른 잎이든 그냥 넣고 사용하면 불감증, 불임증,

월경불순, 혈액순환에 효과가 있다.

① 월경불순이 습관인 여성은 쑥 잎과 당귀를 같은 비율로 가루를 만들어 꿀에 개어 녹두알만 하게 빚어 아침공복에는 엷은 소금물로 30~50알 정도를 복용하고, 잠자기 전에는 연한 술로 30~50알 정도를 복용한다. 1~2주 복용하면 좋아진다.

② 월경이 과할 경우 쑥 잎을 말려 식초에 볶아 12g 정도를 두 되의 물에 달여 반쯤 됐을 때 계란노른자 2개와 식전에 복용한다. 1일 3회 5일간 복용한다.

③ 출산 후 산모의 대변이나 하혈 복통이 있을 때 쑥 한 묶음과 생강 다섯 쪽을 달여 농즙을 만들어 하루 2~3회 복용하면 며칠 안에 거뜬히 낫는다.

④ 부인병 편두통에는 쑥 말린 것 한 줌에 물 1컵 정도 넣고 끓여 반쯤 됐을 때 마신다. 참깨와 함께 마시면 혈액의 정화도 좋아지고 편두통이 낫는다.

⑤ 음부의 각종 병에는 쑥 잎, 흰 국화, 석류 껍질 말린 것을 같은 비율로 가루를 만들어 꿀에 개어 대추알만 한 크기로 빚어 하루에 2개를 탈지면에 싸서 오후 1~2시경 음부에 삽입시키고 7~8시간 후에 빼고 씻는다. 2~3회 하면 아주 좋아진다.

13. 목이버섯

태국, 중국에서는 보혈, 보정, 산전·산후 빈혈 치료와 강정제로 사용되고 있다. 정력제여서인지 임신·출산율도 높다고 한다.

사상체질로 본 불임과 처방(한의학)

1. 월경불순

태음인(太陰人) ─ 몸이 찬 사람은 태음조위탕(太陰調胃湯), 몸이 더운 사람은 열다한소탕(熱多寒少湯)으로 다스린다.

소음인(少陰人) ─ 향부자입물탕(香附子入物湯) 십전대보탕(十全大補湯) 등으로 다스린다.

그 외 일반적으로는 옥열계영환(玉鈴啓榮丸), 종사환(螽斯丸), 가미익모환(加味益母丸), 조경양혈원(調經養血元), 십이미관중탕(十二味寬中湯)으로 다스린다.

소양인(少陽人)은 보현환(補賢丸)으로, 또 태양인(太陽人)은 표증 오미피장추탕(表證五味皮壯鰍湯)으로 다스린다.

2. 입덧(惡阻)

태음인 ─ 죽여탕(竹茹湯)

소음인 ─ 백구산(白求散)과 보생탕(保生湯)

태양인 ─ 미후등식장탕(彌猴藤植腸湯)

소양인 ─ 형방사백산(荊防瀉白散)으로 다스린다.

3. 태루(胎漏)=하혈(下血)

태음인 ─ 월경불순과 비슷하고 내용이 좀 다르다.

소음인 ─ 지각탕(枳殼湯)

소양인 ─ 육미지황탕(六味地黃湯)

태양인 ─ 입덧 때와 비슷하고 내용이 좀 다르다.

4. 태동(胎動)

태음인 — 산약보폐원탕(山藥補肺元湯)

소음인 — 독성산(獨聖散), 총백죽(葱白粥), 총백탕(葱白湯)

소양인 — 지모환(知母丸)

태양인 — 입덧 때와 비슷하며 내용첨가

5. 유산(流産)

모두 태루와 태동의 것을 참작하여 다스린다.

6. 최산(催産: 해산을 쉽고 바르게)

태음인 — 태동과 비슷하게 다룬다.

소음인 — 곽향정기산(藿香正氣散), 팔물군자탕(八物君子湯), 불수산(佛手散)

소양인 — 육미지황탕(六味地黃湯)

태양인 — 입덧 때와 비슷하다.

이상과 같이 설명하고 있으나 이것은 한의학을 아는 사람이나 이해할 수 있겠고, 그렇다는 것을 참고하라는 뜻으로 옮겼다(위의 것은 『동의수세보원』에서 간략히 옮긴 것이다).

책에는 훨씬 상세하게 돼 있지만 우리는 기초지식 정도의 참고로 족할 것 같아 이 정도로 그친다.

한약, 한의학의 효험

친구가 죽는 것을 보고 허탈, 불안, 초조가 겹쳐 허한 증세가 나타난 45세의 실업인 부인이 친정어머니께 의논한 결과 사업하는 사람이 심약해져서는 안 되니 한방에 가 진찰을 받아보라 하여 거기서 녹용이 든 보약 몇 첩을 지어와 달여 먹였다.

양약을 복용했을 때는 입술이 타고 혀가 말리는 것 같은 현상이 있었으나 한약을 마시고 한잠 푹 자고 일어나면 땀이 촉촉이 흐르고 응집된 응혈이 풀린 듯 거뜬해지는 모습을 보였다.

여기서 다시 생각해보니 양약은 치료제라는 의미는 있지만 한약은 보(補)와 사(瀉)로 잘못된 피는 배설하고 약해진 부위는 기능을 보해준 결과가 아니었느냐는 것이다.

또 혼기를 앞둔 딸이 손발이 차고 생리 시에 배가 몹시 아파 고생하는 것을 본 엄마가 몸을 보(補)해주면 좋을 것 같아 비싼 약을 지어 먹였지만 별 효과가 없어 다시 가서 의논한 결과 민가에서 흔히 쓰는 쑥, 당귀, 익모초 그리고 생강과 대추를 달여 먹는 방법을 자문받아 끓여 먹인 결과 두 번 먹인 후부터 손발이 따끈따끈해짐을 감지했다. 월경불순, 생리통이나 손발이 찬 데는 이 방법이 최고인 것 같다.

경희대학교 한방과 부인과에서 나온 것을 보면 소요산(당귀, 감초, 백출)에 목단피, 산피자를 더한 '가미소요산'은 갱년기 여성이나 월경장애가 있을 때 이를 조절해주는 보약으로 좋다는 구절이 발견된다.

또 산후에는 보허탕(補虛湯)으로 몸조리를 도울 수 있고, 오히려 값비싼 보약보다 오미자차, 창출차, 산대추씨차 등을 평소 마시는 것도 건강증진 효과를 보며, 특히 불안, 불면 증세를 보이는 사람들에게는 산대추씨차가 기대 이상의 높은 효과를 가져온다.

중요한 것은 체질에 따라 약도 다른 것이라는 점을 명심해야 되겠고, 여성들의 변비에는 인삼양위탕이 좋다는데 인삼을 빼면 창출, 백출, 감초, 진피, 후박 등을 배합한 것으로 이대로도 효험을 본다.

이렇게 볼 때 현대과학의 약리현상 견해에는 이견을 제시할 수 없어도 비과학이라 불리던 한방도 무시 못할 일면을 발견하게 됨을 부정하지 못한다. 요즈음 다시 일기 시작한 한방약과 의술이 빨리 체계화하고 과학과 연결하여 발전했으면 한다.

동서의학의 접목

얼마 전 전통의학과 서양의학 간의 반목을 해소하고 상호 보완하는 국제회의가 열렸다. 여기서 보니 중국은 뇌수술을 하는 데도 귓밥에 침을 꽂고 의사는 환자와 대화를 하며 뇌수술을 끝내는가 하면 뇌혈과 간장 등의 질병은 한의학을 동원하고(국립의료원에서), 한의학이 결여하고 있는 임상실험 진단 응급처리 등을 양의학에서 도입 실시하고 있으며, 서양의학 40%를 한방의학에서 교육시키고 있다.

더욱이 역사가 짧은 서양의학이 하지 못한 엄청난 경험과 자료를 정리하여 천연약물과 인체의 생리현상에 대한 역학(효험) 관계를 재정립하고 있다는 것이다.

그뿐 아니라 기공요법을 발전시키고 혈(穴)을 자극하는 뜸이나 침술만이 속효를 보여 준다 하며 관절염, 고혈압, 반신불수가 되지 않는 예방법도 시행 중이다. 또 생약연구가 성과를 거두어 전체 의약품의 50%를 한약재에서 얻고 있기도 하다. 한방과 민간요법으로 발전해온 산야의 약초들은 한 가지 약효뿐만이 아니고 인체의 각 기관에 보사(補瀉)의 역할을 고루 하여 치료보다는 기력회복이라는 측면에서 의미가 있다.

지난 1989년 10월 10~11일까지 이틀간 경희대학교 부설 동서의학연구소에서는 '국제동서의학 심포지엄'을 개최했다. 여기에는 미국,

일본, 중국, 인도, 인도네시아, 체코, 헝가리, 베트남, 가나 등 9개국 학자 30여 명의 참석으로 특별강연과 학술발표가 있었다.

우리나라 연세대학교 의대 재활의학과 전 과장은 「유발점과 경혈의 비교연구」라는 제목으로, 서양에서는 19세기 말부터 활발한 연구가 진행되고 있는 유발점(Trigger point: 신체의 일정 부분에 자극을 주면 그 일대 근육의 통증을 완화시킬 수 있는 지점)을 서양의학은 165개를 밝혀냈다. 이것을 한의학의 경혈과 비교했을 때 86%가 정확히 맞는다는 것을 발표했다.

일본의 오사카 의대 마취과장 호도 마사유키 교수는 25년간의 치료경험을 통해 암 말기의 심한 통증, 헤르페스성 신경통, 요통 등에서 침술이 좋은 성과를 낸다는 것을 입증했다.

체코의 프라하 국립약물연구소의 카르마치네 박사는 동구권의 전통의학연구소에서도 침·뜸·생약 등이 널리 활용되고 있으며, 약초의 재배, 개량도 상당히 진전되고 있음을 밝혔다.

소련의 모스크바엔 동구권 최대의 전연방 약용식물연구소가 있으며 톰스코에서는 시베리아 지방 약초를 연구하고 있다고 했다.

또 불가리아의 소피아 시립병원에는 한방치료과까지 설치돼 있으며, 헝가리에서도 '자연요법'이 크게 각광받고 있다는 이야기도 나왔다.

이렇게 볼 때 한의학은 서양의학에 못지않은 좋은 방법임에는 틀림없으나 그간 백안시되어 온 이면에는 치료법을 체계화·근대화·과학화하지 못한 데에 있어 아쉬움으로 남는다. 한편 한 가지씩이라도 과학화하려는 노력이 있음을 기쁘게 생각한다.

그중 한 가지는 경희대학교 부속 한방병원 침구과 강 교수는 '인삼수침'에 대해 발표를 했는데, 특정 부위에 침을 놓고 거기에 인삼에서 추출한 액을 주입해 치료성과를 얻었음을 발표했는데, 이를 쥐 실험을 통하여 설명하고 당뇨병과 체중감소의 쥐에서 성공을 거두었다고 한다.

앞으로 더욱더 많은 실험 결과가 나와 우리를 기쁘게 하려니와 이제라도 동서양의 의학이 접목되어 병으로 고통받는 환자 또는 예방적 차원의 여러 연구가 각광받게 되길 빈다.

이것은 비단 일반환자뿐 아니라 임신한 신혼부부에게도 좋은 자료가 될 것이며, 결혼 후 시댁이나 친정 부모님 또 처가의 일을 걱정하는 사위의 입장에서도 알아두면 좋은 참고가 되겠기에 소개하는 것이다.

그것은 이런 사항을 알아야 행할 수 있기 때문에 실천태교의 방법론 중 하나라 할 수 있다.

약초(藥草), 우리나라에 자생하는 것

'병 있는 곳에 약 있다.'

인간이 사는 곳에는 어딘가에 약초가 있다 한다. 그런데 우리나라 전역이 천혜의 약초 생성지역이라 밝혀지니 반갑다. 더욱이 '자연은 의미 없는 짓을 하지 않는다'고 했으니 그것을 잘 가리는 것은 인간의 능력이다. 많은 초목 속에서 이것들을 발견하고 또 시험해보고 하는 동안 약리효과를 알아내어 발전시킨 것이 한의학이다.

여러 가지 상생상극(相生相剋)하는 원리와 보(補)하고 사(瀉)하는 이치를 캐내어 인간이 탈이 나면 이것들을 합성하여 약으로 승화시켰다. 그러나 양의학의 발달과 사회변화에 따르지 못한 한의학은 뒷전으로 밀렸다.

그럼에도 불구하고 양약은 필요성분만 추출한 것으로 종합적 의미를 갖지 못하므로 어느 면에서는 한약도 겸하여 발전하기를 기대하게 되는데, 현대는 인지가 발달하여 웬만한 것은 일반 가정에서도 쉽게 이용할 수 있어야겠기에 여기서 몇 가지만 참고로 검토해보기로 한다.

어떤 것은 그것이 좋다고는 하지만 왜 좋은지도 모르고 있음으로 그 까닭을 풀어보는 것도 재미있으리라 본다. 그러나 이건 약학적이 아니므로 약학적 견지에서 본 것이 아님을 이해 바란다.

일반적으로 인삼, 녹용을 모르는 사람은 없다. 그러나 다시 본다.

1. 산삼은 심산유곡의 공기 맑고 물 맑은 곳에서 10년, 20년, 혹은 훨씬 더 많은 세월 동안 그 산의 정기를 받고 약 성분을 응집한 것이어서 불로, 장수, 회춘에 특효라 한다. 그러나 희귀하다.

2. 인삼은 사람이 재배한 것이나 그 효능이 특출해 일명 불로초, 일명 만병통치 혹은 정력이나 건강에 특효라 하며 우리나라 것이 제일이다.

그러나 현대의학 상식으로 풀어보면,

① 열이 나는 사람에겐 열을 내리게 하고 부족한 사람에겐 체온을 증진시킨다.

② 설사하는 사람에겐 설사를 멎게 하고 변비인 사람에겐 배변을 편하게 한다.

③ 소변이 어려운 사람에게는 이뇨작용을 활성화시키고 자주 하는 사람은 덜하게 한다.

또 달리 표현해보면,

① 소화기 작용이 불량한 사람에겐 소화를 촉진시킨다.

② 호흡기 작용이 불량한 사람에겐 호흡기 작용을 원활케 한다.

③ 혈액순환작용이 좋지 못한 사람에겐 순환을 촉진시킨다.

④ 영양이 부족한 사람에겐 영양을 보충시킨다.

⑤ 심장이 약한 사람에게 필요한 성분으로 심장운동을 정상화시켜 준다.

이상과 같이 우리 건강엔 참으로 특효의 성분이 있음을 발견할 수 있다.

3. 녹용이 사람에게 좋은 것은 사슴이 깊은 산 넓은 들에 자라는 오만 가지 식물과 열매 중에 좋은 것 99가지를 먹고 살기 때문이라는데, 우리나라 것이 특별히 효험이 있다는 것은 그중에 산삼도 끼어 있기 때문이라 하니 따로 의미를 부여해볼 만하지 않을까 한다.

식물, 실과에서 얻을 수 있는 것
- 열매-결명자, 오미자, 뽕, 머루, 다래, 유자, 치자, 비자
- 실과-밤, 대추, 잣, 호두, 은행, 땅콩, 깨
- 뿌리-도라지, 더덕, 칡, 연근, 목단뿌리, 마늘, 생강, 파

그러나 한방에서 쓰는 것으로는 천궁, 박하, 백작약, 방풍, 반하, 황기, 감초, 석웅황, 목단피, 생지황, 마황, 자소, 갈근, 비자, 진피, 두충, 육모초, 익모초, 삼백초, 쑥, 당귀, 부자, 숙지황, 사군자, 후박, 구기자, 우황, 계피, 모과, 연, 산약, 백합, 행인, 녹두, 맥아, 오미자, 형개 등을

간단히 들 수 있다.

　좀 더 깊이 들어가면 재미있는 것도 많지만 그런 것은 전문적인 면이고, 우리는 이런 것을 알고 접할 수 있다면 좋겠다는 의미이다.

　이 세상에서 어떤 것은 쉽게 구할 수도 있고, 또 어떤 것은 가끔 먹고 싶을 때도 있다. 이는 그때 몸이 그것을 필요로 한다는 신호다. 그러나 기회가 없어 못 먹었다면 후에 그의 부족현상으로 병의 원인 중 하나가 되는 수도 있다.

　그때는 도리 없이 약으로 처방하게 되니 이런 이치를 알고 임신부들은 미리미리 몸의 요구에 응하여야 건강한 아기를 낳을 수 있는 것이므로 이런 것을 알아두자는 뜻이다.

　어쩌면 병은 외적인 문제(영향)도 있지만, 내적인 문제도 있으므로 이런 것을 참고로 넣는 이유가 태교와 어떻게 연관되는가를 알게 될 것이다.

재미있는 사상체질

사상체질(四象體質)이란

사람은 저마다 생김새나 마음씨가 다르듯 체질도 다르다.

일반적으로 말하는 알레르기 체질, 신경과민체질, 허약체질 등은 주위 환경이나 생활양식에 따라 수시로 변하기 때문에 이런 것을 체질이라 말할 수는 없고, 한의학에서는 태음인, 태양인, 소음인, 소양인의 네 가지로 구분하고 이것을 사상체질이라 부른다.

이것은 1백 년 전 이제마(李濟馬) 선생이 창안하고 현대에 와서 세계적인 특수체질 의학으로 추앙을 받고 더 발전을 위한 연구가 한창이므로 누구나 알아두면 도움이 될 것이다.

체질을 이렇게 구분하는 이유는 다음과 같다.

1. 사람은 누구나 태어날 때부터 이 중 한 체질을 타고 난다는 것
2. 태어난 후에도 환경이나 생활방식에 영향받지 않는다는 것
3. 각 체질 특성에 따라 내장기능이 서로 다르다는 것

따라서 걸리기 쉬운 질병도 서로 다르며 그렇기 때문에 치료법이

나 적용시킬 약물도 서로 다르다는 것, 그리고 음식에도 좋아하고 싫어하는 것이 다르다는 것이다.

　그래서 나름대로 선천적 특성에 따라 음식을 가려 먹게 되고 소화력도 다르므로 어떤 사람은 냉면을 좋아하고 어떤 사람은 찬 것을 먹으면 배탈이 나는 이유는 바로 이런 체질 특성 때문이다.

　이것을 간략히 구분해 설명하고자 한다.

사상의 체질적 특성과 좋은 음식

태양인

- 태양인은 폐와 식도 그리고 두뇌의 기능이 크고 간장과 쓸개 그리고 소장기능이 약한 특성이 있다.

- 외모는 대체로 가슴이 크고 어깨와 목덜미 부분이 발달하고 얼굴은 모나며 둥근 편이나 광대뼈가 나온 인상, 이마가 넓고 눈에 광채가 있다.

- 그러나 척추와 허리에 힘이 약해서 오래 서 있기 싫어하고 다리 힘이 약해 오래 걷지를 못한다.

- 여성은 몸이 건강해도 생식기능이 약해 아기를 갖지 못하는 경우가 있다.

- 사교에 능하며 사고력이 뛰어나서 판단력은 강하나 계획성이 부족하다.

- 자존심이 강해 마음먹은 일이 잘 안 되면 크게 분노하는 일이 있어 이 때문에 병을 일으키는 경우가 많다.

- 이런 체질의 사람을 용(龍)의 체질이라 한다.
- 식도 위의 만성질환이나 허리, 다리의 근육, 무력증이 오기 쉽다. 만 명에 3~4명 정도의 확률을 보인다.
- 희귀한 체질이라 특별한 음식, 약 등이 개발되지 않았다.
- 일반적, 영향학적 음식은 오히려 해로워 기능저하와 질병이 생긴다. 음식은 평소에 더운 것보다는 시원한 것, 농탁한 것보다는 담박한 것이 좋고, 맵고 짠 것보다는 싱거운 것을 좋아한다. 이런 것이 건강에 유익하다.

태음인

태음인은 간장, 소장, 쓸개 그리고 코, 척추, 근육의 기능이 강하고 폐장과 식도, 기관지, 위 그리고 피부나 귀의 기능이 약하다.

우리나라 사람 30~40% 정도가 태음인으로 인정되고 있다. 체격이 크고 몸이 건강하고 남자다운 사람 중에 많다.

- 외모로 보기에는 윗배와 허리통이 크고 실하다. 그러나 가슴부위가 몸에 비하여 약하게 보인다.
- 골격이나 키 등 모든 부위가 크지만 특히 손발이 커서 기성화나 기성복이 맞지 않는 사람이 많다.
- 근육 체질에 피부가 검고 강인한 사람과 살은 쪘지만 두부살에 피부가 흰 귀공자형도 있다.
- 땀구멍이 커서 땀을 많이 흘린다.
- 얼굴 윤곽이 뚜렷하여 눈, 코, 입이 크고 입술이 두껍다.
- 턱이 길고 후중하여 거만하게 보이는 경우가 많다.
- 상체보다 하체가 발달하여 머리를 똑바로 하며 배를 내밀고 천

천히 발을 디뎌 안정성이 있고 점잖아 보인다.

- 남자는 눈매가 위로 올라가 경우에 따라 성난 모양 같다.
- 여자는 눈의 자태는 없으나 시원스럽다. 음성은 탁하거나 웅장하다.
- 성격은 겉으로 점잖아 보이나 속으로 음흉하다. 고집이 세어 하고자 하는 일은 남모르게 밀고 나간다.
- 앉은자리에서 뭉개고 뛰쳐나가려 하지 않으며, 묵묵히 있어도 속으로는 무궁무진한 설계를 하고 실천해 나간다.
- 여러 가지 도락을 즐기는 경향이 있다. 자기주장은 타인에 개의치 않고 밀고 나간다.
- 비논리적인 것 같아도 신념과 내용이 있다.
- 다른 체질에 비하여 생각하는 시간이 더디지만 한번 시작하면 무게 있고 폭넓은 내용의 일을 한다. 이런 성질을 소(牛)의 체질이라 한다.
- 걸리기 쉬운 질병으로 고혈압, 당뇨, 심장질환, 간장질환이 많다. 이유는 간이 크고 폐가 작기 때문이다.
- 음식은 육류 중에 쇠고기(단백질)를 좋아하고 우유 종류가 포함된 제품 모두를 좋아한다.
- 몸이 허약할 때 쇠뼈를 고아 먹이면 강장식이 된다. 생선류는 지방이 적고 담백한 것이 좋다.
- 항상 영양과다로 질병 발생이 많다. 동물성 지방을 줄이고, 채식을 많이 하도록 한다.
- 채소로는 무, 도라지, 더덕이 좋고, 곡물은 콩, 율무, 쌀이 좋다(율무와 쌀은 체내의 지방과 담을 삭혀줌-비만 예방). 과일로는 배, 호두, 은행, 잣, 살구, 밤 등이 좋다.

이것들은 태음인의 기호식이며 약효로도 좋다. 대체로 식성 좋고 음식을 가리지 않아 과음과식이 많다. 고로 간장, 심장, 위 기능에 무리를 주니 절도 있는 섭생이 필요하다.

소양인

비장, 췌장, 위 등의 근육 그리고 유방과 눈의 기능이 강하고 콩팥과 생식 기능 그리고 대장, 방광, 뼈의 기능이 약하다.

우리나라 사람 중, 20~30%를 점하는 비교적 많은 분포다.

- 외형적 특성은 가슴과 어깨가 발달하지 않았지만 넓고 엉덩이는 작으면서 추켜올라가 다리가 가볍다. 걸음걸이가 빠르고 목표를 향해 곧바로 걷는 형이다.
- 머리는 앞뒤가 나온 사람이 많으며 둥근 사람도 있다.
- 항상 명랑한 인상이며 눈이 초롱초롱하여 생기가 있다. 눈을 마주치면 상대가 오히려 눈을 피할 정도이다.
- 입은 크지 않으며 입술이 얇고 피부는 창백한 듯하여 희며 윤기가 없다.
- 음성은 낭랑하며 말할 때는 미사여구가 없고 즉흥적, 단도적입적이고 비논리적이다.
- 보기에 경솔하고 무슨 일이나 빨리 시작하고 빨리 끝낸다. 따라서 실수 많고 거칠며 싫증도 잦아 용두사미 경향이 짙다.
- 여자는 생식기능이 약해 아기가 적고 남자는 양기부족이 많다.
- 성격은 외향적이어서 항상 밖의 일을 좋아하고 가정이나 자신의 일에는 경솔한 편이다. 남의 일과 공적인 일에는 희생을 아끼지 않는다(이것으로 보람을 느낌).

- 판단력은 빠르나 계획성이 적다(일이 안 될 때는 쉽게 체념).
- 경박한 듯하나 다감하고 봉사정신이 강해 사람들에게 호감을 산다.
- 무슨 일이든 잘 만들고 개척정신이 투철하나 조직과 마무리는 미흡하다.
- 솔직 담백하여 마음을 털어놓고 꾸밈이 없다.
- 타산이나 이해관계로 변절하지 않는다.
- 욕심이 적고 성질이 급하며 오락에는 소질이 없다.
- 이런 체질을 나귀의 성질이라 한다.
- 신체는 위장의 기능이 튼튼해 소화가 잘 된다.
- 배 속은 항상 뜨거워 겨울철에도 냉수를 좋아한다.
- 병에 잘 거리지 않으나 일단 걸리면 치료가 어렵다.
- 음식은 돼지고기가 좋고 기운이 생긴다. 닭고기, 개고기 등은 두드러기와 종기가 나기 쉽다(혹은 컨디션이 나쁠 수도 있다).
- 주식으로는 보리를 많이 섞는 것이 좋은데, 이런 것들은 위와 장을 편안하게 하며 용변도 잘 되게 한다.

소음인

비장, 위, 장, 근육, 유방이 기능이 약하고 콩팥, 방광, 생식 기능이 강하다.

우리나라 사람의 40~50% 정도로 가장 많은 분포를 이루고 있다.

- 외형은 상체보다 엉덩이에서 하체가 발달하여 균형감을 준다. 키 큰 사람보다 작은 사람이 많고 용모가 잘생겼다.
- 여자는 오밀조밀하게 생겨 예쁘고 애교가 있다.
- 이마가 솟고 눈, 코, 입이 크지 않으며 눈에 정기가 없어 보인다.

- 피부는 매우 부드럽고 땀이 적으며 겨울에도 손이 트지 않는다.
- 몸의 균형이 좋아 걸음걸이가 자연스럽고 얌전하며 말할 때는 눈웃음 짓고 조용, 침착, 조리 정연하다. 그러나 천박한 제스처로 품격을 떨어뜨리는 사람도 있다.
- 항상 수심에 쌓여 깊은 한숨 쉬는 버릇도 있다.
- 성격은 내성적이나 사교성이 있으며 겉으로 유연, 속은 강직 섬세하고 과민하여 늘 불안한 마음이 있다.
- 일은 아전인수 격으로 생각해 실리주의적 경향이 있다.
- 총명하여 판단력이 빠르고 매우 조직적, 사무적이다. 맡은 일은 빈틈없이 처리하고 윗사람 비위를 잘 맞춘다.
- 지능이 발달하여 불의의 사건을 일으키기도 하며 의외로 오해하기 쉽고 꽁한 마음이 잘 풀리지 않는다.
- 여자는 생식기능이 좋아 다산하는 경향이 있다. 이런 체질을 말(馬)의 성질이라 한다.
- 신체는 속이 냉하고 위장기능이 약해 위장병이나 설사를 잘 한다.
- 식성이 까다롭고 더운 음식을 좋아하고 매운 것을 즐겨 여름에도 냉수를 꺼리며 물을 많이 마시지 않는다.
- 독삼탕, 삼계탕, 보신탕, 염소탕, 뱀탕 등 소위 강정식품이라는 것이 소음인에게 잘 맞는다.
- 육류로는 닭, 개, 염소, 꿩, 명태 등이 좋으나 이 체질은 과식하면 위장장애가 유발될 수 있으니 조절이 필요하다.
- 돼지고기는 소량을 먹으면 몸에 좋으나 많이 먹으면 탈이 생긴다.
- 여름철에도 냉면, 녹두음식, 빙과류 등은 안 좋다.
- 곡물류는 찹쌀이 좋다. 소음인의 위장질환 설사 등에는 순 찹쌀

밥이나 인절미 등을 만들어 먹으면 위장에 부담이 적고 질병 치료에도 도움이 된다.

이상에서 설명하였거니와 사상체질을 구별하는 방법은 다음과 같다.

- 기상(氣象)을 보는 법
- 체형(體形)을 보는 법
- 피부(皮膚)를 보는 법
- 맥(脈)을 보는 법
- 특징(特徵)을 보는 법
- 행보(行步)를 보는 법
- 음성(音聲)을 보는 법
- 성질(性質)을 보는 법
- 기능과 취미를 보는 법
- 평소의 증세를 보는 법

그러나 근자에는 척도법(尺度法)으로 몸을 재보고 체질을 가리는 이도 있고, 맥이나 관형(觀形), 찰색(察色)으로 또는 침(針)으로 가리는 이도 있으나, 팔상론에서 자세히 설명하고자 한다(경희대학교 한의대 송병기 박사의 글 참조).

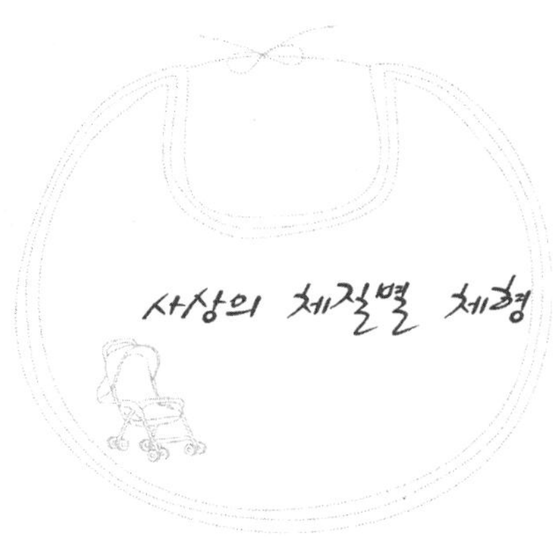

태음인

얼굴이 둥글고 몸도 손도 둥글며 눈이 크고 허리가 굵고 대개는 쌍꺼풀이다. 열이 많으며 살이 검고, 몸이 찬 사람은 살이 무르다.

혈색이 검은 사람은 체질이 건강하며 뼈가 딱딱하고 살은 단단하며 대개 코가 뭉뚝하고 주먹과 같다.

소음인

얼굴이 길고 방광이 넓어서 뾰족 튀어나오고 항상 명치와 손발이 찬 것을 느끼며 추운 날 고기를 먹으면 소화가 안 된다. 성질은 늘 조용한 것을 좋아하고 사람이 많이 모인 곳을 싫어한다. 혈색은 황색이 많고 백색도 더러 있으며 살은 부드러운 편이다.

소양인

얼굴이 길고 어깨가 넓고 가슴이 벌어졌으며 하초가 허하다. 눈이

크고 쌍꺼풀이 많으며 자주 깜박거리고 매부리코에 날카롭다. 걸음을
잘 걷고 외교술이 좋아 사람이 운집한 곳을 좋아한다. 혈색은 붉은
사람이 많고 살갗이 거칠다(금랑보결 참조).

※ 자기의 체질을 알아내는 방법에 대해서는 p.254를 참고하시오.

<표 3> 태양인과 태음인의 체질적 특성표

구분	태양인	태음인
장기 기능	폐 기능 강, 간장 기능 약	폐 기능 약, 간장 기능 강
감각 기능	청각 발달(듣기 잘함)	후각 발달(냄새를 잘 맡는다)
몸의 특징	가슴이 넓다, 목덜미 발달 하체가 약하다	허리 부위 발달, 피부나 성기나 모공이 크다
성격	강직, 독선적	너그럽다. 음흉하다
적성(직업)	발명가, 전략가	실업가, 정치인
발병이 쉬운 질병	소화장애, 눈병, 하지무력증	고혈압증, 간장질환, 기관지질환

<표 4> 태양인과 태음인의 식품 비교표

	태양인		태음인	
	허용식품	제한식품	허용식품	제한식품
곡물	주식으로 메밀이 으뜸 조, 보리, 수수, 녹두, 팥	흰쌀, 정맥 밀가루	주식으로 쌀, 밀, 콩이 좋음. 특히 두류가 좋음	메밀녹두
동물성	새우, 소라, 전복, 굴, 홍합, 특히 어패류가 좋다	소고기, 닭, 돼지	특별히 소고기가 좋다 어린이에게는 우유제품이 좋다	돼지고기
채소류	상치, 양배추, 배추, 감자 등	마늘 등 향긋한 것	무, 도자지, 더덕, 연근 등	없음
과일류	포도, 앵두, 다래, 모과 등	당분이 많은 과일	밤, 잣, 호두, 배 등	수렴성 강한 과일
약물	오가피, 모과 등	인삼, 숙지황	녹용, 연자육, 산약	인삼, 부자

<표 5> 소양인과 소음인의 체질적 특성표

구분	소양인	소음인
장 기능	− 비장, 위장, 기능 강함 − 신장, 방광, 기능 약함	− 신장, 방광, 기능 강함 − 위장, 비장, 장 기능 약함
기품	날쌔고 가볍다	세밀하고 재주가 있다
용모	명랑, 명석	얌전, 온순
감각 기능	시각 발달(보기 잘함)	미각 발달(맛을 잘 암)
몸의 특징	− 상체 발달, 하체 약함 − 보행 불안정, 걸음이 빠름	− 엉덩이 크고, 피부가 곱다 − 자세가 앞으로 굽어 있다
성격	돌진형	사색형
적성 직업	상업−사무−행정	교육−종교−예술
발병이 쉬운 질병	− 만성신장, 방광질환 − 정력부족, 더위를 탄다	− 급・만성 위, 장 질환이 많다 − 복통 쉽고, 추위를 탄다

<표 6> 소양인과 소음인의 식품 비교표

	소양인		소음인	
	허용식품	제한식품	허용식품	제한식품
곡물	주식은 보리, 팥, 녹두 등을 많이 섞는 것이 좋다	찹쌀 차조	찹쌀 많이 섞는 것이 좋다	보리, 밀가루, 메밀, 녹두
동물성	돼지고기, 소고기, 복어, 오징어, 새우, 굴, 청어, 게	닭고기 개고기	닭고기, 소, 개고기, 조기, 명태, 꿩, 참새	돼지고기
과일류	배, 오렌지, 바나나, 참외, 수박, 딸기		사과, 토마토, 귤, 복숭아, 감	수박, 배, 딸기
채소류	배추, 양배추, 상추, 쑥갓, 오이	마늘, 파, 생강	무, 시금치, 미나리, 쑥, 양배추, 당근, 갓, 파	
조미식품	참깨, 참기름	매운 것, 짠 것	파, 마늘, 후추, 생강, 들깨, 꿀, 김, 미역, 들기름	너무 매운 것, 찬 것
음료수	찬물, 냉 음료	소주, 독주	더운물, 꿀물	맥주, 막걸리, 냉 음료
약물	숙지황, 산수유, 구기자	인삼, 부사	인삼, 당귀, 황기	숙지황 등

팔상(八象) 체질의학

　　이제마 선생의 사상의학을 현대화하는 과정에서 1960년대 초 권도원 박사(한의학)가 불완전한 점을 보완하여 발표된 것으로 5장 5부의 허와 실을 한데 묶어 여덟 체질로 나눈 것이다.

　　즉, 인체에는 5장(간, 심장, 지라, 폐, 콩팥)과 5부(쓸개, 대장, 소장, 위, 방광)가 있는데, 오행(五行)으로 보면

　　금(金)은 폐와 대장이며,

　　수(水)는 신과 방광이고,

　　목(木)은 간과 담이며,

　　화(火)는 심장과 소장이고,

　　토(土)는 위와 비장이다.

　　사상의학에서는 장(臟)의 허와 실만 논했고, 부(腑)의 허와 실은 연구되지 못했다. 또 사상의학에서는 부가 장에 예속된 것으로 보았는데 부는 독립된 기관으로 보는 것이 중요하다.

그래서 팔상의학은 사상의 4체질을 다시 Ⅰ형과 Ⅱ형으로 구분하여 여덟으로 나눈다.

예를 들면 Ⅰ형에서는 부계를 부가 양이니 홀수라 하고, Ⅱ형에서는 장계를 장이 음이니 짝수로 하여 8상으로 만든다.

태양인 Ⅰ형은 대장이 실하고 담이 허약한 체질이니 대장이 실한 것이 병의 원인이므로 치료법은 대장을 사(瀉)하는 법으로 기능을 감소시킨다.

태양인 Ⅱ형은 폐가 실하고 간이 허약한 체질로 폐가 병의 원인이므로 간을 보(補)하는 치료법을 쓴다.

소양인 Ⅰ형은 위가 실하고 방광이 허약한 체질로 위가 병의 원인이므로 위를 사(瀉)하는 치료법을 쓴다.

소양인 Ⅱ형은 비장이 실하고 신장이 허약한 체질로 비장이 질병의 원인이므로 신을 보하는 치료법을 쓴다.

태음인 Ⅰ형은 담이 실하고 대장이 허한 체질로 담이 질병의 원인이므로 대장을 보(補)하는 치료를 한다.

태음인 Ⅱ형은 간이 실하고 폐가 허한 체질로 간이 병의 원인이므로 간을 사하는 치료를 쓴다.

소음인 Ⅰ형은 방광이 실하고 위가 허약한 체질로 위가 질병의 원인이므로 위를 보(補)하는 요법을 쓴다.

소음인 Ⅱ형은 신장이 실하고 비장이 허약한 체질로 신장이 병의 원인이므로 신장을 사(瀉)하는 요법으로 해야 한다.

이상이 팔상의학의 요점으로 사상의학보다는 훨씬 발전된 체질론이라고 할 수 있다.

팔상의학은 다시 체질별 유해식품, 무해식품과 맥진법을 발표했다.

그리고 장부(臟腑)의 허실을 보사(補瀉)하기 위한 체질 침법(針法)을 개발하기도 했다.

체질 진단만 정확히 하면 특별한 치료를 하지 않고도 식품을 구별, 섭취하는 것으로 고질병도 자연 치유되는 경우를 많이 보았다. 식품도 약이므로 해가 되는 식품을 6개월~1년 동안 섭취하지 않으면 된다. 고로 병의 1차적인 원인은 체질에 맞지 않는 식품을 모르고 먹는 데서 오는 것이라 하여 각 체질별 식품을 나열한다. 이런 것을 알아두는 것은 남편의 건강이나 가족 그리고 출산 후 자녀의 건강을 유지하는 데도 도움이 될 것이다.

태양인 Ⅰ형

- 유해식품 – 육류, 기름, 밀가루 식품, 옥수수, 콩, 우유, 설탕, 커피, 녹용, 밤, 잣, 도라지, 무, 당근, 마늘
- 무해식품 – 보리, 쌀, 조개류, 생선, 채소, 김, 미역, 귤, 사과, 복숭아, 포도, 겨자, 후추

태양인 Ⅱ형

- 유해식품 – 육류, 기름, 술, 밀가루 식품, 고추, 마늘, 무, 당근, 도라지, 녹용, 밤, 사과, 계란노른자, 인삼
- 무해식품 – 보리, 쌀, 메밀, 팥, 조개류, 계란흰자, 생선, 푸른 채소, 게, 새우, 생굴, 젓갈, 포도, 딸기, 바나나, 초콜릿

소양인 Ⅰ형

- 유해식품 – 찹쌀, 감자, 고구마, 미역, 닭고기, 염소고기, 개고기, 파, 사과, 귤, 후추, 겨자, 카레, 인삼, 벌꿀, 비타민 B군

- 무해식품－쌀, 보리, 팥, 조개류, 돼지고기, 계란, 양배추, 오이, 배추, 게, 새우, 생굴, 감, 배, 참외, 포도, 딸기, 바나나, 파인애플, 초콜릿

소양인 Ⅱ형

- 유해식품－찹쌀, 차조, 감자, 미역, 김, 닭고기, 개고기, 파, 생강, 사과, 귤, 후추, 겨자, 카레, 생강, 참기름, 벌꿀, 비타민 B군
- 무해식품－쌀, 보리, 밀가루 식품, 콩, 팥, 배추, 무, 오이, 당근, 쇠고기, 돼지고기, 계란, 배, 감, 참외, 수박, 딸기, 바나나, 생굴, 새우, 게, 마늘

태음인 Ⅰ형

- 유해식품－메밀, 술, 조개류, 고등어, 갈치, 게, 새우, 오징어, 배추, 초콜릿, 포도당 주사
- 무해식품－쌀, 콩, 수수, 두부, 쇠고기, 닭고기, 우유, 무, 도라지, 사과, 잣, 호두, 은행, 밤, 배, 수박, 마늘, 녹용

태음인 Ⅱ형

- 유해식품－술, 조개류, 고등어, 갈치, 게, 새우, 배추, 코코아, 초콜릿, 포도당 주사
- 무해식품－쌀, 콩, 두부, 수수, 무, 당근, 도라지, 마늘, 쇠고기, 우유, 계란, 배, 사과, 수박, 호두, 잣, 밤

소음인 Ⅰ형

- 유해식품－보리, 팥, 돼지고기, 계란흰자, 오이, 생굴, 게, 새우, 바나나, 맥주, 냉한 음식
- 무해식품－찹쌀, 감자, 옥수수, 닭고기, 염소고기, 개고기, 참기름,

인삼, 시금치, 상추, 파, 생강, 마늘, 겨자, 후추, 토마토, 사과, 귤, 벌꿀

소음인 Ⅱ형
- 유해식품 - 보리, 팥, 돼지고기, 계란흰자, 오이, 생굴, 게, 새우, 바나나, 맥주
- 무해식품 - 찹쌀, 감자, 옥수수, 미역, 김, 닭고기, 개고기, 쇠고기, 참기름, 상추, 파, 생강, 마늘, 겨자, 후추, 카레, 토마토, 귤, 사과, 복숭아, 벌꿀, 인삼

지금까지 연구된 식품 101종 중 모든 체질에 고루 좋은 음식은 단 18가지였다.

과일로는 복숭아, 딸기, 토마토가 모두에게 좋았으며, 채소로는 상추, 시금치, 쑥갓, 파슬리, 고추, 마늘, 호박, 가지, 연근, 우엉이다.

곡식으로는 현미, 백미, 메조, 옥수수와 비타민C였다. 모든 체질에 다 맞지 않는 것으로 설탕을 꼽는다.

한편 오가피는 태양인에게 대추는 소양인에게만 좋았으며 참외와 영지버섯은 소양인에게만 특별히 유익했다(이것은 공통으로 좋은 것이 아님).

공통적으로 해로운 음식 외에 특정체질에 해로운 쪽의 음식은 태음인에게는 포도당이 해로웠고, 소음인에게는 보리, 오이, 바나나, 회색 팥, 빨간 팥이, 태양인에게는 열무, 무, 우유, 달걀, 쇠고기가 소양인에게는 감자, 고구마, 샐러드, 파, 양파, 부추, 생강, 귤, 오렌지, 레몬, 미역, 김, 다시마, 조기 등이 각각 해로운 것으로 나타났다.

<표 7> 체질별 식품과의 관계(101종)

×해 ○유익

식품	태양인	소양인	태음인	소음인	식품	태양인	소양인	태음인	소음인	식품	태양인	소양인	태음인	소음인	식품	태양인	소양인	태음인	소음인
백미	○	○	○	○	설탕	×	×	×	×	토마토	○	○	○	○	호두	×	×	○	×
현미	○	○	○	○	포도당	○	○	×	○	겨자	×	×	○	○	은행	×	×	○	×
찹쌀	×	×	○	○	초콜릿	○	○	×	×	후추	×	×	○	○	잣	×	×	○	×
보리	○	○	○	×						카레	○	○	○	○	복숭아	×	○	○	×
밀가루	×	○	○	×	배추	○	○	×	×	무	×	○	○	○	미역	○	×	○	○
메밀	○	○	×	×	양배추	○	○	×	×	당근	×	×	○	×	김	○	×	○	○
흰콩	×	×	○	○	케일	○	○	×	×	연근	○	○	○	○	다시마	○	×	○	○
검은콩	○	○	×	×	상추	○	○	○	○	도라지	×	×	○	×					
유색콩	○	○	×	×	열무	×	○	○	○	더덕	×	×	○	×	쇠고기	×	○	○	○
강낭콩	○	○	×	×	시금치	○	○	○	○	우엉	○	○	○	○	돼지고기	×	○	○	×
땅콩	×	○	○	×	쑥갓	○	○	○	○	마	×	×	○	×	닭고기	×	×	○	○
회색 팥	○	○	○	×	셀러리	○	×	○	○	참외	×	○	×	×	개고기	×	×	○	○
빨간 팥	○	○	○	×	파슬리	○	○	○	○	수박	×	○	○	×	우유	×	○	○	○
율무	×	×	○	×	미나리	×	○	×	×	딸기	○	○	○	○	계란	×	○	○	○
메조	○	○	○	○	파	○	×	○	○	감	○	○	×	×	조개	○	○	×	×
차조	×	×	○	○	양파	○	×	○	○	배	○	○	×	×	새우	○	×	×	×
수수	×	×	○		부추	○	×	○	○	사과	×	×	○	○	게	○	○	×	×
옥수수	○	○	○	○	고추	○	○	○	○	귤	○	×	○	○	귤	○	○	×	×
녹두	○	○	×	×	생강	○	×	○	○	오렌지	○	×	○	○	오징어	○	○	×	×
참깨	○	×	○	○	마늘	○	○	○	○	레몬	○	×	○	○	갈치	○	○	×	×
검은깨	○	○	×	×	깻잎	○	○	×	×	포도	○	○	×	×	고등어	○	○	×	×
들깨	○	○	×	×	호박	○	○	○	○	바나나	○	○	○	×	청어	○	○	×	×
감자	○	×	○	○	가지	○	○	○	○	대추	×	×	×	○	조기	○	×	○	○
고구마	○	×	○	○	오이	○	○	○	×	밤	×	×	○	×					
꿀	×	×	×	○	녹용	×	×	○	○	오가피	○	×	×	×	비타민 E	×	○	×	×
인삼	×	×	○	○	영지	×	×	○	○	비타민 B	×	×	○	○	비타민 C	○	○	○	○

이상과 같이 하여 팔상 체질은 진단을 팔상 맥진법(脈診法)으로 하고, 치료는 체질침법(體質鍼法)으로 하여 각자에 맞는 유효한 처방을 하고 있다. 그러나 1차 진맥은 70% 정도의 정확성밖에 안 되어 '오링'과 '완력' 그리고 '식품 테스트법'으로 보완하여 100%가 된다.

권도원 박사의 맥진법(脈診法)

마주 앉은 상태에서 검사자는 피검자의 왼손 손목을 잡고 검지(둘째손가락)는 촌맥(寸脈)을, 중지(셋째)는 관맥(關脈)을 누르며, 장지(넷째)는 척맥(尺脈)을 누르고 피검자의 손목 중앙을 중심으로 오른쪽과 왼쪽의 양쪽 맥의 상태를 측정한다.

요점은 세 손가락의 힘을 똑같이 강하게 누르면서 요골 측(바깥쪽)으로 약간 당긴다. 그리고 세 손가락 중 어느 손가락의 맥이 최후까지 뛰는지 살펴보는 것이다.

이때의 체질별 맥의 특징은 다음과 같다.

1. 태양인 Ⅰ형－척맥의 왼쪽이 약하고 길며 촌맥의 오른쪽이 약하고 짧게 감지된다.
2. 태양인 Ⅱ형－척맥의 왼쪽과 관맥의 오른쪽이 모두 약하고 길게 감지된다.
3. 소양인 Ⅰ형－촌맥과 척맥의 왼쪽(때로는 관맥의 왼쪽)이 약하고 짧게 또는 관맥의 오른쪽이 강하고 길게 감지된다.
4. 소양인 Ⅱ형－촌맥의 왼쪽이 약하고 짧게 감지되며 관맥의 오른쪽이 강하고 짧게 감지된다.
5. 태음인 Ⅰ형－관맥의 왼쪽이 강하고 짧게 관맥의 오른쪽이 약하고 짧게 감지된다.
6. 태음인 Ⅱ형－관맥의 왼쪽이 약하고 길며 관맥의 오른쪽도 약하고 길게 감지된다(단, 오른쪽 맥이 더 강한 편이다).
7. 소음인 Ⅰ형－척맥의 왼쪽이 약하고 길게 감지되며 척맥이 오른쪽도 약하고 길게 감지된다.
8. 소음인 Ⅱ형－척맥의 왼쪽·오른쪽이 모두 강하고 짧되, 특히 오른쪽 맥이 더 강한 편이다.

이 같은 맥진법은 여러 가족이나 동료를 대상으로 1~2개월간 꾸준히 연습하면 충분히 익혀진다. 잘 안 되면 지도를 받으면 더욱 좋겠지만 여하튼 피검자를 조용한 방을 선택하여 침대에 눕히고 편안한 자세로 하는 것이 정확도가 높다.

가능하면 부부가 번갈아가며 서로를 맥진해보는 것도 효과적일 수 있다.

이상에서 맥진법을 약술했거니와 '오링 테스트'와 함께 각자의 체질을 진단해보고 음식도 가려 먹게 된다면 건강 유지법으로는 큰 도움이 될 것으로 생각한다.

자신뿐 아니라 남편의 건강도 마찬가지다.

현대 사회에서 만인 공통의 어떤 약, 어떤 음식이 요란하게 나타났다가 슬그머니 사라지는 경우도 많다. 그리고 우리 모두는 똑같이 그것을 먹는다. 그런 현상에서 자신에게 맞는 방법의 섭생이 가능하다면 건강과 임신, 출산, 육아와 시부모의 무병장수를 위해서도 알아둘 일이다. 성공하려면 '자신을 알자', '자신을 개발하라'는 말과 같이 나름대로 자기 체질을 파악하고 그에 맞는 것(음식이나 약)을 취한다는 의미에서 우리에게 큰 도움이 되는 연구라 할 수 있다.

어떤 음식이 A라는 사람의 건강에는 좋다고 하나, B라는 사람에게는 별 효과가 없고 오히려 설사를 하게 되는 바람직하지 못한 일이 발생할 수 있으니 이런 때를 잘 구별하여 참고하기 바란다. 동양 전래의 우리 의학을 좀 더 발전시키고 보니 우리 생활에는 잘 맞는 것이 아닌가 하는 점에서 많은 이용과 도움이 되었으면 하고, 욕심이라면 누구나 쉽게 할 수 있는 더 확실한 방법의 진전이 있기를 기대하는 바이다.

임부 편이 따로 있는 것은 아니지만 체질적 특성을 이해하면 모든 행동거지에 있어 금기와 권장 등에 나름대로의 특수성을 발견하고 체득하게 될 것으로 믿어 의심치 않는다. 부족한 것은 추후에 보완할 기회가 있을 것이다.

이 외에도 체질침법이 있어 병의 증후에 따라 치료까지 하는 기본방, 활력방, 장염증방, 무염증방, 마비방, 정신방, 살균방이 있으나 그건 임부에게는 소용이 되지 않는 것이므로 여기서는 생략하기로 한다.

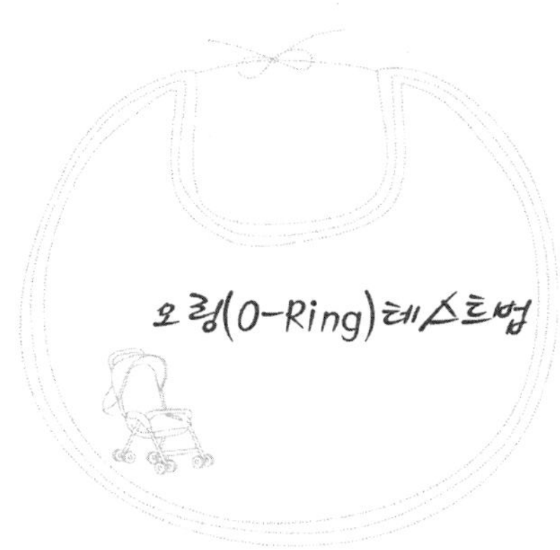

그런데 막상 자기 체질을 어떻게 판별하느냐 하는 문제에 봉착하므로 여기에 이명복 박사가 20년 전 발표된 것을 다시 보완하여 낸 테스트법을 소개한다.

이 오링테스트법은 2~3일간 연습하면 누구나 손쉽게 할 수 있는 것으로 자기 체질을 자기가 파악하는 데 도움이 될 것이다.

주의할 점은 검사하는 사람은 항상 일정한 힘으로 할 것과 검사받는 사람도 일정한 힘으로 열심히 임할 것을 당부한다.

우선 테스트에 앞서 시계, 반지, 장식품 등을 빼놓고 서로 마주보는 자세로 앉는다. 순서는 다음과 같다.

1. 피검자는 왼손을 펴 몸에서 10cm 떨어진 곳에 둔다.
2. 오른손을 약 20cm 내민 상태에서 엄지와 검지로 동그라미(오링)를 만들어 쥔다.
3. 피검자는 오링을 만든 손가락에 최대의 힘을 주게 한다.
4. 검사자는 동그라미 속으로 양손의 검지(둘째손가락)를 집어넣고

양쪽으로 당긴다(이때 피검자의 오링이 벌어지기 시작할 때의
힘의 정도를 측정해둔다. 단, 오링의 힘이 강해서 벌어지지 않으
면 셋째손가락을 빌려도 된다).
5. 그다음 곡물, 야채, 과일, 빵, 과자 중 한 가지 식품(또는 약품)을
피검자의 왼손에 쥐게 하고, 오른손 오링의 힘을 다시 조사한다.

물론 이 경우 피검자의 오른 손가락은 최대의 힘을 주도록 하고 오
링테스트를 해야 한다.

만약 오링의 힘이 먼저 했을 때에 기억해둔 정도에 못 미쳐 힘없이 풀
어진다면 왼손에 쥔 식품(약품)은 피검자에게 해로운 것으로 해석된다.

반대로 어떤 식품(약품)을 왼손에 쥐었을 때 오링이 기억하고 있는
힘 그대로를 유지한다면 이것은 이로운 것이라 보면 이상이 없다.

예: 가령 2홉짜리 소주병을 쥐고 테스트할 때는 오링의 힘이 강하
고 바꾸어 양주병을 쥐고 테스트할 때는 힘이 약해졌다면 이 사람의
체질에는 소주가 맞는 것이라 보고 양주는 피하는 게 좋다.

이 같은 방법으로 특정인에게 맞는 음식과 맞지 않는 음식을 판별
할 수 있다. 이제라도 이런 방법으로 가려낸다면 그것은 건강식이요,
장수비결의 좋은 방법일 것이다.

예방의학으로 자신의 체질특성을 파악하자(그림 참조).

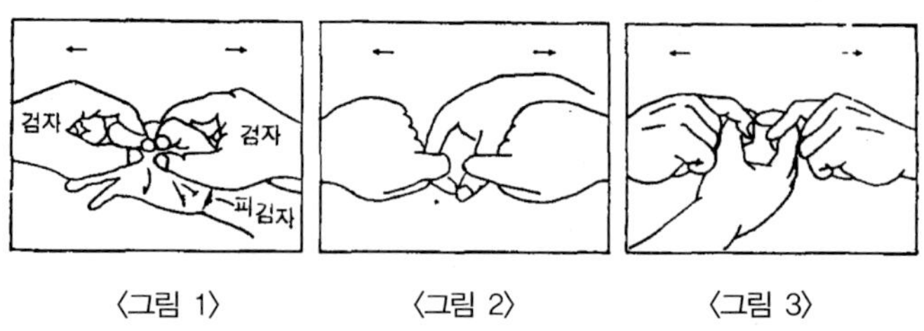

〈그림 1〉　　　〈그림 2〉　　　〈그림 3〉

이 방법은 일정한 무게를 오른팔로 들어 올리는 방법이다. 손목에 고리를 걸고 그 고리에 쇠뭉치를 달아 가능한 한 최대의 무게를 수평이 되는 데까지 들어 올리는 것이다.

테스트 전에 자신의 최대무게를 정한다. 여기서 쇠뭉치는 들어 올리기 쉽고 무게를 잴 수 있는 것으로 한다(역기의 바벨을 사용하면 편리하다). 바벨은 5kg, 3kg, 2.5kg, 1.5kg, 1kg 등이 있고 가운데 구멍이 나 있어 가능한 대로 무게를 조절할 수 있고 고리를 끼우기도 편하게 되어 있다. 고리를 손목에 낀 줄이 걸기 쉽게 만든 것을 쓰며, 그 아래쪽은 바벨 구멍을 통과하여 맨 아래의 핀을 끼워 떨어지지 않게 한다.

1. 양팔을 어깨 높이로 수평이 되게 올린 다음 준비한 쇠뭉치를 들어 올린다.
2. 양팔을 벌리고 한 팔목엔 쇠뭉치(바벨)를, 한쪽 손에는 식품을 쥔다.

3. 양팔을 벌린 상태로 바벨을 들어 올린다.

이때 왼손에 쥔 식품이 유익한 것이라면 오른팔은 전과 같이 수평으로 올리게 되지만 해가 되는 식품일 경우는 반 정도밖에 올라가지 않는다. 이것은 왼손에 쥔 식품 때문에 오른팔의 힘이 약해진 것이라는 원리이며, 이렇듯 나쁜 영향은 외부에서도 즉시 나타난다.

주스 같은 물 종류는 병째 드는 수밖에 없지만 무, 배추, 고기, 쌀 등은 얼마든지 손에 쥘 수가 있으니 테스트하기가 좋다.

이렇게 하여 모든 사람은 자신에게 유익한 식품과 해로운 식품이 있다는 것을 판별한다. 그런 것을 알고 가려 먹는다면 건강은 유지될 것이다. 임부도 마찬가지다. 음식물에 금기와 권장식품이 나오는데 그것은 공통의 경향이며 다른 사람에겐 해롭더라도 본인에게는 좋다고 하는 예가 많이 발견되는데, 그럴 때 이 방법을 활용해보면 태교의 금기가 잘못된 것이 아니라 자신의 체질이 다르다는 것을 알게 될 것이다.

모든 사람이 자기 체질의 유형을 알 수 있다면 건강비법이나 예방의 차원에서도 좋을 것이다(서울대학교 의대 명예교수 이명복 박사의 연구 참조).

제10장

풍속 이야기들

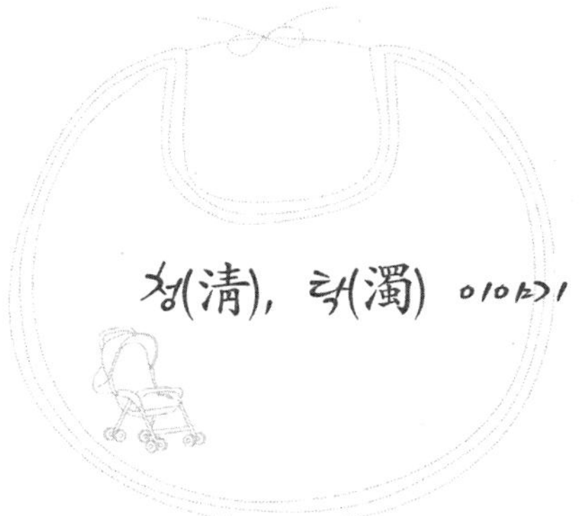

　새 생명의 탄생에 맑은 것과 탁한 것이 있다는 말은 오래전부터 우리 문화 속에 깊이 뿌리를 내려온 우생학적 견지의 비판과 분석으로 중요한 논제였다.

　음양설, 이기설 못지않게 태교에서는 청탁설에 관심이 집중됐다. 논의의 초점은 일반적으로 두뇌의 영민성이나 기억력으로 청탁을 구별하고, 실제적 예로서 술 취한 상태에서의 임신이나 임신 중의 금기(음식, 약)가 끼치는 영향 등이 정신적·육체적 건강과 어울려 결과까지 여러 유형의 예증이 제시된다. 그러나 아직도 요원한 이 문제에 접근하여 풀기 어렵다고 내버려둘 수는 없어 가까이 있는 일들에 관심을 집중하여 보니 어떤 사람은 머리가 맑아 기억력이 참 좋고 어떤 사람은 좀 흐리다. 이것을 한편으로 판단력, 창조력, 분석력, 연구력 혹은 암기력으로 발전시키고 다른 한편에서 영리한 모방력을 좀 더 발전시키면 다양한 정보화 사회의 감각능력과 적응력으로까지 진전시킬 수 있다. 따라서 풍토적 특성과 환경의 문제와 같이 인간이 가능한 능력에 도전하여 하나둘 풀어보는 것도 의미 있는 일이라 할 것이다.

그러나 이것은 뇌 학자(뇌를 연구하는 학자)들이 말하는 뇌세포 수, 시냅스 돌기의 연결 같은 의미와는 거리가 있다. 과학이나 의학적 분석의 표현방식은 물질의 수나 모양과 관계시키지만 여기서 말하는 의미는 원천적으로 질의 문제라고 하는 것이 타당하다.

모든 물질이 양과 질에 관계있듯 뇌가 맑다는 것이 꼭 기억을 많이 하는 기억의 양 말고 또 다른 표현의 선명성 같은 것이 있다고 본다. 그것은 컴퓨터 같은 기억력뿐만 아니고 내면적 의미를 포함하는 것이다.

설혹 그것이 수치를 암기하는 기억력이라 할지라도 흐릿한 기억력, 틀림없는 기억력이라 볼 때 기억력은 곧 맑고 흐림의 정도로 구분될 수 있다.

그렇다면 이것을 맑게 하기 위한 조치가 있을 것이므로 궁금함을 연결하여 환경적인 요인들을 나열해보면, 일단 정해진 원형은 여간해서 잘 변하지 않는다는 것을 발견한다.

바꾸어 말하면 학생들이 성적을 높이는 것은 열심히 공부를 하면 되는 것같이 말하지만 아무리 열심히 공부를 해도 성적이 오르지 않는 이유를 설명하지 못하며, 그렇다고 이것을 편의상 성분상의 문제로 알칼리성이나 산성의 과소 혹은 영양분의 과소로만 설명될 수 있을 것인가 하는 점이다.

뇌가 좋고 나쁜 것은 질의 문제지 양의 문제는 아니라는 데 일단 결론을 내리고 맑은 뇌를 만들기 위한 노력이 가능하다면 그것은 태교라는 장에서 다뤄볼 문제, 즉 잉태 시의 청탁설과 임신 중의 영향설에 관계있다는 데 귀납시킨다.

그래서 부모가 자녀의 맑은 뇌를 위해 잉태 시나 태중에 있을 때 심신을 맑게 했다면 자녀는 맑은 뇌를 타고나 좋은 기억력을 가질 수 있다고 말하며 그러지 못했다면 아무리 열심히 공부를 했다 해도 기억력이 흐려 시험에선 낙방하는 결과를 빚는다고 말하게 된다.

그것은 공부를 소홀히 했다는 이유 말고 정신의 청탁 문제에 기인하며 영양식을 잘 시켰느냐는 것은 별로 문제가 되지 않는다.

청탁 문제는 임신 전후의 과한 술, 과한 약, 쇠약 증세, 병의 감염 등 여러 가지를 든다. 역시 태교란 환경의 영향이라는 관점에서 좋은 것을 주지 않고 기대하기란 어려운 일이라 볼 때 태교를 실천요강 준수지침으로 설명하는 것이 옳다고 본다.

임신부는 가능한 한 수칙을 만들고 지켜 나갈 때 좋은 결과가 올 것은 자명한 일이다. 그래서 물질적인 것보다는 정신적·심리적 자세라 표현하고 오히려 물욕을 극복하는 지혜로부터 정서의 순화, 심신의 안정을 도모하며 머릿속에서 잡념을 제거하는 노력이 더욱 중요하다. 너무 물질에 이끌리다 보면 정신이 흐려지기 때문에 이런 것을 금했던 것으로 안다. 이건 임부가 솔선하여 자신부터 이런 자세가 될 때 아기에게도 맑은 정신을 준다는 선현들의 지혜가 담긴 것이며, 그러기 위하여 선이나 요가 같은 것에 입문하여 섭생은 정갈하게, 별난 것은 피하고 맑은 공기나 물에 유념하는 것이라 말한다.

피는 물보다 진하다.

지난번에는 오래전 중국으로 망명했던 가족이 만나더니 이번에는 왜정 때 징용 갔던 사람들이 연변 쪽에서 오고, 또 6·25 때 미국으로 입양됐던 사람, 여러 곳으로 이민 갔던 사람들이 돌아와 상봉하는 장면들이 TV로 소개되어 피는 물보다 진하다는 사실이 새삼스럽게 느껴졌다.

왜 그럴까? 사람이 산다는 건 독립된 생활이나 돈을 버는 일같이 느끼지만 실은 부모를 찾는 것, 형제를 만나는 일도 주요한 일임을 떨칠 수가 없다. 그것은 다름 아닌 혈육이기 때문이다.

세계 인구가 50억이라 해도 같은 배 안에서 태어난 사람은 형제요, 그들을 훌륭한 생명으로 태어나게 한 사람은 부모라는 데 이의가 없다. 그래서 우리는 부모를 잊을 수 없고 형제는 만나서 반가운 것이다.

그런데 요즘 잘못된 사람들은 부모를 버리고 형제간에 불목을 한다. 무엇이 잘못됐을까? 먹을 것이 없어서 그럴까? 그것도 아니다. 알고 보면 물욕이다. 물욕으로 잘못된 사람은 짐승만도 못해진다. 평생 은혜를 갚아도 모자라고, 가진 것을 다 드려도 부족할 부모님께 그렇게 해서 자신은 행복할 수 있단 말인가? 이 세상에서 영원불멸한 것이란 생명이 이어지는 섭리다. 생명은 부정모혈이라는 인간의 형성인데 혈육의 정을 잊고도 사는 사람이 있다면 그는 불행한 사람이다.

『25시』의 저자 게오르규는 지난번 한국에 왔을 때 작품구상을 물어보니 자기는 모범적인 여인상으로 한국 여인상을 쓰겠다고 했다. 왜 그랬을까?

그래서 왜 그렇게 표현하느냐 했더니 한국 여인들의 영혼과 임신, 육아 등 가정에 바치는 인내심이 너무도 훌륭하고 고귀한 것이어서 이것을 소재로 할 것이라 했다 하니 짐작하고도 남음이 있다.

이렇게 우리나라 여성들은 세계적 명성이 높은 작가들에게도 찬사를 받고 있는 것이다. 그런 것을 잘못된 일부 여성들이 망가뜨리고 있음을 보면 안타깝기 그지없다.

인간은 본질적으로 일반 동물과는 다르기 때문에 생명을 잉태하고 열 달 꾸준한 노력으로 바라는 아기를 만드는 것인데 어찌 동물의 번식 생리에 비교하랴.

인간은 남녀의 구별이 있다. 말하는 것, 행동하는 것도 그렇지만 실제로 생리적인 것, 사고(思考)하는 것, 자녀에게 마음 쓰는 것 등은 분명 남성과 여성이 다르다.

지구의 한 모퉁이인 남태평양 어느 섬이나 아마존 강 유역의 어느 부족은 남자가 아기를 보고 여자가 식량 조달을 하며 생계를 꾸린다고 하여 남녀 성 역할의 구별은 교육의 효과라고 주장하는 문화인류학자도 있지만, 생태계학적 측면에서의 성 분화는 뇌에서 태동하는 것으로 설명된다. 태아의 성 분화는 고환에서 분비되는 남성호르몬이 뇌에 전달됐을 때 남성의 뇌가 생기는 고로 남성은 이미 태아 때부터 남성으로 자라나고 있다고 봐야 한다.

임신 3개월(12주)부터 시작하여 5~6개월 22주까지 태아는 성인 수준의 남성호르몬을 고환에서 분비한다. 고로 이 시기에 태아의 신체는 뇌와 같이 남성호르몬의 영향을 받아 남성으로 자라난다는 것이 전문가의 의견이다.

그렇다고 해서 태아 때부터 남성답다는 이야기는 아니다. 그것은 태중생활의 환경이나 교육의 영향으로 발달하겠지만 실제로 성 분화는 태아 때 이미 시작된 것이다.

어떤 사람은 남성다운 여성과 여성다운 남성의 성격 문제를 지적하기도 하지만 그것은 특이한 환경에서 자라거나 이루어진 일이다.

사회환경설이나 교육결정설을 주장하는 측에서는 교육이나 환경이 씩씩한 남성이나 예쁜 여성으로 자라게 한다는 것이다. 그러나 실제로 그런 자녀를 키우는 사람이 보기에는 여성이 '선머슴아' 같은 행동을 하며 언동도 남자와 다름없는 것을 한다는 것, 심하게는 나뭇가지를 기어오르며 야구나 유도 등에 흥미를 갖는다는 것은 본래부터 남녀는 성호르몬의 비율에 의한 것이 아닌가 하는 의문도 제기된다.

이렇게 볼 때 인간은 성장환경이나 교육이 큰 몫을 하고 있는 것은 분명하지만, 결국 엄마의 자궁 속에서의 뇌의 성 분화가 남성은 남성호르몬으로, 여성은 여성호르몬으로 남성이 되게 하거나 또 여성이 되게 한다는 것에는 틀림없다.

남성의 입장에서 보면 여성은 모든 것을 빼앗아가는 사람이다.

연애로부터 결혼까지, 그 뒤 가정을 이루며 사는 동안 여성은 많은 부분에서 남성이 주어야 할 대상이며 자손을 키우면서 이런 것은 더욱 두드러진다.

그러나 여성을 어머니로 생각하는 입장에서 보면 어머니는 모든 것을 주는 사람이다.

태어나면 젖을 주는 것으로부터 마음을 주고, 사랑을 주고, 지능·재능을 주고, 안전을 주고, 평화를 주고, 행복을 줄 정도로 자기가 가진 것을 몽땅 주는 것이 어머니다.

많은 보급물자를 실어 나르는 유조선이 아니면, 수출·수입품을 실어 나르는 컨테이너선과 같이 인간이 성장하는 데 필요한 것들(정신적·육체적)을 한 배 가득히 싣고 와서는 그냥 나눠준다. 그것도 배탈이 나지 않을까, 설사하지나 않을까 혹은 싫어하거나 잘못되지는 않을까를 저울질하며 필요한 것만을 적절히 제공해주는 등 많은 것을 베풀어준다. 그래서 어머니는 인자하고 자상한 인물일지 모르겠다.

이상한 비유가 될는지 모르지만 동물의 세계에서 보면 조류, 어패류, 곤충 중에서도 어떤 놈은 새끼를 번식시켜 놓고 자신의 몸을 다 주고는 죽어 버리는 경우도 있고, 자기 것을 다 주다 보니 껍데기만 남는 놈들도 있다.

그런데 인간은 조금 다르다. 그런 고귀한 희생을 할 수도 있고 또 안 할 수도 있어 좋다. 원하는 데 따라 얼마든지 달라질 수도 있게끔 되어 있다. 인간은 동물과는 다른 세계에서 생을 영위하며, 그래서 일부의 여성은 자유 방만한지 모른다. '시집가기 전에 등창 난다'고 앞뒤 가리지 않고 행동하며 산다. 여성은 남성과 잠자리를 같이하면 성 쾌락이 아니라 생명이 잉태(탄생)되는 것인데, 이것을 잊고 미혼모가 생기고 아비 없는 자식이 생겨 결국 해외로 입양을 시키는 등 어린 생명으로 하여금 고독한 생을 보내게 하는 일이 허다하다. 이 어찌 사람의 도리이겠는가?

임신매매가 일어나고 성이 상품화되다 보니 약간의 불상사는 있을 수 있다 손치더라도 인간의 탈을 썼다면 인간으로서의 행동을 해야 함은 아무리 강조해도 지나치지 않을 것이다.

또 여성은 주는 사람이라 하여 좋은 것을 주려는 마음이 지나쳐 금으로 장식된 것을 주거나 옥으로 만들어진 것을 줄 필요는 없다. 주는 것은 기본적인 것이요, 생을 영위하기 위한 것이요, 바탕을 만드는 최소한을 제공하는 것으로 너무 많은 것을 주고 너무 많은 것을 기대하려 든다면 이 또한 현명한 여성, 인자한 어머니는 될 수 없는 것이다.

현숙한 어머니가 되지 못한 사람은 아이에게 주는 영양 면에서도 마찬가지다.

아기는 출산 후에 잘 먹여 건강하고 씩씩하게 만들어야 하는 것을
태아 때부터 너무 잘 먹여 4kg, 4.5kg, 5kg의 아기를 만들었다면, 이것
또한 잘한 일이 되지 못하는 우둔한 엄마가 될 수도 있다.

현숙한 엄마는 과욕하지 않고 과식, 과음하지 않는다. 태아는 그런
것을 엄마에게 바라지 않는다. 잘못 알고 잘못하지 않는 자연의 순리
를 따라 모든 것을 잘 소화한, 소홀함이 없는 바른 자세의 것을 좋아
한다.

그래서 현숙한 엄마란 출생 후가 아닌 임신 때부터의 행동거지에
서 나타나게 되어 있다. 내 아기가 무엇을 요구하나, 필요한 것이 무
엇일까에 초점을 맞추어, 갖고 싶은 것을 줄 수 있는 엄마가 되어야
한다. 아무리 주고 싶은 것이 많아도 줄 수 있는 것과 주지 말아야 할
것을 구별하는 것, 이것이 태중의 금기와 권장이다.

금기란 꼭 하지 말라는 뜻보다 나쁘니까 하지 않겠다는 마음의 표
시라는 것을 이해하고 부담스러워 말고 하지 않으려고 노력해야 한
다. 그것은 꼭 기형아 예방이라는 의미가 아니더라도 자기가 행복한
사람이 되려는 지름길이기 때문이다.

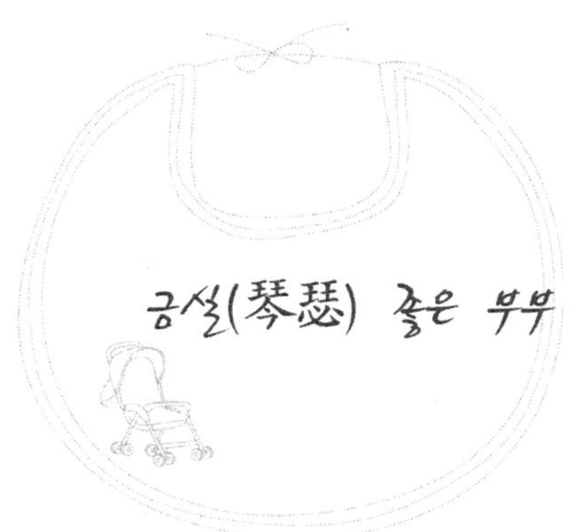

언제 들어도 좋은 부부화합의 대명사다.

그런데 금실이 좋다는 말이 무슨 뜻일까 하여 사전을 찾아보니 금 자는 거문고 금 자에 슬 자는 비파라는 뜻이며, 거문고와 비파는 늘 함께 연주되어야 듣기 좋은 음악, 조화의 음률이 된다는 뜻이다. 그래서 부부를 금실에 비유한 것임을 알 수 있다.

이것은 한문으로 사람 인(人) 자를 푸는 이야기와도 흡사하다. 그 의미의 차이는 있을망정 사람 인(人) 자도 둘이 의지해야 온전한 사람 인(人) 자가 된다는 의미에서는 불변의 철학과도 같다.

부부간은 금슬과 같아야 하며, 사회인은 공동생활 속의 상호부조의 규범을 지켜야 한다.

서로 다른 사람이 만나 좋은 사이를 이루는 것이 행복이요, 사람과 사람이 모여 사는 복잡한 사회에서도 서로 의지하며 의견을 맞추고 서로 도우면서 사는 것이 아름다운 삶이라 하겠다.

그런데 요즈음 우리 사회에는 결혼한 지 얼마 되지도 않아 이혼하는 신혼부부가 늘고 있다는 보도를 TV나 신문지상을 통해 종종 접할 수 있다. 도대체 어떤 사람들일까 하는 생각도 들게 한다. 마음이 안 맞으니 헤어질 수도 있고 싫으니 이혼할 수도 있지 않느냐 할 수도 있겠지만, 한번 맺어졌으면 주위의 부끄럼도 알고 수치도 느낄 줄 알아 조금씩 교정하며 금실 좋은 부부가 되도록 노력함만 같지 못하다고 하는 것도 새겨두면 좋겠다.

부부는 마찰이 일어날 수도, 의견의 차이도 갑론을박할 수도 있지만, 부부싸움은 칼로 물 베기요, 내일은 또 다른 날이 된다는 것을 새긴다면 부부는 헤어지는 것이 상책이 아니라는 데 초점을 맞춘다.

우리는 정신적으로 발전하는 아름다움의 창조자가 되기를 자원하자. 거문고도 비파도 따로 떨어져 버리면 듣기 싫은 음, 괴상한 소리로 변한다는 것을 안다면 하모니의 방법에 힘쓰는 것이 훨씬 훌륭한 삶을 살 수 있는 자격자가 아닐까 한다. 우리 부모도 그랬고 또 내 자녀도 그럴 것이기 때문만은 아니고, 그 이상 더 좋은 방법은 미궁 속에 있기 때문이다.

　부부화합의 요체로 이 말을 선물하고 싶다. 『태교신기』에 자주 나오는 '거슨 사긔엣 기운'의 '거슨'이란 거친 말, 거친 행동을 뜻하며 '사긔엣'이란 한자로 사(邪)라 쓴다.

　요사한 기운은 현재 서구 학자들이 연구에 몰두하고 있는 퇴계, 율곡의 이기설(理氣設)의 기에서 나오는 기운 중 나쁜 것을 뜻한다.

　부부는 일심동체라 하여 가장 가까운 사이로 의경의 엇갈림도 잠시의 입장 차이지만 실제 생활에서는 자주 충돌이 될 수 있다.

　그래서 현대 부부는 잘 갈라서기도 하고 의견을 조정하지 못하는 현상이 생기기도 하는데 그런 일을 당할 때마다 그것은 누가 잘하고 못한 것을 따질 것이 아니고 혹 '사긔엣' 기운이 작용하는 것이 아닌가 하고 생각을 돌릴 수 있다면 웬만한 부부싸움은 진정될 수 있다고 본다.

　그것은 결과에서 보면 안다. 실컷 부부싸움을 하고서도 털어놓고 보면 쌍방 간에 어느 편이 꼭 옳고 어느 편이 그르다고 할 수 없는 데서이다.

비록 어느 한편이 잘하고 다른 한편이 잘못했다 하더라도 펼치면 별것 아닌 일이 비일비재하다. 그러나 이 사긔엣 기운이 발생한 시간에는 그 사안을 꼭 충돌과 비판의 경지로 몰고 간다. 그래서 충돌을 빚고 싸움으로까지 몰고 가게 되는데 그건 한쪽에서 사긔엣 기운을 이기기 위하여 참고 양보하고 부드러운 말로 풀어 보면 극단으로 치닫던 분위기도 봄에 언 눈 녹듯 녹아 버리고 말 것이다.

여성은 위대하다. 무엇이 위대한가 하고 생각해보니 임신하면서부터 태아를 훌륭한 인간으로 만들기 위해 취한 행동에서 또는 불화를 용광로에서 녹이는 데서 위대한 능력이 있다고 하는 게 아닌가 여겨진다.

남성이 아무리 힘이 세고 능력이 뛰어나도 이때 그렇게 할 능력은 없다. 그래서 사회적 동물이 됐는지는 몰라도 화목한 가정은 여자 하기 나름인가 보다.

참으로 대수롭잖은 말이라 생각될지는 모르지만 진리는 평범함 속에 있다는 말을 기억한다면 부부화합의 열쇠가 여기에 있음을 되새겨봄 직하다.

누가 뭐 잘못한 것이 없어도 언어나 행동, 표정 등 어느 것에서도 '거슨 기운'이나 '시긔엣 기운'이 생기면 공연히 부부는 충돌하게 되어 있는 것이다. 우리는 이런 것을 부부화합의 요체로 받아들여 혹이라도 충돌이 생길라치면 이건 누가 꼭 잘못이 있는 게 아니라 생각하고 포용할 능력을 갖출 것을 당부한다.

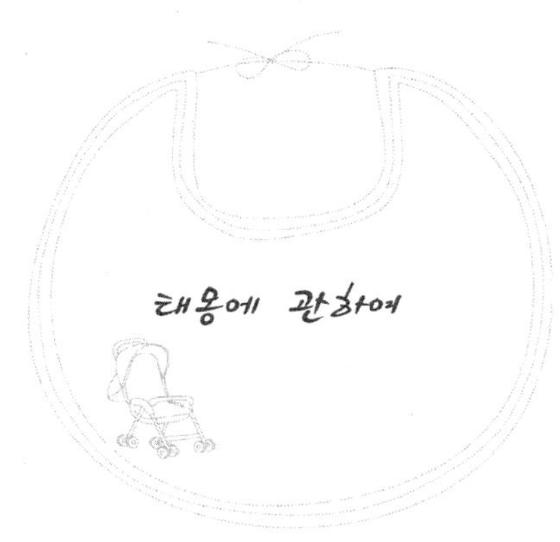

태몽이 과학이냐 비과학이냐 하는 논의가 계속된다. 그래도 여성들은 태몽에 대하여 관심이 많다. 그런데 실제로 시대는 변했다. 그래서 태몽의 양상도 바뀌어져야 한다. 그런데도 태몽은 바뀌지 않으니 태몽에 대한 갈망이 없어지지 않는 모양이다.

태몽은 원래 잉태 전에 꾸는 것과 출산 때 꾸는 것 등 다양하다. 그러나 아직 임신도 하지 않은 상태였다면 이건 생명 발생의 신호며 출산 전후라면 새 생명의 장래를 예견하는 의미로 중요시되어 왔음도 부인하지 못한다. 과학적으로는 잠재의식의 발로라든가 평시의 바람이 꿈이라는 현상으로 나타난다고 하지만 생명이 섭리에 의하지 않고는 잉태조차 되지 않는 다는 견지에서, 또 예전에 훌륭한 분들의 탄생기에는 자주 이런 이야기가 거론된 것으로 역사적 의미를 되새긴다는 의미에서 나쁘다고 할 수만은 없다. 단지 그 의미풀이가 나라마다 다르고 시대에 따라, 신분에 따라, 변하기 때문에 과학적 풀이를 할 수는 없지만 역학의 의미만은 배제할 수 없다.

가령 같은 용꿈을 꾸었어도 관직(공무원)에 있다면 등과하고 높은 자리로 가는 것을 의미하며, 사업을 하는 사람은 오늘 좋은 일이 있을 거라 이야기한다. 그러나 생명을 잉태할 사람의 입장에서는 크게 될 인물을 잉태하게 된다고 생각하는데 그것은 하늘의 뜻일 수도 있고 그 아버지의 축적된 좋은 정기로도 해석할 수 있다. 하지만 우리는 미숙하여 영의 세계를 파악하지 못하는 입장이기 때문에 심령학의 입장에서 좋은 꿈을 꾸고자 노력하는 자세라 본다면 나쁠 것도 없다. 우리가 오래 지녀왔던 것을 재음미해 본다는 입장에서 훑어본 것이다.

옛날 우리나라에는 역학으로 푸는 아들 갖는 날과 달이 있었다.

대를 잇기 위하여 아들을 낳아줘야 하는 여인네들의 고민은 이만 저만이 아니었다. 그래서 오죽하면 이런 방법까지를 생각해냈나 싶다. 과거의 여인네들에 비하면 요즘 여성들의 생활은 비교할 수도 없을 것이다.

그 시대상이나 한번 훑어본다는 의미에서 전통풍습 중 신부수업의 필수과목이라는 아들 갖는 달을 소개한다.

'아육구장 아달새에 아사구(이규태 씨 글 중에서).'

이 말은 아들 가질 수 있는 귀숙일은 정월달엔 며칠이라는 날짜(1, 6, 9, 10, -11, 12, 14, -21, 24, 29)를 우리말로 엮어 외우는 것이었다.

그러니까 초순에 임신이 가능한 여인이라면 씨받는 날을 6일, 9일, 10일로 하면 좋고, 중순에 아들을 갖으려면 11일, 12일, 14일이 좋다 하고 하순이 된다면 21일, 24일, 29일을 택하라는 뜻인데 그것은 아마도 월경주기나 배란일이 그때라면 날짜로는 그날이 아들 갖는 날이라는 말로 해석된다.

이것을 현대 과학으로 푼다면 이치에 안 맞는 일일는지는 모르겠으나 그 당시의 기자속(祈子俗)으로 보면 아무 의미도 없다고 할 수는 없다. 그것은 당시의 문명이 그 정도의 수준이었기 때문이기도 하고 그것이 기대라면 그 기대 자체가 가능성을 잉태하고 있다는 의미이기도 하다.

농어촌에 가보면 '달이 찼을 때 하면 아들이다', '물이 찼을 때(만조 되는 날)는 아들 갖는 날이다' 하여 농부, 어부의 부인들은 이날을 손꼽아 기다렸다는 일설도 있다.

그러나 이 말도 아주 일리가 없지는 않은 것이 월경주기가 28일인 여인의 경우 배란일이 중간일 전후가 된다면 엇비슷하게 들어맞는다.

요즈음도 자신의 배란일이 언젠지 몰라 아무렇게나 생명을 잉태하고 나중에 인간답지 못한 일을 하는 여성들을 보면 최소한 이런 것이라도 알아야 하지 않을까 해서 비유해본 것이다.

또 부부교합 시를 알아야 총명한 아기를 갖는다는 의미로 '교합시진법'이 있었다. 이것도 살펴보면 '야전반합은 상수현명하고 야후반합은 중수청명하고 계명정합하면 하수극친하다'라는 이야기다.

이를 설명하면 밤이 되기 전 저녁에 부부가 교합하면 명이 길고 사람이 현명하다는 의미이며, 한밤중에 교합하면 명은 길지 않지만 귀가 밝다. 또 닭이 울 때, 새벽에 교합하면 명은 짧지만 머리가 뛰어나다는 의미로 해석된다.

그래서 이것을 비과학이라 생각하는 사람들은 인간의 출생 시가 아침은 어떻고, 저녁은 어떻다고 규정지을 수 있느냐고 반론을 제기하기도 한다.

그러나 요즘 과학이 생체리듬을 만들어 인간의 활동에 있어 피크타임을 조사해보니 기억력은 상오 10시가 가장 좋고, 창조력은 하오 3시가, 소화력은 하오 8시가 가장 좋으며, 성적 충동은 아침 8시께에 가장 많이 느낀다고 연구한 것을 발표했다.

그렇다면 이건 꼭 맞는 건지 묻게 된다.

꼭 그렇지는 않지만 엇비슷하게 맞는 것 같다는 사람도 있고, 전혀 맞지 않는 말이란 사람도 있다. 또 성적 충동이 아침 8시라면 출근길에 있을 시간이다. 그리고 그것은 성적 충동만을 의미하는 것이라고 하는 사람에겐 가장 성적 충동이 왕성할 때 잉태된 아기가 건강하고 혈기왕성하여 공부도 잘한다는 발표를 못 읽은 사람 아니냐고 반문하고 싶다.

그것은 자식 많은 사람을 보고 '가지 많은 나무 바람 잘 날 없다더라' 하니까 '그저 무자식이 상팔자지 뭐' 해봐도 인간은 역사 이래 아들딸 낳고 키우며 사는 것이 정도(正道)였었다. 고통스러운 일이 있어도 그것이 행복을 창조하는 길이었고, 인간의 길이었지 고독을 씹으며 역리(逆理)에 사는 사람이 많은 사회는 아니었다는 점에서 확률이 많은 쪽을 바른 길이라 할 수 있기 때문이다.

작게 낳아 크게 키워라

이 말은 오랫동안 우리에게 전해진 경험철학이며 과학으로도 재조명된 건강하고 영특한 아기 낳는 방법이다.

이렇게 해야 순산하는 것은 물론 수술이라든가 주사나 약을 복용하지 않고 모유를 먹이면 고른 이빨도 갖게 해줄 뿐 아니라, 모유 중에서도 초유에는 모든 균을 막는 항균작용과 병에 대한 면역에서나 소화에도 으뜸이라기 때문이다.

그런데 요즘 여성 중 잘못 알고 있는 사람은 영양분을 많이 먹어 아기가 커야 튼튼한 아기를 만든다고 자랑한다는데 이건 뭘 몰라도 한참 모르는 사람이다.

한때 우리나라에 식생활 개선 운동이 일어난 일도 있었다. 좀 더 키가 크거나, 체구가 커야 좋다느니 하며 영양을 충분히 섭취해야 되는 것으로 말해왔다. 그것은 좋은 의미였으나 여기 충분히 한 말의 의미가 모호하여 잘못하면 큰 아기를 만들기가 십상이다.

아기가 커지면 복부절개를 해야 하니 수술을 하게 되고 수술하면 항생제 주사나 약을 복용해야 되고 이렇게 되면 아기에게 젖(초유)도 먹일 수가 없게 된다.

자, 이렇게 되면 무엇이 잘못된 것이냐, 잘못한 일은 없는데 결과적으로는 대단히 중요한 초유를 먹일 수 없게 된다는 것이다.

그래서 이것을 시작부터 살펴보면, 다음과 같은 사람들이 만들어 낸 잘못된 풍조가 아닌가 생각하게 된다.

- 아기를 작게 만든다는 교훈이 안 된 사람
- 영양분을 충분히 하라는 말의 의미를 소화하지 못한 사람
- 절개해도 괜찮다고 생각하는 사람

그러므로 애당초 아기는 작게 낳겠다는 생각을 하며 출산 후에 크게 키우겠다는 생각이 정립되면 모든 문제가 풀릴 것으로 확신한다.

임신 중에 음식을 가리지 않고 고루 섭취하면 출산 후에는 아주 식성이 좋은 아기가 되며 이때 잘 먹이면 얼마든지 큰 체구가 가능하다.

미국에서 연구된 것으로 우유를 먹이는 아기는 우유를 삼키는 동안 병 꼭지에서 흘러나오는 우유를 막기 위해 혀를 내밀게 되며, 이것이 습관화되어 예쁜 치아를 만들 수 없다는 연구도 있고, 모유를 먹이는 것을 필요한 양식을 공급받는 것뿐만이 아니고 엄마 가슴에서 감싸주는 정과 자기 체질에 맞는 음식이요, 옛날 태중에서 느꼈던 심장 소리가 정신적 안정까지 주니 일석삼조가 아니냐는 연구발표도 있다.

자, 어느 쪽을 택할 것이냐는 여러분의 의사에 달려 있지만 알 것은 바로 알고 있어야겠다는 것이 태교의 목적이니 전해드린다.

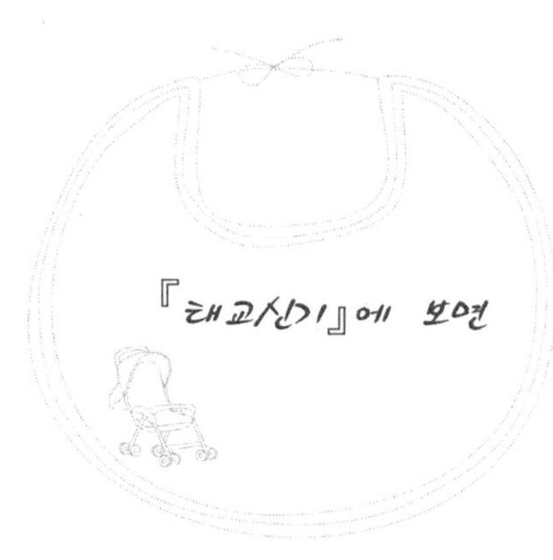

"명의(名醫)는 병나기 전에 다스리고, 임부는 태기름을 소홀히 하여 어찌 자식의 재주 없음을 탓하랴."

또 기형아는 "가히 하늘의 재앙은 피할 수 있어도 자기 잘못은 후에 고치지도 못하니라" 했다.

이것은 예나 지금이나 같다. 형식의 변화, 유형의 변화는 있을지 몰라도 임부가 알고 행해야 할 책무라는 데는 변함이 없다.

태교는 아기의 출생 후 과정과 전 인생의 운명과 연결되기 때문에 시작부터 좋은 영향을 줘야지 잘 마련된 생명체가 아니라면 그 후의 문제는 전적으로 엄마에게 책임이 돌아가니 임부는 그 점에 명심하자는 뜻이다.

용모나 머리색, 피부색은 유전이라 하지만 성품 형성, 기질 그리고 재능 등도 환경의 영향으로 밝혀지고 있는 한 어떤 인격체로 형성시키느냐는 문제는 임부의 권한에 속한다.

더욱이 요즘은 천재·영재 낳는 법—옛날엔 총명한 아기, 뛰어난 아기 ― 에 다양한 연구를 하고 있으나 잘못된 유행, 선전에 속지 말고 올바른 태도로 받아들이면 도움 되는 일도 많으리라 본다.

'태아의 기질은 부모에 기인하니' 하는 말을 분석해보면 임부의 희로(즐거움과 노하는 것)는 아기의 성품을 만들고, 임부의 견문(보는 거, 듣는 것)은 아기의 기운에 영향하고, 임부의 섭생(먹고 마시는 것)은 아기의 건강에 영향한다고 했다.

이것은 현대과학, 의학에서도 부정하지 못한다.

문제는 어떻게 그렇게만 할 수 있겠느냐, 현대생활은 바쁜데 하며 주변 여건을 앞세우는 사람이 있다면 그렇기 때문에 더욱 태교는 세분화하고 전문화하고 단계별로 구체적으로 가고 있는 것이라 본다.

농사가 1년을 내다보고 짓는 것이라면 나무는 10년을 내다보는 작업이고, 인간은 70년을 내다보는 일이기 때문에 임신 몇 개월은 길지도 않은 기간, 어머니라는 호칭을 받게 되는 엄숙한 예비 기간이라는 것을 잊어서는 안 될 것이다.

그날을 위하여 조용히 할 수 있는 일을 해가자. 아기가 태어난 후의 기쁨은 일생 동안 지속되는 여러분의 것이다.

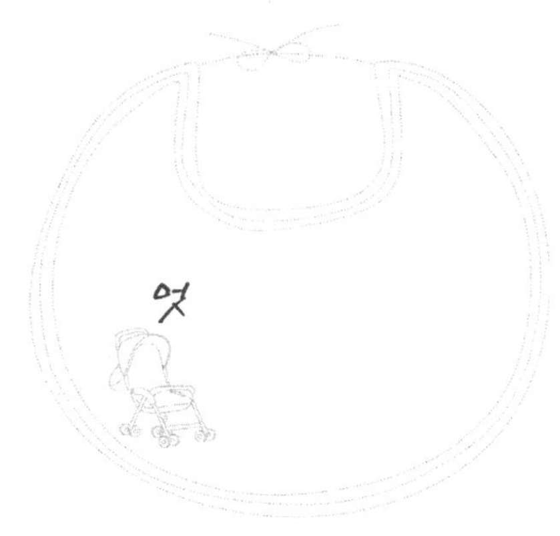

멋을 예찬하자면 한국의 멋을 빼놓을 수 없다. 예부터 우리는 멋을 알고 멋을 즐기는 습성이 있었기 때문이다.

멋이란 가진 것이 많아야 부릴 수 있는 것도 아니요, 그렇다고 넓은 지식, 깊은 지혜가 없이 부릴 수 있는 것도 아니다.

멋은 풍채, 언어, 행동에서도 기인하지만 가옥, 소지품에도 있고 주변 정원을 가꾸는 데도 존재한다.

조선시대는 큰 갓에 도포자락을 늘어뜨리고 곰방대를 물고 어슬렁어슬렁 갈지자로 걷는 선비의 모습, 바쁜 것 같으면서도 바쁘지 않은 걸음걸이는 한국에서나 볼 수 있는 우리의 멋이었으며, 정자에 앉아 풍류를 읊고 시조를 지으며 이치를 논하고 세상살이를 논해도 쾌락을 빠뜨리지 않는 남정네의 기품은 요사이 바삐 가방을 들고 다니며 물건을 파는 데 열을 올리는 현실과는 비교도 안 될 만큼 멋진 생활의 단면이었다.

여성들은 까만 머리를 창포물에 감고 곱게 빗어내려 윤이 나고 단정하며 하늘거리는 선의 미를 몸에 휘감고 재잘거리지 않더라도 서로의 뜻이 통하는 정적인 아름다움을 풍기는 풍성한 마음의 표현이 우리의 멋이었다.

그뿐이랴. 가옥이나 정원에도 독특한 멋을 찬미하며 살 수 있게 꾸몄다는데 가옥(기와집)은 풍수지리설을 따라 정원은 오행의 이치에 따라 만들었다.

다시 말하면 가옥은 뒤에 산을 등지고 앞에는 내가 흐르는 곳의 터를 택하고 남향받이로 지었으며, 정원은 계절이 동쪽에서 시작된다 하여 동쪽에 봄을 상징하는 복숭아·살구를 심고, 남쪽에는 오동나무를 심어 그늘을 가리고, 서쪽은 감나무를 심어 저물어 가는 햇빛을 불타는 색으로 만들었다. 또 북쪽에는 대나무나 오동을 심어 푸른빛이 늘 변함없게 꾸몄다.

이런 뜻을 달리 풀어보면 봄은 또다시 시작되는 생식이니 여성을 상징하는 복숭아요, 여름은 화기가 충천하는 계절로 억제하기 위해서는 잎이 큰 나무요, 가을은 식어가는 정기를 소생시키기라도 하듯 불꽃의 맨 가운데 색을 상징하는 열매를 열리게 했다는 것이고, 겨울은 엄동설한에도 청청한 식물 생명의 색을 잇게 했다.

그러면서도 오동을 심는 다른 뜻이 있다면 봉황은 대나무 열매를 먹고 오동나무에서 잔다는 전설을 인용한 멋의 배려라 할 수 있다.

그렇다고 실용성이 배제된 배치는 아니고 그것이 자연의 이치와 조화되는 삶의 운치를 살린 것이란 평도 있고 서양의 조경이 인공적이라면 우리 것은 꾸밈없는 조화, 자연 속의 한 모퉁이 같으면서도 싫증나지 않는 엄마의 가슴과 같은 포근함을 간직한 조형이라 말하기도 한다.

지금은 사라져 가는 우리의 풍물이지만 우리는 이런 환경 속에서 태어나고 자랐다.

그래서 어디를 가나 선진국 사람들에 비하면 부족한 듯하면서도 어느 구석에도 부족한 곳이 없고 느린 것 같으면서도 바쁠 줄 아는 사람들, 6·25의 폐허 속에 문명이라고는 반푼어치도 없는 가난한 백성같이 느껴졌지만 국제잔치가 있다 하여 다시 와보니 속이 꽉 차 있고 장래를 내다보게 하는 여명이 있는 민족이란 말들을 들었다.

이렇듯 우리 고유의 멋은 선진화 속에서도 잘 간직해야 할 우리의 보물이란 생각이 든다.

이제부터 이것을 더 발전시켜 들어선 2000년대의 세계사에 비춰봐야 하지 않겠느냐는 생각이 든다.

아랍인들이 갖고 있는 것은 그것이 어떤 것이든 그들 고유의 문화이며 그들의 자랑이요, 중국이 가진 것은 그들 나름대로의 풍습이라면 우리 문화 속의 자랑인 우리의 멋은 나름대로 간직한 우리 것임을 잊어서는 안 되겠다.

세계발전 추세에 맞추어 우리도 선진대열에서 발전을 지속해야겠지만 나중에 발전이 무엇을 위한 것인지 어리둥절해지는 일이 있어서도 안 되겠고, 그 속에는 우리 특유의 역사성과 멋이 풍기는 발전을 해야 되겠다는 생각이 든다.

영국이 가진 고유문화, 프랑스가 가진 고유예술, 독일의 고유 연구 자세 등을 우리가 배웠다면 우리는 인간성을 빼고 무엇을 자랑할 것인가를 생각해본다. 우리 고유의 멋과 기질은 돌아올 다음 세기에 내비춰질 우리의 자랑이 될 것임에 틀림없다.

제11장

한국인의 기상

잃어버린 한국인의 기상

배달민족 금수강산에서 맥을 이어온 우리는 나름대로 기상 높은 민족의 얼이 있었다. 싸움도 싫어하고 경쟁도 싫어하고 남을 모함하기는 더욱 싫어했다. 아름다운 산천초목이 우리를 평화롭게 해주고 음양의 원리를 태극기의 문양에 넣은 우리는 우주의 원리, 자연의 섭리를 숭상하는 인간 본연의 자세를 지녔다.

쌀 문화는 김을 매고 잡초를 뽑고 뿌리를 북돋우며 사는 정성의 문화요, 합리주의의 문화라 할 수 있고, 밀가루 문화는 땅을 넓혀가며 꼭대기를 자르는 문화요, 수치(數値)문화로 기능의 문화라 할 수 있다.

우리는 이 속에서 인간의 정을 발전시키고 여성의 역할도 밥 짓고 아기를 낳아 잘 키우는 어머니의 역할에 중점을 두었다. 그러나 서구는 개척주의, 다량생산주의로 이제 와서야 인간의 정을 발견하고 있다고 한다.

현대는 서로가 문화를 보완하는 방향으로 줄달음질치고 있으나 요사이 보니 우리는 할 일이 철철 넘치고 근본이 잘 정리된 민족이요, 모든 것을 포용할 수 있는 보자기를 가진 민족이란 것이 판명되어 간다.

어떤 것은 버릴 것도 있다. 그건 서구문화가 '나는' 했다고 우리도 그래서는 안 된다. 우리 것을 잘 찾아보면 우리에겐 '나도'라는 것이 나온다. 그 의미는 '나와 더불어'라는 뜻으로 아주 좋은 것이다. '나는'이 아니라 '나도'다. 우리는 자기만을 생각하는 편협한 민족문화가 아니라 같이 사는 공동의 문화다.

내 것만이 제일이고 나만이 잘살면 된다는 생각은 서구문화가 잘못 전해진 것이다.

우리가 장차 세계를 포용할 힘을 발휘할 때가 온다고 말하는 학자도 있다.

아직 분단의 쓰라림이 가시지 않았지만 우리는 기상 높은 민족이라는 데에는 변함이 없다. 그것은 높은 관념의 세계요, 요즘 수치문화라는 서구사람들이 연구에 몰두하고 있는 근본원리를 다룬 문화다.

그래서 외국에서 전시하고 있는 한국 5,000년 역사전시관에는 놀라는 시선의 구미 각국 사람들을 볼 수 있다.

예전 주나라 진시황이 구해 오라던 불로초를 찾으러 동남동녀 500인을 삼신산에 보냈던 일은 바로 우리 인삼을 두고 한 말이라는 주장도 나온 것을 보면, 우리는 무언가 갖고 있고 알고 있고 또 할 수 있는 민족이란 생각이 든다.

이런 기상이 어디서 왔을까? 왜 사라졌을까? 사회발달학에서 밝혀 주겠지만 이제부터 할 일이 있다면 여러분은 아기에게 그런 기상을 심어주어야 하겠다.

그것은 내일의 세계가 그들의 것이기 때문이고 그것은 임부가 만들어주어야 할 큰 과제이기 때문이다.

　여러 나라의 특성을 비교해보면 일본은 '점'의 나라요, 중국은 '면'의 나라요, 우리는 '선'의 나라라고 한다. 서구사람들이 모두 준비된 '가방'이라 비유한다면 우리는 '보자기'의 나라라 할 수 있다. 일본이 단순한 것을 좋아한다면 우리는 이중 구조를 좋아하고, 일본이 내(內) 자를 좋아한다면 우리는 외(外) 자를 좋아하는 민족이다. 일본이 외국에 세일즈맨을 많이 보냈다면 우리는 유학생을 많이 보냈다. 일본이 쌀 뒷박을 깎기를 좋아한다면 우리는 덤 주기를 좋아한다. 한동안 잊었던 이런 것을 되새기며 이제라도 우리 기상을 찾는 데 주저하지 말자.

우리 생활 속에는 조상들의 여러 가지 지혜가 담겨 있었음을 알 수 있다.

그것이 요즘 과학으로 하나 둘씩 밝혀지는데, 가령 음식에 나뭇잎을 까는 일 등이 그것이다. 그래서 알아보니 떡갈나무 잎에 떡을 싸서 찌는 것은 장(腸) 내 세균을 말끔히 살균해주는 역할이며 송편을 찔 때 시루에 솔잎을 깐 것은 곰팡이를 예방하는 항균작용이라 한다. 단솔 잎과 진달래 잎을 술에 넣는 것은 백일해와 디프테리아균을 박멸한다. 또 단솔 잎을 환자 방에 깔아놓으면 공기 중의 미생물이 거의 줄어든다.

한의학 측면에서 살펴보면 각기 다른 수종에서 발산되는 향기는 상생작용으로 서로를 이롭게 하는데 이것을 궁합이 맞는 수종이라 한다.

1. 소나무와 등나무는 상생궁합이 맞는다.
2. 느릅나무와 포도나무도 상생궁합이 맞는다(그래서 옆에 심으면 포도 수확량이 는다).

이런 것들을 재음미하며 과학 쪽으로 시선을 돌려보았다.

우리는 자칫 우리의 과학을 업신여기고 서양에만 과학이 발달한 것으로 오인하기도 한다.

현대 의학이 서구에서 오고 컴퓨터나 여러 전기·기계 문명이 서구에서 왔으며, 물리학, 합금공학 발명 등도 서구 선진국의 전유물인 양 착각해왔다.

겨우 인쇄활자나 발명하고 거북선 제조를 갖고 그렇게 야단이냐고 제법 아는 척했다. 그러나 첨단과학을 연구하는 서구의 과학자들은 다르다. 그들은 한국의 유물을 보며 당신네 나라는 일찍이 과학이 발달한 나라가 아니냐고 입을 모은다. 그것은 여러 고대문화에서 여실히 입증된다.

1. 청동거울(독일 박물관 소장)

2. 해시계

3. 김정호의 지도(고대 박물관 소장)

4. 에밀레종의 고리(바—막대기)

5. 고려, 이조, 청·백자기의 재료와 제조기술 등이다.

첫 번째의 청동거울은 기원전 것이면서도 자세히 관찰하면 직경 120cm의 둥근 것으로 여러 가지 문양이 있는데 그 바탕에는 가는 선이 1만 3,000개나 그려져 있다. 이것은 현대 컴퓨터 공학으로도 그려 넣기 힘든 것이라는데 그것도 그린 것이 아니고 주물로 만든 것이라니 이것을 본 서구 과학자들의 입이 벌어지지 않을 수 없다는 것이다.

섬세하고 정교할 뿐만이 아니고 인간이 할 수 있는 능력을 초월한 과학(기하학)이라 한다. 이런 것이 벌써 기원전에 만들어졌는데 외국에 가 있어 우리가 접할 기회를 갖지 못하고 있으나 과학자들은 감탄을 연발한다고 한다.

두 번째의 해시계도 마찬가지다. 얼핏 보기에는 배 안에서 보는 나침반을 끼워두는 평형유지의 기구같이 생겼지만 서구의 어떤 기계보다 훨씬 앞선 과학이란 평을 받고 있다.

세 번째의 김정호의 지도에 있어서도 마찬가지다. 현대같이 측량(관측) 기구가 발달된 시대도 아니고 공중촬영의 도움을 얻을 수 있던 시대도 아니었는데 사람이 삼천리를 몇 바퀴 걸으면서 목척(木尺)으로 그릴 수 있었는지 불가사의의 관측기술이 아닐 수 없다. 이는 과학적 사고가 아니고는 해낼 수 없는 첨단과학이라 평가되고 있는 것이다.

네 번째의 에밀레종에 있어서도 또 그렇다. 에밀레종은 그에 얽힌 설화로 우리에게 더 알려져 있지만 실은 그 종의 구체적 재원을 펼쳐보면, 에밀레종은 25t(타이탄 트럭 5~6대분)이나 되는 무게로 그것을 공중에 매달리면 들어 올리는 기구로 쇠막대가 있어야 하는데 종의 꼭대기에는 용 틀을 한 쇠막대 끼우는 고리가 겨우 직경 6cm의 쇠막대밖에는 들어가지 못하게 되어 있다는 것이다. 그런데 종을 치면 흔들리고 이때의 무게는 무려 50t의 것을 지탱할 만한 쇠막대가 되어야 하는데 어떻게 저런 가느다란 쇠막대기가 이 종의 무게를 감당할 수 있느냐고 서구의 과학자들은 의아해한다는 것이다.

무엇으로 합금을 했는지 궁금해하고 한국인의 합금기술은 자기네들보다는 훨씬 앞섰다고 찬탄을 아끼지 않는다고 한다.

다섯 번째의 청자·백자에서도 마찬가지로 현대에서도 재현을 제대로 못하는 우아한 색상이라 하는 것은 다 아는 일이다.

지동설을 주장한 갈릴레오 갈릴레이는 촛불 샹들리에의 흔들림(바람에 의한)을 보고 지구가 움직인다는 것을 깨달았다. 하지만 한국인의 미학적 관찰력과 자료공학 또한 무시 못할 과학이며 공학이라 하겠다.

그 외에도 경주의 첨성대를 보더라도 멕시코 잉카의 피라미드와 같은 365개의 돌덩어리의 건축물이라는 점도 놀랍지만 같은 800년 전 축조에다 현대의 별을 보는 방위각도 정확하다는 것 등은 신기한 우리 과학의 유물이라고 할 수 있다.

불국사의 석굴암을 보더라도 부처의 미소상은 불교예술의 극치라는 평을 받고 있는데, 그보다 안치한 장소를 건축공학 면에서 살펴보니 그 곡선의 공학적 특수성이나, 습기를 잘 통풍하여 불상에 이끼가 끼지 않게 한 점 등은 현대에도 재현시키기 어려운 것이라 한다. 포석정을 공학적으로 풀어보니 술잔이 돌아오게 했다는 것은 놀라운 발상의 건축기술에 속하는 것으로 판명됐다. 또 해인사의 팔만대장경을 보관하는 기술도 빼놓을 수 없다. 자판의 옻칠이나 통풍이 되게 판각하여 한쪽 병에 파인 구멍도 그렇지만 장각의 건축술도 곰팡이 예방의 특이한 구조 때문에 6·25 때도 인민군이 가져가려다 못 가져 갔다고 하며 현대에도 재현이 어렵다고 한다.

금년으로 우리는 국제기능 경기에서 8년 제패한 최우수 기능국의 영예를 얻었다. 예전부터 있던 장인정신이 현대에 와서 재현된 우리의 과학적·기능적 재질은 본래부터 있던 유전적 재질과 부단한 연구의 결과라고 생각할 때 새삼스레 우리 민족의 우수성을 실감할 수 있다.

과학이란 다른 것 아닌 관찰의 자세로부터 시작된다. 오랫동안 그런 쪽의 맥을 이어온 우리 민족, 이젠 새 시대에 대처하는 새로운 관찰에 힘을 경주해야 하지 않을는지……. 이런 맥락에서 보니 아무리 일본이 모방의 명수요, 축소주의의 명수이지만 우리도 무한한 잠재력이 있음을 보여 주고 있다.

우리는 비과학이나 미신을 좋아하는 민족이란 잘못 전해진 과거를 청산하고 보다 나은 내일을 위해 과학적인 우리 재주를 발휘할 계기를 만들어야 한다.

이런 것도 다 원천적으로 보면 태중에서 엄마가 만들어준 재능에 속한다.

그러니 무조건 영재다, 천재다 하는 것에만 신경 쓸 일도 아니요, 자기가 지닌 특수한 재능이 있다면 그쪽으로 태아를 발달시키는 태교가 곧 과학이다. 재능이 없는 것을 억지로 시키려는 것보다는 그런 방법이 훨씬 성공률이 높을 것이기 때문이다.

일본인들의 침략 야욕이 빚어낸 왜곡된 역사가 이제 조금씩이라도 제자리를 찾는 모습은 우리를 기쁘게 한다. 얼마 전에 요령성을 탐방한 학자들이 고대조선의 경계를 요하지방까지라고 밝히는가 하면 고구려 '광개토대왕비'가 만주에서 발견되고 나서 그간의 잘못된 비문 해독의 허구를 지적하고 일본으로 건너간 우리 문화의 발자취를 찾아 많은 학자들이 일본지방을 돌아보고 왔다.

아직도 미흡한 만주 일대의 한민족사, 한국인의 발자취를 찾아 학자들이 계속 역사 바로잡기 연구를 계속하고 있는데 밝혀진 바로는 그간 장춘으로 알려진 부여의 발원지는 길림이 유력시되고 고구려 북쪽 영역은 용담산성인 것으로 확인했다.

그뿐 아니라 중국사로 둔갑하고 있는 발해사에서 중국인들이 앞장서 발굴한 발해의 정혜공주비가 발굴된 1949년과 지난 1980년에 발견된 발해 정효공주비가 당나라 발해라는 역사의 왜곡으로 쓰이고 있는 데에 놀람을 금치 못하고 있다.

더욱이 북부여는 우리 민족사에 포함되는 것이 상식인데 이것이 만주족의 역사로 왜곡되고 있는 데 더 마음 아프다. 일찍이 높은 기상이 있던 우리 선조들의 영토는 분명 넓은 땅이었거늘 오늘 우리가 좁은 반도를 우리 영토라 하지 않으면 안 될 역사의 오류에서 임부들은 다음 세대를 위하여 기상을 심어주는 데 게을리하지 말아야 할 것 같다.

발해의 삼채(三彩)에 있어서도 일반적으로는 당삼채(唐三彩)가 유명하거니와 작년에 화용현 서성향의 발해의 귀족 묘에서 출토된 발해 삼채도 색조에 있어서나 제조기법에 있어서 전혀 다른 것으로 작은 병과 대접의 형태를 한 이 삼채는 그릇 속까지 조각되고 색채가 씌워져 있는데 그 색채가 완연하다. 이것은 우리 예술의 맥이라 보이나 아직은 과학적으로 규명되지 않아 안타깝기만 하다.

이 외에도 만주 동북삼성에서 역사 이전의 유물이 산재해 있는 사실에서 우리나라 초기의 역사와 문화를 가늠하는 것은 어려운 일이 아닐 것이다.

요령성 지역의 청동기 문화가 우리나라 것과 연결된다는 사실은 잘 알려진 바이지만, 길림성에서도 적지 않은 유적·유물이 발견된 것을 생각하면 가슴이 뿌듯하다. 종래 우리나라 안에서만 발견되던 세형동검(細刑銅劍)이 중국(만주)에서 나오는 것도 정리되어야 할 일이며 이것은 흑룡강성에서도 출토된 바 있다. 그래서 전반적인 문화의 분포를 파악하는 일이 시급하다.

그러므로 우리나라 고대사는 상당 부분이 새롭게 정립되어야 할 것이다. 발굴과정에서 좋은 자료들이 속속 드러나고 그 자체의 역사 무대가 우리 역사의 시발이 된다는 면에서 우리는 자신을 재조명하는 데 적극성을 보여야겠다.

오랫동안 왜곡된 역사, 그러나 반증하지 못하는 우리의 이런 것을 극복하는 길은 대륙의 자료에 더 큰 주목을 하면서 우리의 기상을 되찾아야 한다. 이것은 누가 해줄 것도 아니요, 우리 스스로가 뜻을 모아야 할 일이며, 바른 우리 역사를 재발견하는 것은 미래의 자손을 위해서도 필요한 일이라 본다.

자아 발견과 원인의 원인

　민족탐험시간에 원인의 원인이란 제목으로 파헤쳐지고 있는 우리를 일본과 비교해보며 자아를 관찰해보는 시간이 있었다. 여기서 보니 한국인은 일본인과 근본적으로 다른 민족성임이 드러났다.

　어떻게 해서 일본은 우리와 다르고 어떻게 해서 일본을 사귀며 경계해야 할 이웃인지를 알아본다.

　그것은 일본이 재무장을 꿈꾸고 있어서도 아니며 경제대국이 된다 해서도 아니다. 우리가 우리를 모르기 때문이며 우리 자신은 어떤가를 알기 위해서다.

　아무리 역사적·문화적으로 가까운 이웃이라도 '불가원 불가친이라' 상대를 잘 알지 못하는 미래는 어두울 수밖에 없다. 이제 세계로부터 각광을 받는 우리 문화역사를 재조명하는 시기에 '지피지기(知彼知己)'하지 않으면 안 될 과제라 느껴지기에 부분적이나마 비교·관찰하는 것도 태어날 제2세에게 보다 밝은 내일을 물려주고자 하는 의미에서 필요한 일이라 생각된다.

아무리 국제화시대라 해도 한국인은 어딜 가나 한국인이란 점에서 여러 각도로 조명해볼 기회는 있었으나 임신부들이 새 생명을 잉태하고 태교를 한다는 의미는 사뭇 달랐다. 그러나 다시 생각하니 제2세를 위한 기상이나 기질은 임부가 만드는 전유물이라는 것을 느끼며 태교의 중요한 한 단면으로 이것을 옮겨본다.

원래 일본은 산세를 보더라도 우리와 달라 흐름이 빠르다. 사회적 구조를 보더라도 종적이요, 무사적 기질에다 절대권자를 신봉하는 국민이다. 천황을 위해선 자결도 불사하는 민족이다. 천하제일을 꿈꾸던 제2차 세계대전 때는 '가미가제 특공대'라는 것이 있었다. 천황을 위해서라면 싸우다 힘이 모자라면 자기가 타고 있는 비행기로 그대로 상대방 군함에 돌진하여 산화하리만치 맹종하는 사람들이다.

국가를 들어 보아도 천황을 위하는 내용이고 힘센 자를 따르면 그만이요, 한번 항복하면 배신은 죽음이라는 '에도'의 무사적 기질이 그대로 국민성이 된 민족이다.

도시 형성을 구조적으로 보면 도시 가운데는 영주가 차지하고 그 주변을 무사계급들이, 그 바깥 면을 서민, 상인이 살 수 있게 되어 있는 것을 보더라도 집단무의식 속에서 똘똘 뭉쳐 위계질서를 지키며 살아가는 것이 일본인이다.

종교를 보면 천리교란 것이 150년을 이어오지만 교주는 다른 사람이 아닌 그의 아들이 세습하고 다시 그 손주가 이어받는 철저한 세습 방법을 쓴다. 한번 발을 들어 놓으면 전혀 개종은 있을 수도 없다.

언어는 어떨까? 우리는 존칭이나 하대어 정도를 구분할 수 있지만 일본은 계급별 언어가 있어 세상이 바뀌어도 가문이 상인가문이면 상인들의 용어를 쓰고 무사 출신 가문이면 지금도 무사로서의 말투를 지킨다.

봉건주의가 벌써 없어졌지만 전통을 지키는 데는 무서워 무엇이든 한번 가진 직업은 세계제일이나 천하제일을 꿈꾼다.

문화는 가외(可畏)로 절대 근엄, 절대 현숙을 모토로 한다.

모두가 분수를 알며 분업사회를 유지한다.

역사의 원형을 지키며 그것을 현대에 적용시키는 민족이란 특이성이 있다. 일본인들에겐 오랫동안 전해오는 '바이블'과 같은 서적으로 『석문심학(石門心學)』이라는 것이 있다.

이 안에는 "앵무새는 말을 잘해도 앵무새요, 원숭이는 재주가 있어도 원숭이다"라는 글귀가 있는데 이것을 그대로 이어받고 지키는 사람들이 일본인이라는 느낌을 준다.

지금으로부터 280여 년 전, 그러니깐 통일천하하기 전 15세기에 도요토미 히데요시가 나타나 대륙에 꿈을 두고 임진왜란을 일으켰다. 그러나 그때 일본인들 눈에는 우리나라가 크게 보였단다. 그래서 침략의 욕을 포기하고 실패로 되돌아가 그때부터 근 300년간 쇄국정책을 쓰며 엄격한 신분사회를 구성하고 자기직분, 즉 분수를 지킬 줄 아는 민족을 만들려고 노력한 것이 현대까지 적용되어온 일본국민사다.

그 후 도쿠가와 이에야스(德川家康)가 남자를 많이 만드는 정책을 써서 인적 자원을 확보했으며, '항상 위를 보고 살라'는 지침을 지키게 하고 '살아남으려면 분수를 알라' 하고 자기 신분을 지키도록 강압했다. 이때 사, 농, 공, 상의 신분이 확보되고 제도사회가 성립되었다.

축제 때 '단지리'라는 가마가 나오는데 이건 오래된 '에도 시대'의 유물이며 지금도 잘 보관하여 두었다가 그날엔 꼭 내놓는다. 이 축제는 풍요를 빌며 몸을 내던지는 전통이다. 이웃끼리는 가깝다. 그러나 여간해서 자기 집에 들어오라 하지는 않는다.

왜 그러는가 했더니 예전부터 내려온 풍습으로 경계를 풀지 않는데서 온 것이다. 경도(京都)의 기생촌에 가 보아도 얼굴에 흰 분칠하는 관습은 그대로다. 그것은 예쁘게 하려는 것보다 얼굴을 감추려는데서 온 것이다. 늘 긴장 속에서 살며 상대가 누구인지 모르게 하려는 것, 본색을 감추려는 위장술이라 하는 게 옳다.

이런 점에서 보면 일본엔 벼락출세라는 것이 없다. 그것이 오늘의 일본을 만들었다. 누구나 자기 위치에서 최고가 되려는 노력이요, 천하제일이란 기량이 뛰어난 사람이 자기 것에만 붙일 수 있는 이름이었다. 수학에 '무용의 용(無用의 用)'이란 말이 생겼는데 나눗셈 하나로 천하제일이 된 사람도 있다. 다도(茶道)나 바둑에도 명인이란 타이틀을 만든 것도 이에 속한다.

『석문심학』 계몽서가 17세기에 나타나 일본이 방향을 전환하도록 계시한 후 '정직하게 돈을 벌라', '농민이 농사를 싫어하면 할 일이 없다'고 계몽한 후 천하제일을 위해 열심히 노력했다.

본가(本家)라는 이름의 과자 만드는 집은 400년을 이어오면서도 아직 과자 제조에서 판매까지만 발전했다. 그러고 보면 일본인의 직업관이란 집안의 직업을 계승하는 것, 전통을 이어받는 것이지 전업은 불가한 것이라는 생각이 뿌리 깊이 새겨진 느낌이다. 그래서 자기 직업에 자기 이름을 새겨 넣는 것이라 보아 잘못될 것이 없을 것이다.

17세기에 일본을 다녀온 사람의 기록을 보면 일본은 어느 집이고 만들고 팔고 한다고 했다. 분수를 지키며 자기 원형(原形)과 위치를 정확히 하는 사람, 그것이 쇄국의 문을 열고 섬을 빠져나와 대륙을 손아귀에 넣고도 만족하지 않아 드디어 제2차 세계대전을 벌이기까지는 200년이란 세월을 축적한 힘이다.

　명치시대는 군비확충이라는 미명 아래 어려움도 많았다. 국민은 세금에 허덕여 대신 딸을 내놓는 일도 있었다. 세 집에 하나꼴로 내놓은 딸들은 여기저기 외국까지 팔려나가 매춘부가 되었다. 그러나 그들은 해외에 나가서 번 돈을 다시 본국으로 송금했다는데 1900년대에 한 사람이 63만 엔을 부쳤다니 일본이 강국으로 되기까지는 별의별 수단이 다 동원됐다고 봐도 된다.

　1945년 패망한 일본은 다시 시작하게 된다. 재입국(再入國) 방법은 명치시대와 같았다. 여성을 접대부로 이용하고 물건을 만드는 데 수출이 안 될 수 없었다.

　공황을 만나면 임금상승을 스스로 동결하고 사원들은 구호를 외치며 극기 훈련을 했다(지금 우리가 하는 사원훈련도 거기서 배워 온 것이지만). 목표 돌파를 외치며 시대에 맞는 의식개조에도 소홀하지 않고 아무리 국제화시대라 해도 옛것을 계승하는 본성은 사라지지 않았다.

　어떤 면에서는 선진국에 돌입하기 위해서는 산업체질 개선이라는 원대한 목표를 세우고 노쇠기계를 후진국에 내주고 새로운 것, 작은 것을 만드는 데 주력하여 이제는 수완도 다르다. 주어진 여건을 최대로 활용하여 발명은 아니지만 보태고 빼고 하여 새로운 것을 만드는 데 제일이 됐다.

　유교는 유교로, 불교는 불교로 대처하지만 기독교는 번창하지 못하는 나라로 자기 것을 발전시키며 빠른 속도로 최강국의 위치에 도달했다.

　어떤 면에서는 사상이 없는 경제대국이라고 평을 받기도 하지만 돈을 버는 데는 으뜸이라 무서운 나라로 커가고 있다.

그러나 시대는 변하고 있다. 국제화·다양화 속에서 일본도 새로운 원형(原形)을 창조하지 않으면 안 될 과제를 안게 되었다.

이런 때 우리는 시운을 맞아 선진화·국제화에 잘 대응하고 있다.

그렇다면 한민족의 원형은 무엇일까?

우리는 어떤 산세와 지형에서 어떻게 살아왔으며, 어떤 사회구조, 어떤 문화로 발전한 민족인가에 대하여 알아보자.

우리의 산세는 평평하고 느리다. 그래서 그런지는 몰라도 우리는 평등주의·공생주의 속에서 자기가 있는 문화 속에 존재의 의미를 지녔다. 단군을 시조이거나 조상으로 섬기며 그의 인본주의·이화세계의 사상을 숭상하는 것으로 족하다. 그의 사상은 넓은 땅을 옥토로 만들며 삶을 풍요롭게 살게 한 분이며, 인간본위의 생활을 하도록 가르친 분으로 모신다.

그러니 전쟁을 싫어해서 많은 외침에 시달렸다. 우리는 왕의 성씨도 평민이 사용했다. 이씨, 박씨, 김씨가 그 좋은 예이며 그런 성이 번성까지 했다. 애국가의 내용도 민족의 무궁한 발전 번영을 읊었지 천황을 위한다는 따위는 전혀 없다. 죽음도 나라를 위해, 민족을 위해 바쳤다(안중근, 윤봉길, 유관순 의거가 좋은 예이다).

국민성은 항복을 해도 또 일어나는 끈질긴 기질이다(3·1운동). 설혹 싸움에 져서 항복을 했다 해도 그것이 강압에 의한 것이었다면 우리는 다시 일어난다. 그것은 의거한 의병들의 모습에서 잘 나타난다.

도시는 중심지가 주요기관이나 정부기관이며 생활에 필요한 건물들이 아니다.

종교를 보아도 가령 동학이나 증산교, 원불교는 유교, 불교, 도교를

포용했는가 하면 기독교도 얼마든지 포교가 잘 되어 많은 교인을 확
보할 수 있을 정도다.

선구자적 기질을 갖고 외유내강을 했지만 만약 침략을 당하면 오
기가 일어나고 불굴의 투지가 생기는 자구행위는 있을망정 남에게
구애받지 않고 구애받기를 싫어했다.

한국인의 민족성은 자존(自尊) 바로 그것이었다. 역사는 아(我)와 비
아(非我)와의 투쟁이었다. 학문의 깊이가 깊어 A.D. 7세기 당나라 장
안(長安)의 동공비(洞空碑) 유적에 신라 고구려의 고승들이 남겨놓고
온 자취를 보더라도 수준 높은 경지에 가 있었음을 알게 된다.

한동안 쇄국정책을 쓴 것은 한일 양국의 공통점이다. 그러나 대륙
과 섬나라 사이에 가로놓인 반도, 평온한 민족성이 침략자들의 군침이
나게 한 동기가 되었다. 200여 년간 몽고의 침략을 겪었고, 다른 외침
을 합해보니 작은 것, 큰 것 모두가 931회나 되었으며, 고려에 와서만
2년에 한 번꼴이었다. 그래서 우리 민족은 심한 좌절감에 빠졌었다.
고려 말에도 "꼭꼭 숨어라. 머리카락 보인다"라는 가사가 불렸을 정도
가 됐다. 그러나 내 나라를 지키는 데는 끝끝내 싸워 이겨냈다.

그러면서 예절로 이웃을 가르치며 자존(自尊)이란 오만한 기개를
살려갔다. 이것은 선비사회로 발전하고 관료를 뽑는 제도의 주축이
되어 과거제도가 발전했다. 영특한 인물을 발탁, 기용하고 이들을 우
대하게 되니 양반 중심 사회로 기울고 근대화의 대열에서 탈락하고
말았다. 17세기에서 19세기까지 관료지망이 45%였다니 나라꼴을 짐
작할 만하다. 이렇게 되니 딴 세상을 목격한 사람들은 더 이상 뻗어
나가기 어려운 자신을 자각하기도 한다.

김시습(金時習)이나 임제(林悌)의 글에서도 잘 나타나듯이 세상을

통탄하는 일들이 생겼다.

집의 방문을 보더라도 간신히 허리를 구부리고 들어가 생각에 잠기는 일, 앉아서 천하를 다스리는 법을 배우느라 글 읽는 일로 소일하게 됐다.

여기서 잠깐 일본을 보면 일본은 정원에 장식해놓은 돌 하나도 바다의 섬, 높은 산봉우리 등 여러 각도로 음미할 수 있게 해놓고 있다.

그러나 우리는 오직 군자라는 최고의 이상인을 설정하고 군자는 생활을 걱정해도 안 되고 오직 배움에만 전념하고 무엇을 생산하는 데는 소홀했다. 아니, 어떤 면에서는 장인을 천박하게 보는 습성이 생기게 됐다. 그래서 우리 조선의 쇄국정책은 우리의 원형을 굴절시킨 결과를 낳았다.

한때는 풍수설이 유행하여 완성단계에 있던 굴포천(운하) 공사도 중단했다. 명분과 실리의 틈바구니에서 관념과 명분론만이 존재하는 사회가 됐다. 명나라를 버리고 청나라를 받들 수 없다 하여 청군에게 패한 인조가 남한산성에서 엎드려 항복하고 조국을 슬퍼해서 김상하가 "가노라 삼각산아 다시 보자 한강수야"라는 시조를 읊게 되었다.

주자학(朱子學)도 그랬다. 이것을 타개코자 정약용, 박지원 등 실학자들이 일어난다. 나라가 발전하려면 기술이 발전해야 된다고 주장한 초청 박제가 등과 정다산 등은 서양의 합리주의를 내세우며 일본이 기술개발에 힘쓰고 있다는 의견을 펴기는 했으나 양반들은 철저하게 자기주장으로 일관하게 되니 발전은 불가능해지고 말았다.

이런 속에서 우리는 자존(自尊)만 늘어갔다.

어려움에 빠진 농민의 고통을 보게 된 최제우는 '인내천(人乃天)' 사상을 근거로 동학운동을 일으키고, 전봉준은 많은 민중의 호응을 받았으나 조정의 청나라 원병요청으로 좌절되었으며, 호시탐탐 기회를 노리던 일본은 급기야 청일전쟁을 일으켜 경복궁에 일장기를 휘날리게 된다.

1910년 경술국치라는 운명에 처하고 1919년 3·1운동은 기해 독립운동으로 치닫게 된다. 고종의 서거가 알려지자 양반, 상민 할 것 없이 종교인까지 가세한 운동은 불이 붙게 됐으나 워낙 탄탄한 준비로 시작된 일제의 강압으로 우리는 어려움을 겪게 된다.

돌이켜 생각하니 봉건적 쇄국정책에 항거한 동학운동은 청나라 원병으로 결국 일본의 손으로 넘어가고 말았다. 역사의 아이러니는 36년간 피어린 독립운동으로 민족의 얼과 맥을 잇기는 했으나 1945년 연합군의 손으로 해방의 기쁨을 맞았다.

나라를 되찾고 말과 글을 되찾기는 했으나 미·소(동·서)의 양 진영이 이념의 냉전시대 돌입으로 우리는 조국의 분단이라는 새로운 어려움에 직면하고 혼란한 사회와 원조물자 시대를 맞았다.

겨우 되찾은 삼천리금수강산은 38선이라는 장벽이 생겨 20세기 중반으로……

1950년 6·25의 동족상잔, 1960년 자유당 부정선거로 4·19가 일어나 새로운 지평이 보이는 듯했으나 5·16군사쿠데타가 일어나 좌절되고 말았다.

한편 우리도 '잘살아 보세'라는 구호가 생기고 열악한 조건에 뛰어들어 시작은 했으나 민족의 저력은 교육에 힘써 인재를 양성하고 수출에 힘쓰는 산업화에 정력을 쏟아 남들이 100년, 200년에 이룩할 수 있었던 눈부신 발전을 하기에 이르렀다.

그러면서 서서히 우리의 원형을 찾게 됐다.

옛날에 화려했던 문화, 우수한 독창력과 장인정신이 되살아나기 시작했다. 국제기능 올림픽에선 13년 연패라는 기록을 내고 더욱이 88올림픽에서 세계인에게 보여준 또 2002월드컵에서 보여줄 우리의 한풀이는 '이제 모두 일어나', '손에 손잡고'는 우리의 모습 그대로 자존의 얼굴이다.

'우리의 원형.'

앞으로는 정보화·국제화시대의 가치가 다양화되는 시대가 된다.

중국의 덩샤오핑은 "흰 고양이든 검은 고양이든 쥐만 잘 잡으면 됐지……" 하며 흰 고양이 검은 고양이 따질 필요는 없다고 했지만 과연 우리는 어디로 갈 것인가? 한국인은 똑똑하다. 탈이데올로기 시대에 경직된 사상은 국제화에서 살아남지 못한다. 자신의 강점·약점을 안다면 우리의 길은 있다.

우리 민족의 심성은 원불교 원형과 같다.

설혹 오늘 어린이가 태어난다 해도 그 애는 단군 이래 지속되어온 우리의 원형이며, 끈질기게 이어온 우리의 자존임에 틀림없다.

　물질문명의 가속화는 삶의 풍요를 가져오는 듯했으나 실제로 요소 요소에서 발견되는 인간성 상실은 근원적으로 인간과 인간관계를 메마르게 하고 있다는 우려를 낳고야 말았다.

　오천 년의 역사 속에서도 잘 나타나듯이 우리는 백의(白衣)를 숭상하던 민족이다. 유(儒), 불(佛), 선(仙)의 영향으로 서로가 공경하고 친하고 스스로를 연마하는 사상적 밑받침은 있었으나 공리적 이기심이나 살타(殺他)적, 동물적, 야성적 하위식(下位式) 생활방식은 이를 천시(賤視)하는 관습을 지니며 살아왔다.

　사람과 사람이 어울려 사는 것은 내세(來世)와도 연결되는 것 등의 지표를 생활신조로 삼으며 서로를 돕고 평안을 유지하고 아름다움을 창출하려는 노력으로 우리 조상들은 삶을 영위해왔다.

　그러나 현대화의 방향은 어디로 가고 있는 것일까? 삶을 지배하는 것이 아니라 삶에 예속되어가는 현상마저 느끼게 되는 것은 비단 돈 문제에 국한하는 것은 아닌 것 같다. 돈 등 물질적 욕구가 나래를 펴면 인간성은 자취를 감추고 만다. 이기심은 동면에서 깨어난 듯 눈을 부비고 경쟁심은 상대방을 압도하려는 데서 기인한다.

그러나 그렇다고 오랜 역사, 뿌리 있는 민족이 뿌리째 흔들릴 수가 있을까? 그건 아닐 것이다. 우리는 마음의 눈을 뜨고 훌륭한 우리 문화 속에서 우리를 재발견하는 계기를 마련해야 할 것이다.

나는 우리 전통의 근원을 파헤쳐보는 동안 오래 전해 내려온 태교의 맥을 찾을 수가 있었다.

단군의 인본주의 사상에서도 잘 나타나듯이 인간성에 근거한 내용은 본래부터 있음을 발견한다. 4,300여 년 전 단군께서는 나라를 세우시되 사람의 사회, 사람을 위한 제도를 만들었고, 더구나 사람을 탄생시키되 사람다운 사람끼리 만나 생명을 탄생시키는 결혼규칙을 만들어 시행했다는 근거가 미약하나마 전해져 온 것을 찾을 수가 있었다.

이것은 옛날의 태교범주에 속하는 것이기는 하지만 이 속에 보면 인간성을 얼마나 귀중히 생각했나를 알 수 있다. 인간성은 출생 후가 아닌 모태(母胎)에서 발생하고 육성되는 것을 알고 있었다는 이야기가 되며, 이것이 B.C. 3세기경에는 태훈(胎訓)으로까지 발전한 것도 역사에서 고증된다. 그래서 인간교육도 태중에서 잘못되었다면 태어나 스승에게 십년 교육받는 것 정도는 별것이 아니라고까지 하며, 맥이 이어진 사주당 이씨의 『태교신기』는 이런 맥락에서 이어진 결과론이라 할 수 있다.

이렇게 하면서 심성, 즉 마음에 관한 이야기가 내용에는 깊은 골의 물줄기를 이르면서 내려오고 있다.

인간의 품성은 엄마의 배 속에서 영향받는 것으로 임신 중에는 착한 마음, 바른 마음을 갖도록 지침을 만들고 이것을 잘 지키기 위하여 음식도 반듯반듯 썰어 먹고 삐뚤거나 썩은 과일 등은 먹지 말도록 전하기도 했다.

요즘 사람들은 이 뜻도 모르면서 옛것, 우리 것을 어려운 수칙이나 또는 미신으로 보는 경향이 있지만, 경험한 사람의 결과론으로 보면 하나도 잘못됨이 없는 훌륭한 가르침이었음을 알게 된다.

또 어떤 사람은 과학으로 이것을 입증하기를 원하지만 아무리 과학이 첨단으로 발전했기로 이런 것을 입증할 만큼 과학이 발달했느냐고 반문하고 싶다. 인간이 죽는 것도 막지 못하고 생명의 본원인 정자, 난자를 과학이 만들어 보았는가? 아직 그렇지 못하다. 아무리 달나라를 갔다 오고 컴퓨터 칩이 수십 메가D램으로 엄청난 기억을 할 수 있는 것으로 발전했지만, 신이 만든 신비의 경지에 도달하는 것에 비유한다면 아직 유치원생이라고나 할까? 그런데 너무 과학에 의지하려는 생각은 부족한 사고가 아닐까 한다.

더욱이 마음에 관한 것은 일본의 유아 교육기관의 이브카 씨가 지적했듯이 수백 년 동안 그렇게 발달했어도 아직도 마음에 대한 문제 하나 풀지 못하는 의학은 오랫동안 마음과의 싸움의 역사라 해도 틀림이 없을 것이라고 하던 말이 연상된다. 마음이란 색깔도 모양도 없지만 분명 인간을 좌우하는 주체(주인)인지도 모른다. 혹자는 이것을 정신이나 심리상태, 선과 악을 구별하는 실체 등으로 설명하지만 이 정의가 과연 맞는 것인지도 불분명하다.

이것이 마음에서 생기는 인간성이다. 이건 인격도 아니며 지식도 아니지만 인간을 지배하기도 명령하기도 또 풍겨 나오기도 한다.

이것이 잘못되면 천한 인간이 되기도 하며 이것이 잘못되면 비열한 인간이 되기도 한다. 아무리 돈이 많아도 이것이 잘못되면 불행한 인간이요, 이것이 풍족하면 물질이 없어도 부족함이 없는 사람으로 만인의 존경을 받는 훌륭한 인물로 추앙된다.

그럼에도 불구하고 요사이는 이것이 메말라가고 있으니 과연 잘되는 사회일까, 아니면 잘못되어 가는 사회일까? 인간성이 결여된 사회, 인간성이 부족한 사회는 빨리 수술되어야 한다.

어느 날 신문에 '신판고려장'이란 타이틀의 기사가 실렸다. 그래서 이건 또 무슨 말인가 하고 읽어 보았더니 어처구니없게도 고속버스 종점에 집 잃은 영감님이 있어 돌아가기를 권했더니 그저 빤히 쳐다보면서도 대답을 못해서 벙어리가 아닌가 하고 손짓 발짓하며 이야기를 걸었다. 영감님은 버럭 화를 내며 하는 말이 '자식이 나를 버렸는데, 내가 갈 데가 어디 있겠느냐'며 그냥 두라고 하시더란다. 그래서 안내원이 알아듣고 주민등록증이라도 좀 보여 주기를 권했지만 그것도 자식이 가져갔다고 했단다. 하는 수 없이 파출소에 연락하고 이것을 기자가 탐지하여 기사화된 것인데 알고 보니 부모를 못 돌아올 곳으로 내다버린 사건임이 밝혀졌다. 노인이 집을 모르지는 않지만 그런 자식에게는 돌아가지 않겠다는 결심으로 주소를 모른다고 했다니, 이것을 '신판고려장'이라 하지 않겠느냐는 이야기였다.

그뿐 아니라 '효도관광'이란 명목으로 부모를 관광여행 보내고 되돌아올 곳을 모르게 숨은 자식도 있다는 이야기에서도 인간성 회복의 시급함을 느끼지 않을 수 없다.

어떤 이유로든 제자가 스승을 존경하지 않는다면 이것 또한 도덕 윤리를 논하기 이전에 인간성 상실의 단면으로 보지 않을 수 없다.

어느 경우의 노사분규, 어느 경우의 정치 부재를 느끼게 하는 일면 등에서도 인간성 회복은 절실해지는 시대이며, 부모에게 절망을 안겨

주는 분신자살 같은 현상은 아무리 뜻이 좋더라도 생명의 고귀함을 깜빡한, 인간성이 결여된 현상 위주의 행동주의가 아닌가 한다.

인간성이란 존재를 부정하고는 성립되지 않는다. 살며 생각하며 느끼고 베푸는 곳에서 그 의의가 발견된다. 그런 한편에서는 요즘 유행처럼 번져가는 이혼문제는 세태가 얼마나 변했는지 반증해준다. 서구화·선진화가 얼마나 좋은 허울인지는 모르지만 이런 발전은 더 가기 전에 인간적·제도적 장치를 만들어 막아야지 이런 것을 어찌 잘 돼가는 현상이라 할 수 있을까?

어느 가정에선 시아버님이 정년퇴직하여 집에서 쉰다고 이런 시댁에서 살 수 없다고 하여 결혼 1년 만에 보따리를 싸 가지고 집을 나가 파경을 했다는 말을 들었다.

또 한편에서는 성 문란으로 미혼모가 생기고 이런 아기를 돌보아주는 단체가 있어 우리도 사회보장제도가 제법 실현되는 나라가 되었구나 하며 기뻐했더니 얼마 후 미국에서 우리나라를 손가락질하면서 인신매매를 하는 나라, 어린 생명을 수출하는 나라라고 했다니 어처구니가 없어진다.

생명이란 아무렇게나 만들어도 또한 잘못 탄생시켜도 안 된다는 것을 우리는 알고 있다. 그럼에도 불구하고 어디서 그런 나쁜 일만 배워서 이런 저주받을 짓을 하다니, 그렇게 하고도 잠이 오고 밥이 입에 들어간단 말인가?

이런 인간성 부재 등을 생각하며 빨리 인간성을 회복해야 한다는 것을 느끼게 된다.

인간이 제대로 됐다면 이런 일들은 생길 수도 없으며 이런 일을 상상이라도 할 수 있단 말인가? 유아교육이 중요하다, 영재교육을 시켜야 한다는 등 필요한 일을 하는 것 같지만, 사실은 그에 앞서 인간성을 제대로 마련하는 태교(태중교육, 태아교육)가 더욱 절실해짐을 부정할 수 없다. 이것이 임신부의 일이다.

아무리 오늘은 풍요롭게 사는 것이 목적이라 하더라도 내일을 행복하게 하는 거름 없이 내일이 기대되지 않을 것이다. 오늘과 내일이 같이 풍요로워지기 위해서 우리는 무언가 준비해야 할 것 같다.

그것은 유행이나 허영에 영합하는 물질만능 향락 위주의 생활방식이 아닌 정신적 지주로서의 마음을 풍요롭게 하는 자세로 원천적인 태교에 힘쓰는 일이라 할 수 있겠다. 우리는 서슴없이 이런 문제에 접근해야 할 것으로 본다.

이기주의가 동시다발로 약진하는 망국적 외래문화의 답습이 아닌 본래의 좋은 전통을 계승 발전시키는 아이디어를 가동시킬 때다.

88올림픽 때 보여 주었던 우리 고유문화, 세계가 놀라고 찬사를 아끼지 않았던 우리의 아름다운 모습이 어디 '쇼맨십'의 급조된 레퍼토리였던가? 오랜 전통이 내재해 있는 우리 것이 그들 눈에 그렇게 비쳤던 것이고, 그것은 역시 고이 간직해두었던 우리 문화, 우리의 예술이었다는 것을 부정하지 못한다. 그래서 그들은 새로운 시각으로 코리아를 외쳤던 것이다.

6·25의 전화를 딛고 일어나 4반세기의 짧은 기간에서도 공업화 수출입국의 기적을 창출한 우리, 남북이 분단된 어려운 여건에서도 마음이 뭉쳐서 잘살 수 있는 기틀을 마련하고 남북이 왕래할 날을 기다리고 있다. 그래서 그들 눈에는 아무리 보아도 장차 동방을 비출 등불이라는 한국을 생각할 때 이는 분명 선망의 대상이요, 가보고 싶은 나라여야 할 것이다.

그럼에도 불구하고 오늘날 잘못되어 가는 일련의 현상을 뭐라 해야 할지……

어버이날이 되었다고 자녀들이 부모 가슴에 꽃을 달아주는 외양상의 멋은 갖고 있는지는 몰라도 마음 깊이 새겨진 어버이가 자식 눈치나 봐야 하는 세상이라면 그것을 발전이라고 할 수 있을지 다시 생각해봐야 할 일이며, 어설픈 민주적 가정교육이 우리 가치관을 흩트리고 있는 거나 아닌지 하는 생각도 들게 한다.

어느 자식은 아예 부모공경이 어떤 것인지 모르며 또 미국식으로 돈이나 몇 푼 드리는 것이 잘하는 일로 생각하고 있는 사회라는 데 자못 우려된다. 자기 욕망을 자제하며 모두가 지켜야 할 공덕심 같은 것은 어디를 갔는지 자기만을 앞세우며 남에게는 의심의 눈초리를 키워가는 풍조는 더 이상 키워서는 안 될 타락적 자기모순임을 지적한다.

그렇다고 2000년대에 들어서서 세계가 한울타리가 되고 모든 것이 국제화·다원화되어 가는데 우리라고 복고형·폐쇄형의 어둡던 지난날로 되돌아가자는 이야기는 아니다. 또 오랜만에 잡은 민족도약의 호기를 멈추자고 하는 말은 아니다. 근면과 노력과 인내와 운세가 어우러져 이룩한 좋은 기회를 잘 유도해가자는 의미다.

아무리 앞이 험난하기로 이것을 극복하지 못할 우리가 아님을 자부하며, 우리의 기개가 여기서 멈출 민족이 아니라는 데에는 이론의 여지가 없다. 다만 잘못된 선진문화의 일부분이 우리를 잘못 인도하고 있음을 보고 있기 때문이다.

그리고 그 잘못된 부분이라는 것은 우리에겐 필요 없는 부분 아니면 우리는 더 좋은 것을 일찍부터 갖고 있었다는 데서 하는 말이다.

부모를 공경한다는 것이 꼭 유교의 부자유친 영향만일까? 본래부터 그런 것을 받아들일 만한 터전이 없었더라면 아무리 좋은 것이라 해도 그건 받아들여지지 않았을 것이고, 또 바탕이 튼튼하지 못했다면 과실의 꼭지가 튼튼하지 못하여 비바람에 견디지 못하고 낙과하는 결과와 같았을 것이다.

이런 것들은 본시 우리 문화 속에서 싹이 텄고 잘 가꾸어진 기틀 위에 세워진 우리의 전통이라 할 수 있을 것이다.

인간이 사는 세상, 인본주의를 바탕으로 성장한 우리 겨레는 인간성이 기본이 되어 따뜻하고 풍성한 성품에다 기개 높은 민족이었음을 되새기며 이제라도 본연의 자세를 재확립하는 기회로 만들어야 하지 않을까 한다.

태교로써 이룩한 인간성은 돈 억만금으로도 살 수 없는 귀중한 것이 될 것임을 믿어 의심치 않으며, 너무 돈과 일에만 몰두하는 내일의 엄마 아빠가 되실 예비부모에게 이 글을 쓴다.

그간 우리나라 육영사업은 괄목할 발전을 하여 3~4세의 유아교육에까지 많은 투자가 있었다.

그러나 '요람에서 무덤까지'라 하던 교육이 이젠 태내로부터 시작되어야 할 시점이 와 있다는 것을 간과해서는 안 된다.

실제로 연간 4만여 명 정도씩 늘어나는 선천성 기형아 문제는 언제 어디서 어떻게 수용할 것이며, 예방은커녕 일 년에 50만 쌍의 결혼이 진행되는데도 이들 중 상당 부분이 인간 발생문제를 잘 교육받지 못한 상태에서도 이루어지고 있다는 사실을 아는지 모르는지 경종을 울리지 않을 수 없다.

이것은 비단 외양상의 신체적 불구를 지적하고자 하는 데 있지 않고 그 외에도 많은 부분에 이상이 발견되는데, 이들은 그간 잘못 전해진 외래문화가 빚은 결과에도 큰 문제가 있음을 뜻한다.

다시 말하면 불륜이나 부도덕한 결합에서 생긴 정신적·심리적 불구아는 물론 패륜적·망종적 질환을 가진 인간이 늘어난다는 사실도 그 문제가 비록 외국에나 있는 일만이 아니라는 데에 심각성이 있다.

태아교육은 원래 훌륭한 인간, 영특한 인간을 탄생시키기 위한 목표라 했지만 이것이 범국민운동으로 확산될 때 2차적 목표는 이런 사회의 저변에 있는 사회의 독소, 즉 가정파괴나 사회불안의 원인을 근원적으로 교도·예방하는 데 있음을 잊어서는 안 된다.

미국에서나 일본에서 실시된 어린이 범죄 살인사건 등을 자세히 조사해보면 일반적으로 알고 있는 생활환경이나 가난의 원인보다 내재해 있는 인간성의 형성과정에서 그 원인이 발견된다는 보고서에 귀 기울이지 않을 수 없다.

물론 관찰 여하에 따라서 다른 분석이 내려질 수 있다고는 하겠으나 태아교육에 열을 쏟고 있는 전문가들의 입장에선 무엇보다 생명을 잉태하고 탄생시킬 여성교육 여하에 따라 상당히 다른 결과를 얻을 수 있다는 데 의견이 일치되고 있다.

이것은 몇 사람의 의견이 아니다. 요즘 태교서적이 나와서 베스트셀러 축에도 들어가고 있는 것을 보고, 교육을 오래 하신 분들은 이 구동성으로 이를 추천하고 있다는 것도 아울러 밝힌다. 그래서 지도자 육성의 대학원 강의가 활발히 움직이고 있다.

그뿐만이 아니라 많은 부모, 여러 교사들, 또 병원의 의사들도 상당히 호응하고 있다.

그런데 어찌하여 후원 기관이나 단체들은 먼 산 바라보기로 남이 해주기만 기다리고 있는 것인가? 안타깝기보다는 너무나 현실에 급급해하는 현상에 아연실색케 된다.

장래가 없는 오늘이 무슨 희망이며 '염통 곪는 것' 모르고 '손톱 곪는 데만' 관심을 쓰는 것이 우리가 바라는 정책이요, 법을 만드는 사람들의 활동이란 말이다.

모름지기 교육자들은 국가의 백년대계를 위한 인간문제 해결에 눈 떠주길 바란다.

아무리 현실이 중요하기로서니 지엽적인 일에만 급급해하는 인상은 고쳐져야 하고 근본적인 일이 어렵지만 해야 할 일은 해야 하는 시대가 요구된다.

태아교육은 배 속에 아기를 직접 교육하는 것이 아니어서 정규코스의 학교교육은 아닐지라도 예비부모들에게 좋은 영향을 줌으로써 영특하고 건강하고 품성 좋은 아이를 갖게 하기 위한 교육의 장이나 교재보급 혹은 문답을 할 수 있는 시설(기관)은 마련되어야 하지 않겠나 하는 것이다.

모든 인간은 어머니 배 속에서 만들어지고 태어난다. 그런데 혹이라도 여성이 망령되거나 소홀하면 어찌되는 것일까?

이것은 엄청난 숙제이다. 그럼에도 불구하고 이 사실을 망각하거나 불필요한 일로 착각한 나라들은 망하고 만 역사의 교훈도 여러 나라에서 증명됐다.

우리는 훌륭한 문화유산이 있고 현재도 계속 연구되고 있다. 이제라도 서둘러 태교연구, 태아교육기관의 설립은 진행되어야 한다.

이 일은 작은 일도 아니요, 눈에 안 보이는 일이라고 안 해도 괜찮은 일도 아니다. 그렇게 세계를 주름잡고 역량을 과시하던 미국이 무엇이 부족해서 저렇게 찌들어가고 있는 것일까? 도처에서 일어나는 총잡이, 칼잡이, 마약사건 등과 우범, 누범의 지역이 늘어난다는 슬픈 소식은 바로 잃어버린 인간성, 교육의 부재가 원인이란 생각이 드시는지? 남의 일이라고 흘려버릴 수도 없다.

생명 앞에서도 너무 자만하지 말고 차근차근 정성스럽게 형성시킬 창조자로서의 마음가짐이 요구됨을 잊어서는 아니 된다.

그러나 이 중요한 태교라는 실천요강이 학교에서도 가르치는 과목이 없고 결혼할 자녀를 두고도 가르치는 부모가 많지 않은 것이 오늘날의 일반화된 현실이다. 한국 여성들은 익히 들어온 일이라고 중요시하지 않고 새로운 지식에 열중하다 보니 저질러진 일이라 볼 수 있다.

그러나 그것은 잘못된 생각이다. 시대는 한없이 변한다. 또 다른 변화에 적응하지 못한다면 뒤질 수밖에 없다는 생각으로 임해야겠고, 무한정 앞으로 뛰다보니 정말 중요한 것을 잊게 된 현상은 이제라도 다시 반성해보는 시간이 되어야겠다.

우리의 전통, 인간발생의 문화는 뒤진 것이 아니다. 어떤 면에서는 선진문화보다 더 앞선 훌륭한 것이라는 점을 이 기회에 새겨두자.

B.C. 3세기에 우리나라는 모든 교육의 시작을 태훈(胎訓)으로부터 시작했다는 문헌이 전해졌고, 비슷한 연대에 중국의 열녀전에는 문왕 어머니의 태교가 전해져오고 있다.

그 후에도 많은 문헌들이 전해져 와서 2천 년간 꾸준히 그 맥이 이어졌는데 서구문화가 전해지는 과정에서 우리를 혼동시키고 말았다. 그러나 결과론으로 볼 때 서구에도 태교문화가 살아 있는 나라는 인간문제에 별 이상이 없으나 생명의 발생과정, 태생과정을 무시한 나라들은 현재 큰 곤혹을 치르고 있음을 본다.

그렇다면 이 시점에서 우리는 어떤 것을 찾고 어느 것을 버려야 할지는 명확해진다.

유아교육도 좋지만 태아교육이 잘 되어 있지 못했다면 아이들이 거부감 속에 빠진다고 지적되고 있다.

　이건 또 지엽적인 일이요, 근본적인 일은 시작부터 원천적으로 잘 다루어야 할 중요한 장으로 태아교육이 지적되고 있다.

　바라건대 안목을 넓히자. 그리고 쉽고도 값진 이 일이 발전하는 데 심혈을 기울이자.

<부록>

『내측(內側)』과 『내수도문(內修道文)』 요약
-1850년경 천도교의 2대 교주 최시형의 해월신사법설 중에서-

태아는 부모의 기를 받아 모체를 빌려 생기는 시천주(侍天主)이며 소우주에 안겨진 양천주(養天主)라 하였다.

『내측』에 보면 포태하거든 육류(종)를 먹지 말며, 논에서 잡은 우렁이나 가제 등도 먹지 말고, 일삭이 되거든 기운 자리에 앉지 말며 지름길로 다니지 말고, 남의 말 하지 말 것 등 금기 음식이나, 간디스토마 예방, 낙태 예방 그리고 언행에 있어 명심할 일을 간략히 설명하고 있다.

과욕을 피하고 정서적 생활은 수도하는 사람과 통한다며 늘 묵상하고 심신을 안정시키는 것이 생명을 위한 임부의 도리라 했고, 해월(海月)은 시천(侍天)을 양천(養天)으로 현실화하는 사상을 폈다.

유(儒)·불(佛)·선(仙)의 자아의식을 고취하며 부인동반(婦人同伴)의 『내수도문』을 만들어 지키도록 하였다.

맹자의 성선설을 받아들이고 유교의 장유유서, 불교의 선(禪)을 인간지상주의와 만인평등사상에 연결하였다.

아동은 주체적 인간으로 유전보다 후천성 개발을 중요시하고, '태아는 천인합일(天人合一)의 존재'라 하여 태아를 신성시(神聖視)했다. "어찌 배 속의 아기라고 모른다고 할 수 있겠는가?" 하고 한울님이 내재함을 알아야 한다는 인내천(人乃天) 사상에 근거, "태아는 종자의 생명(싹)과 같고 자궁은 상재의 궁전과 같다. 고로 임신부는 성(誠)·경

(敬)·신(信)의 마음으로 양육해야 한다"고 했다.

양(養)은 모심(母心)이고 포태는 순연한 이기(理氣)로 지성이면 감천하는 것, 부정모혈(父精母血)로 공자·맹자도 이룬 것이라고 했다.

이것을 이어받아 3대 의암(義菴)은 이기설과 음양동정(陰陽動靜)의 조화론을 펴고, '수태는 두 기의 접합으로 이루는 것'이라 하여 '될성부른 나무 떡잎부터 안다'라고 시작부터 잘해야 함을 역설했다.

다시 말하면 인간교육은 태교로부터라고 강조한 것이다.

〈부록〉

『동의보감(東醫寶鑑)』 요약

1600년경 영조(英祖)의 어의로 있는 동안 상감의 명을 받아 그간에 퍼진 동양의술을 집대성한 것이라 한다.

이것을 기화로 한국의 특수한 것들을 망라하였으니 가히 동양의 의술보감이라 할 수 있다.

전부 23권인데 그중 10권 부인문에 임산부가 알아야 할 의학적 지식이 낱낱이 기록되어 있다.

1. 여성의 체질적 특성을 경락(경맥)으로 구분하여 설명
2. 의학적 경험론을 결과로 표시
3. 태아의 성전환법
4. 태기를 아는 진맥법
5. 태중의 방술, 득효에 관한 것
6. 잉태를 훌륭히 하는 방법
7. 정(精)과 혈(血)에 관하여
8. 구사(求嗣)는 무병에서
9. 교합금기(交合禁忌), 음식금기
10. 태아의 환경설(영향설)과 오조(惡阻) 등이 자세히 적혀 있다.

여기서 표현된 특징으로는 부(父)의 정기(精氣)를 혼(魂)으로, 모의 혈(血)은 백(魄)으로 설명한 점이며, 음양오행과 사시(四時)로 발생과 태생의 이치(理致)를 설명한 점이고, 천지를 우주원리로 물었다는 점

이다.

 그중에서 8번의 구사(求嗣)를 보면 부인은 경도가 골라야 되며, 남편은 신(神)이 충실하고 마음이 맑아야 한다. 이때 기(氣)를 쌓고 정(精)을 모아서 때를 기다려야 하고, 여자가 임신을 잘못하는 것은 척맥(尺脈)이 센 것이다. 만약 약(弱)하고 젖은 것이 보이면 냉이 과한 것이다. 또 남자의 맥이 미약하거나 얄팍하면 정기가 맑고 찬 것이다.

 그러므로 피가 허하면 보하고 기가 허하면 보(補)해야 한다.

 여성은 월경 직전의 잉태기가 다가오면 육체가 풍요로워지고 감정이 쾌활하며, 잘 어울리고 얼굴이 화사해진다. 임신 후에는 얼굴에 광택이 적어지고, 눈과 입 주위 그리고 콧등에 검푸른 빛이 돋거나 기미가 끼는 일이 많으며, 배 중앙에 검은 줄이 선다.

 젖꼭지와 그 부분이 더욱 검어지고 외음부에 검은 빛이 짙어진다. 자주 권태감이 심해지고 편식, 변비, 소변이 빈번하며, 치통이 있거나 발이 붓는 증세가 있다고 표현하고 있다.

 교합금기, 음식금기에는 일단 수태한 후로는 교합을 금해야 한다고 되어 있다. 술 탄 음식과 약을 꺼려야 하며 살생하는 것을 보지 말고, 이웃집 수리하는 것을 보지 말라고 했다. 그리고 마늘을 먹으면 아기 밴 기미를 소멸한다.

 임신중독(惡阻)으로는 다음과 같다.
- 자간(子癎)－몸속의 독소가 중화작용(배설)이 잘 안 될 때 생기는 두통, 어질증, 귀 울림, 호흡곤란, 경련 등을 일으키는 것
- 자현(子懸)－자현은 임부의 가슴이 치밀고 아픈 것
- 자기(子氣)－자기는 영양부족의 일종으로 말초신경에 고장이 생겨 다리가 마비되거나 붓고 맥이 빨라지고 변비가 되는 것

- 자종(子種) - 임신 5~6개월에 오는 현상으로 온몸이 붓고 배가 불러지는 증상이며, 혈액순환 계통이나 신진대사기능 장애에서 온다. 그 외에도 많이 있으나 현대 의학이 더 발달했으니 참고로 몇 가지만 적어본 것이다.

임동근

경희대학교 법정대학 졸업
재일 東和신문사 본사 부사장 역임
전인교육협의회 이사
한국실업교육회 지도교수
미국 퍼시픽웨스턴 대학교 철학박사 학위 취득
MRA 청년지도자
현대태교아카데미 원장

〈활동경력〉
1981년
・현대 태교 아카데미 설립
・『엄마랑 아빠랑』 서적, 태교음악, 카세트테이프 제작
・현대 태교 아카데미 지사 설립
1983년
・새 세대 육영회 청와대 진언
・MBC TV 출연 「안녕하세요 '변응전'입니다"」 – 자녀교육(태교로부터)
1984년
・MBC TV 출연 「차인태 살롱」 – 여성과 태교(풀잎이 움직이는 소리)
・무학여고, 영등포여고, 창덕여고 졸업반 전원 태교 특강
1985년
・『KBS 여성백과』 기고 1, 2, 3월호
・새 세대 육영회 중고교사
・이화여자대학교 건강교육과 특강
・금융연수원(여행원) 4회
・KBS 1TV – 정갈한 음식과 별난 음식(사미)
1986년
・로타리멤버 강연
・MBC TV 「태교」 – 태교는 미혼여성의 지식
・『KBS 여성백과』 기고 3, 4, 5월호
・한국공항 여직원 2회
・KBS TV 신간안내에 태(胎) 소개
・KBS 라디오 하이웨이
・경성, 중앙, 한양 금란, 경희, 홍익여고, 신경여상 졸업반 전원
・MBC 라디오 「'임국희' 여성살롱」 – 금기식품과 권장식품(중요성)
1987년
・KBS 라디오 서울 출연 3회 – 태교, 어떤 것인가(실천요령)
・조폐공사 여행원(경산, 부여, 대전)
1988년
・MBC 라디오 「이종환의 여성시대」 – 태교 전통과 과학

· 대구(매일신문) 광고 「태훈(胎訓)」

1989년
· KBS 라디오 「황인용, 강부자」 시간 - 태교 실천과 결과
· 예지원 규수반
· 『민족문화』 신보 취재(제3호)
· 문화재 보호협회(신부반)
· 홍익, 진명여고, 관악, 동구여상 등 졸업반 전원

1990년
· 예지원(규수반)
· 혜화, 무학, 영등포 여고
· KBS 라디오 방송 3회(이호재) - 함께 알아봅시다
· 문화재 보호협회(신부반)
· 교정신문
· 예지원 창립 16주년 기념집 기고
· 한국의 집(신부반)
· 예지원(규수반)

1991년
· KBS 2 라디오 출연 - 태교는 남편이 더해야
· KBS 3TV(부모시간) - 태교는 언제부터
· KBS 1 라디오 방송 - 요즘 엄마들의 태교
· KBS 1TV 가정저널 초대석 이계진 시간 - 2세 교육 태교로부터
· KBS 라디오 여수 - 전화인터뷰(임신 중, 열 가지 방법)
· KBS 1TV 「신혼은 아름다워」 제주 출연(이수만과 함께)
· 삼성전관(주) 수원

1992년
· 예지원(규수반)
· 박사학위 및 출판기념회
· KBS 2 라디오(아침건강) - 기형아 예방
· KBS 2TV 「무엇이든 물어보세요」(임성훈) - 최초의 교육 태교

1993년
· MBC TV 「아침의 창」
· KBS 교육방송 출연(부모의 시간) - 태교 실천방법
· KBS 1TV 「아침마당」(이상벽, 정은아) - 열 달 배 속 교육
· SBS 「남편은 요리사」 출연 - 꽃게장
· KBS 라디오 인터뷰(국제방송) - 전통태교 고증
· MBC 임신육아교실 - 춘천, 여수, 청주, 충주, 포항, 제주, 울산, 마산, 전주, 안동, 원주, 진주
· 삼성전자 수원

1994년
· MBC 임신육아교실 - 부산, 제주, 강릉, 청주, 대전(앙코르), 순천, 춘천, 안동, 삼척, 포항, 제주
· EBS 녹화(부모시간) - 출산문화
· 예지원 규수시간

· 천도교 교학원
· 롯데쇼핑 여사원 10회
1995년
· 예지원 규수반
· MBC 임신육아교실―마산, 전주, 대구, 광주, 안동, 울산, 여수, 진주
· CATV G―TV 녹화―초보엄마(신세대 육아법)
· KBS 연속극「딸부잣집」에―태교책
· 삼성전자 4회
· MBC 아침연속극「행복」에―태교책
· CATV D―TV―임신부(식습관 태교)
· KBS 3TV 부모시간―임신부가 조심해야 할 것
· 전례원 지도자반
1996년
· 태교대백과 태교음악 CD 발행
· 전례원(지도자반)
· MBC 임신육아교실―충주, 전주, 마산, 포항, 청주, 여수, 대전, 울산, 광주
· KBS 라디오 AM 4회―민족의 소리(우리 문화태교)
· EBS 부모시간―태교란 무엇인가
· 예지원 규수반
1997년
· SBS「그것이 알고 싶다」자문―소리 없는 교육 태교
· MBC 임신육아교실―전주, 진주, 포항
· 예지원(규수반)
· CH17(대교방송)―육아는 임신 중 일과 연결
· 전례원(지도자반)
· EBS 어머니 시간―임부가 지켜야 할 사항
1998년
· 대전 TBJ TV에 출연―임신부 소식
· 안양 태교문화원(강사반)―1개월 과정
· 안양 태교문화권(지도자 양성과정)
· KBS 2TV 노고하―미스테리 추적(태교)
· 전례연구원(지도자반)
· 예지원(규수반)
· 전례원(중, 고 교사)
· MBC「시사매거진 2580」
1999년
· 전례원 제주, 대구, 광주, 본원
· KBS―태교 다큐제작(인터뷰)
· 지도자 강의(교육장, 교장)―24시간
2000년
· 성균관(예절학교)―교원연수 5회

· 전례원(지도자 강의) - 본원, 전주
· 평촌 삼법학회(지도자) - 16시간
· MBC 임신육아교실 - 대전, 춘천, 여수, 대구, 제주, 광주
2001년
· 수원(지역사회) 교사 - 4시간
· 전례원 지도자 - 대구, 제주
· MBC 임신육아교실 - 충주, 원주, 청주
· 원광대 대학원 초빙교수
2002년
· Kinder 지도자 - 4시간
· MBC 임신육아교실 - 강릉, 전주, 대전, 원주
· Cable TV 육아
· 원광대학교 대학원 초빙교수
· 경기도 교육청(북부) 교장 350명
· 경기도 교육청(수원) 교장 600명
· 광명서 초등학교(학부모)
2003년
· 대구 전례원(지도자)
· 서울여성 플라자(임신부)
· MBC 임신육아교실
· 대학원, 지도자, 평생교육원
2004년
· 평생교육원(덕성여대)
2005년
· MBC 임신육아교실

태교시리즈 3

지혜로운
임신태교

초 판 인 쇄 | 2012년 11월 30일
초 판 발 행 | 2012년 11월 30일

지 은 이 | 임동근
펴 낸 이 | 채종준
펴 낸 곳 | 한국학술정보㈜
주   소 | 경기도 파주시 문발동 파주출판문화정보산업단지 513-5
전   화 | 031) 908-3181(대표)
팩   스 | 031) 908-3189
홈 페 이 지 | http://ebook.kstudy.com
E-mail | 출판사업부 publish@kstudy.com
등   록 | 제일산-115호(2000. 6. 19)

ISBN   978-89-268-3887-7 04590 (Paper Book)
            978-89-268-3888-4 05590 (e-Book)
            978-89-268-3881-5 04590 (Paper Book Set)
            978-89-268-3882-2 05590 (e-Book Set)

이담 Books 는 한국학술정보(주)의 지식실용서 브랜드입니다.